丹江口核心水源区（湖北段）生态文明建设分析研究

何丽华　洪亮　李建松　於新国　吕世充　赖旭东　编著

武汉大学出版社
WUHAN UNIVERSITY PRESS

图书在版编目(CIP)数据

丹江口核心水源区(湖北段)生态文明建设分析研究/何丽华等编著.—武汉:武汉大学出版社,2024.7

ISBN 978-7-307-24367-5

Ⅰ.丹… Ⅱ.何… Ⅲ.水源地—生态环境建设—研究—丹江口 Ⅳ.X52

中国国家版本馆 CIP 数据核字(2024)第 075545 号

责任编辑:李 玚　　责任校对:鄢春梅　　版式设计:马 佳

出版发行:**武汉大学出版社** (430072 武昌 珞珈山)

(电子邮箱:cbs22@whu.edu.cn 网址:www.wdp.com.cn)

印刷:湖北金港彩印有限公司

开本:787×1092 1/16　印张:13　字数:299千字　插页:1

版次:2024年7月第1版　2024年7月第1次印刷

ISBN 978-7-307-24367-5　定价:70.00元

前　言

生态文明是人类继物质文明、精神文明和政治文明之后新产生的第四文明，是人类社会实现可持续发展的必然要求。党的十八大以来，习近平总书记围绕生态文明建设作出一系列重要论断，形成了习近平生态文明思想。在这一文明思想指导下，我国生态文明建设出现了蓬勃发展的局面。

本书针对丹江口核心水源区(湖北段)生态文明建设开展了一系列分析和研究，主要以获取的历史和现状的统计和监测数据为驱动，分析了该区域地表覆盖和土地利用变化、消落区空间变化特征、国土空间开发利用结构、生态敏感性和脆弱性、生态价值变化及特征等，并对生态文明建设综合水平进行了评价，对建设存在的问题提出了进一步治理的建议。

本书的研究工作由湖北省地理国情监测中心和武汉大学共同完成。本书由何丽华、洪亮主持编著，吕世充完成主要章节编写并统稿，於新国、赖旭东参与了部分章节编写，李建松审校。

本书的研究工作得到了湖北省自然资源厅的持续项目支持，得到了研究区域所在地各级政府的大力协助，湖北省地理国情监测中心的于胜杰、成亦铭、周音彤、吕竞帆、张文婷、覃学洪，武汉大学刘权毅、王熙、李林泽、张文等参与了项目研究，并对此书编写提供了建议，在此一并表示感谢。

作者

2024 年 6 月

目　　录

第1章　绪　论

1.1　研究背景

2013年7月18日，《习近平致生态文明贵阳国际论坛2013年年会的贺信》中指出：“走向生态文明新时代，建设美丽中国，是实现中华民族伟大复兴的中国梦的重要内容。中国将按照尊重自然、顺应自然、保护自然的理念，贯彻节约资源和保护环境的基本国策，更加自觉地推动绿色发展、循环发展、低碳发展，把生态文明建设融入经济建设、政治建设、文化建设、社会建设各方面和全过程，形成节约资源、保护环境的空间格局、产业结构、生产方式、生活方式，为子孙后代留下天蓝、地绿、水清的生产生活环境。”党的十八大以来，以习近平同志为核心的党中央把生态文明建设摆在全局工作的突出位置，全面加强生态文明建设，一体治理山水林田湖草沙，开展了一系列根本性、开创性、长远性工作，决心之大、力度之大、成效之大前所未有，生态文明建设从认识到实践都发生了历史性、转折性、全局性的变化。党的十九大坚持把人与自然和谐共生作为基本方略，进一步明确建设生态文明的总体要求，充分体现了习近平生态文明思想。党的二十大进一步要求推动形成绿色低碳的生产方式和生活方式，提升生态系统多样性、稳定性、持续性，加快实施重要生态系统保护和修复工程，指导生态监测评价工作开展。习近平总书记指出：“山水林田湖草是生命共同体，这揭示了生态系统各要素之间以及整个生态系统与人的依存关系，为加强生态系统整体保护和修复、提升生态系统质量和稳定性提供了遵循。”“生态是统一的自然系统，是各种自然要素相互依存而实现循环的自然链条。”(习近平总书记2018年5月18日在全国生态保护环境大会上的讲话)2013年11月，习近平总书记《关于〈中共中央关于全面深化改革若干重大问题的决定〉的说明》中指出：“由一个部门行使所有国土空间用途管制职责，对山水林田湖草进行统一保护、统一修复是十分必要的。”因此，深刻把握山水林田湖草是生命共同体的系统思想，加深对生物多样性等科学规律的认识，对土地利用和地表资源分布及带来的影响进行分析，提高自然资源管理的科学性和有效性，方能实现保护、恢复、提升自然生态系统的稳定性和生态服务功能之目标。

自然资源部成立后，我国对新时期自然资源管理工作的总体要求体现在自然资源管理“两统一”职责。立足“两统一”核心职责，坚持“山水林田湖草沙是一个生命共同体”的理念，对落实生态文明建设提出了重点要求，提出并实施了生态红线保护制度，在重要流域和重点区域不断开展“山水林田湖草沙一体化保护和修复”的重大工程，加强治理荒漠化、沙化土地等。开展自然资源调查监测，服务自然资源的合理开发利用、国土空间生态修复等管理和决策，促进生态保护与社会经济协调发展。

2018年10月，自然资源部印发的《自然资源科技创新发展规划纲要》中指出，要高度重视科技创新，将科技创新摆在发展全局的核心位置，以服务经济高质量发展、推进生态文明建设为目标，构建自然资源科技创新体系，充分发挥科技创新在自然资源调查评价、监测中的引领支持作用。

为了切实履行习近平总书记生态文明建设重要思想和自然资源部门的职责和职能，服务国家对自然资源的合理开发利用、国土空间规划体系建立和监督实施、国土空间生态修复等管理和决策，促进生态环境建设和保护与社会经济协调发展，应开展自然资源调查监测评价，建立统一规范的自然资源调查监测评价技术体系和制度，促进治理体系和治理能力现代化。湖北省颁发的相关文件较多，如《省自然资源厅关于印发湖北省2021自然资源工作要点的通知》《省人民政府关于印发湖北省自然资源保护与开发“十四五”规划的通知》。选择丹江口核心水源区(湖北段)这一典型的重点区域作为示范研究区域，开展生态文明建设综合评价和应用专题性研究工作，主要是基于以下两个方面的考虑：一是国家和省市重大的发展战略和规划，所形成的强大主推作用，必将使丹江口库区产生新一轮的高质量发展高潮，同时保水源、保水质也是湖北省应当承担的国家重大保障任务，是职责所在，是重点监测区域；二是该研究区域是生态保护与社会经济发展矛盾最为突出的地区，涉及监测内容多、关系复杂、技术要求高，监测成果不仅可以促进生态保护与社会经济发展关系的协调发展，服务政府的科学管理决策，而且对国家开展水源区监测工作也具有示范作用，具有典型性和代表性。

水源区是指为对人们生活饮用水水源地、工农业用水水源地、风景名胜区水体、重要渔业水体、水源涵养和其他特殊经济文化价值的水体予以特别保护和管理而划定的区域。水源区分为水源涵养区和饮用水源区，以及兼顾二者功能的区域。水源区保护对于水资源保护和开发利用、保障用水安全具有重要意义。特别是对重点水源区的保护，综合功能强于一般功能区。重点水源区保护涉及水质、水生态、水环境等核心功能的保护，土地资源、水资源、矿产资源、林草资源等自然资源以及经济、文化和旅游资源等的综合合理开发利用，孕灾环境和灾害防治、生态保护与修复、污染防治等的治理措施和成效，自然资源与环境承载能力、水源涵养能力、森林固碳释氧能力等的持续提升，对生态敏感性与生态脆弱性变化、地表覆盖变化、土地利用变化、城镇扩张变化等生态和国土空间格局分布变化及驱动力的认知，生态补偿制度建立、社会经济可持续平衡发展等诸多因素和问题，保护等级和要求，以及综合治理和技术应用的复杂性等均高于一般水源区和功能区。

重点水源区生态文明建设综合监测是以习近平总书记的生态文明建设思想为指引，充分结合这一特定区域的特点和任务，综合利用现代新型数据获取、时空数据处理、分析和评价等技术，充分发挥多源、不同类型、多尺度数据的综合优势而开展的监测分析评价活动。就当前存在的技术难点和痛点来讲，也是一项实现以服务自然资源与规划部门“两统一”职责为主要目的，研究重点水源区监测分析评价关键技术方法和应用，进行科技创新，以探索建立重点水源区综合监测技术体系为主要研究内容，以解决重点水源区生态保护和社会经济发展之间平衡协调关系的相关问题为主要目的，服务水源区生态文明建设管理和决策，提高综合治理能力和水平，推进重点水源区科学监测技术进步和示范应用的科学研究任务。

2014年12月12日，南水北调一期工程正式通水，为构筑我国南北调配、东西互济的水网格局打下了重要基础。丹江口核心水源区作为南水北调工程的核心水源区，承担着对本地区及京津冀豫地区的重要生态服务功能，肩负着“一库清水永续北送”的国家使命与责任，已连续向河南、河北、北京、天津4省市沿线地区的20多座城市提供生活和生产用水。丹江口核心水源区拥有独特的生态系统，生态安全地位举足轻重，已被划为国家重要饮用水水源地、一级水功能区，秦巴生物多样性生态功能区、限制开发区，省级水源涵养生态保护红线区。该区域与国家秦巴山脉融为一体形成重要的生态屏障，同时也承载着连接西北地区和长江经济带等重大国家战略使命，拥有着传统农业与汽车、机械等工业蓬勃发展的良好态势，以及深厚的文化底蕴，如武当山等世界文化遗产。根据湖北省“一主引领，两翼驱动，全域协同”的区域发展布局，丹江口核心水源区属于“襄十随神”城市群之翼内，加强水源区生态文明建设、自然资源管理、生态保护与修复是贯彻新发展理念、推动经济可持续发展必然要求。

2018年11月，经国务院批准，《汉江生态经济带发展规划》(以下简称《规划》)正式印发，丹江口核心水源区被纳入《规划》，由局部战略提升至国家战略，不仅为区内的各项生态环境建设和治理注入新的活力，也是推动区内经济社会高质量发展的重大机遇。《规划》从构筑生态安全格局、推进生态保护与修复、严格保护一江清水、有效保护和利用水资源、加强大气污染防治和污染土壤修复、加快清洁能源开发利用6个方面提出，加快推进生态文明建设，推进绿色发展，着力解决突出环境问题，加大生态系统保护力度，打造“美丽汉江”，努力构建人与自然和谐共生的绿色生态走廊。

丹江口水源区既是南水北调工程水源地，又是汉江流域的重要水源涵养区。生态保护和发展的主要目标是保水源、保水质，肩负“一库清水永续北送”的国家重点保障任务。“十二五”以来，特别是“十三五”期间，各有关部门、地方政府和各相关行业的专家学者对保障这一目标和任务的实现，进行了大量的工作。水源区生态环境和水质持续改善，水源涵养能力不断加强，经济社会发展逐步加快，水源区经济社会发展水平与全国的相对差距正逐步缩小，为南水北调中线实现供水目标提供了有力的保障。在自然资源合理利用、生态环境建设保护和促进社会经济发展三个方面均取得了生态文明建设的显著成就。

地处丹江口核心水源区的十堰市提出了要主动融入国家发展重大战略，奋力建设美丽十堰、畅通十堰、创新十堰、幸福十堰、开放十堰、活力十堰的发展愿景。并以“外修生态，内修人文”作为发展战略。这一系列发展战略或布局都是落实习近平总书记关于“绿水青山就是金山银山”、长江经济带发展重要讲话精神等生态文明建设重要思想的重大举措。习近平总书记在“两山论”中强调指出：“坚持人与自然和谐共生。建设生态文明是中华民族永续发展的千年大计。必须树立和践行‘绿水青山就是金山银山’的理念，坚持节约资源和保护环境的基本国策，像对待生命一样对待生态环境，统筹山水林田湖草系统治理，实行最严格的生态环境保护制度，形成绿色发展方式和生活方式，坚定走生产发展、生活富裕、生态良好的文明发展道路，建设美丽中国，为人民创造良好生产生活环境，为全球生态安全作出贡献。”

多年来，各部门和行业虽然对丹江口水源区进行了大量的监测活动，但一些监测活动是研究和探索性的，或者是部门独立进行的，数据综合利用优势发挥不充分，或者是不连续的和非常态化的，服务政府的能力较低。监测分析评价工作有待进一步加强，特别是对社会经济发展，生态环境、自然资源、人口与经济之间的耦合关系、协调发展关系及其动态变化监测等方面存在不足，地表覆盖和土地利用存在波动性变化，消落带经济发展与水质保护存在矛盾，水污染风险因素增多，治理压力仍然存在；水土流失、荒漠化和露天矿山等治理和修复任务仍然较重；生态环境保护和社会经济发展之间的不平衡矛盾需下大力气解决；生态文明建设的支撑体系尚需健全等。科学、统一和标准化的监测技术体系尚未建立。监测活动虽然活跃，但综合发力优势并不明显，是造成对该地区生态文明建设的综合评估判断和顶层设计不足的重要表现。

本书通过构建生态文明评价体系，在明确评估目标与方式、评估指标与计算方法的基础上，开展土地利用和水质的耦合分析，重点对水源区的生态服务价值、涵养水源价值以及固碳释氧价值等进行估算，推动自然价值、自然资本转化为经济价值、物质资本，使绿水青山持续发挥生态效益和经济社会效益，为自然资源合理开发利用、生态修复、生态补偿、社会经济高质量发展，以及它们之间的协调平衡发展提供决策支持。

1.2 研究目的和意义

自然资源是人类社会生存与发展的物质基础，是国家或区域生存和发展的基本家底，与生态环境、社会经济发展关系密切。从管理和发展角度看，生态环境保护和社会经济发展共同组成区域生态文明建设的两个主题，它们都依赖于自然资源的禀赋，反过来又影响自然资源的保护和开发利用。丹江口水库作为南水北调中线工程水源地和汉江流域水源涵养区，生态保护工作主要目标是保水源、保水质，完成“一库清水永续北送”的国家重点保障任务，其中所涉及的自然资源保护利用、生态修复、用途管控、生态价值估算等工作，给自然资源管理提出了许多新课题。开展丹江口核心水源区(湖北段)生态文明建设监测评价，致力于摸清区域内地表覆盖与土地利用、生态保护与修复、水质与水资源保护、灾害预警与防治和生态文明建设与社会经济发展的基本现状、动态变化和协调平衡关系等状况，可为科学管理决策提供参考建议，是贯彻落实习近平总书记在推进南水北调后续工程高质量发展座谈会上的重要讲话精神的一项举措，是履行自然资源管理“两统一”职责的重要基础性工作，是自然资源管理服务水源保护区地方社会经济发展和生态文明建设的具体体现。

水源保护区的水质、水资源与其他自然资源、生态安全、社会经济发展水平的基本状况、时空变化，以及它们之间的平衡协调发展关系，一直是社会关注的重点。围绕丹江口核心水源区，不少部门和学者开展了大量实践和研究，对推进该区域生态文明建设、建立生态补偿制度、促进高质量发展发挥了重要作用。由于该区域也是生态保护与社会经济发展矛盾较突出的地区，结合该区域的战略地位、重要作用、保护成效、存在问题和生态文明建设需求等方面，计划开展监测评价工作，涉及内容多、关系复杂、技术要求高，必须认真谋划梳理工作思路，提出系统性、持续性和可操作性的工作方案。

湖北省作为千湖之省，自然资源主管部门开展重点水源区综合监测分析评价工作，其必要性和意义十分明显。

(1)自然资源主管部门开展此项监测活动，是充分彰显其履行主体责任的行为，表明了对这一地区不可缺席的监管决心。

(2)通过开展此项监测活动，可以摸清该地区自然资源家底，洞悉其动态变化的规律，发现存在的问题，守护开发利用和保护底线，为提高管理水平和质量提供科学决策。

(3)开展此项监测活动，可以补上监测内容短板。该区域的监测活动虽然众多，但综合监测项目缺失，很难发现资源、环境、人口和经济之间存在的关系、规律、成因和矛盾，使之在综合决策方面失去判据。生态文明监测评价对理顺自然资源、生态保护和社会经济发展之间的关系，平衡和协调它们之间的发展具有重要作用和现实意义。

(4)开展此项监测活动，可以补上监测时效和方式的短板。丹江口核心水源区监测评价是一项常态化、持续的综合监测活动，这种监测方式可为区内的各项管理和决策、规划与实施、工程实施与成效提供动态和持续的服务，起到科技保驾护航的作用。

(5)开展此项监测活动，可以有效收集来自自然资源、生态环境、水利、住建、社会经济等部门的观测、监测数据成果，形成全面反映该地区状态的时空大数据，有利于全面分析所形成的建设成效、存在的问题，揭示存在的相关联系、规律和变化，有利于形成各部门协同监测的体系和机制，为全国开展大型综合性监测活动提供示范和借鉴。

1.3　相关监测研究基础与趋势

本研究对国内外相关研究文献成果和案例进行了系统性的归纳和分析，从自然资源时空变化、生态安全时空变化和生态文明建设评价，以及丹江口地区现有的数据资料和已经开展的监测活动等方面，分析了理论、方法、技术和经验成果，为保障监测内容和技术方法设计的高水平、先进性和实用性提供技术依据。

1.3.1　自然资源时空变化监测

自然资源监测是对自然资源禀赋的认知，是在一定时间和空间范围内，利用各种信息采集和处理的方法。在具体落实上，一是形成自然资源统一管理的时空本底数据，二是建立自然资源评价体系，三是形成自然资源变化监测体系，并最终通过国土空间开发格局优化、生态修复等具体手段，提升国家自然资源禀赋，为科学规划、有效保护和永续利用自然资源提供信息基础、监测预警和决策支持。目前，多数研究集中在自然资源监测的手段应用、自然资源资产价值核算、监测网络构建、监测基础设施建设等方面上，其中，监测手段应用上，空天遥感技术取得了丰富的理论成果。

20 世纪 70 年代开始，我国陆续开展了全国范围部分主要自然资源的专项调查、普查、清查工作，这些工作为国家层面自然资源监测体系的构建提供了一定参考，如表 1-1 所示。

表 1-1　我国主要自然资源专项调查统计

专项资源调查	开展次数	起止时间	调查内容
土地调查(国土调查)	3	1984—1997 2007—2009 2017—2019	土地的地类、面积和权属；全国耕地、园地、林地、草地、商服、工矿仓储、住宅、公共管理与公共服务、交通运输、水域及水利设施用地等地类分布及利用状况；耕地数量、质量、分布和构成；开展低效闲置土地调查，全面摸清城镇及开发区范围内的土地利用状况。
全国森林资源清查	9	1973—1976 1977—1981 1984—1988 1989—1993 1994—1998 1999—2003 2004—2008 2009—2013 2014—2018	土地利用与覆盖，包括土地类型(地类)、植被类型的面积和分布； 森林资源，包括森林、林木和林地的数量、质量、结构与分布，森林按起源、权属、龄组、林种、树种的面积和蓄积，生长量、消耗量及其动态变化； 生态状况，包括森林健康状况与生态功能，森林生态系统多样性，土地沙化、湿地类型的面积、分布及其动态变化； 林业生产和社会经济情况调查：人口及林业从业人员、国民生产总值及林业产值、营造林情况、木材生产及消耗、森林资源管理和森林公园、自然保护区等生态建设等。
全国水利普查	1	2010—2012	河流湖泊基本情况：数量、分布、自然和水文特征等； 水利工程基本情况：数量、分布、工程特性和效益等； 经济社会用水情况：分流域人口、耕地、灌溉面积及城乡居民生活和各行业用水量、水费等； 河流湖泊治理和保护情况：治理达标状况、水源地和取水口监管、入河湖排污口及废污水排放量等； 水土保持情况，包括水土流失、治理情况及其动态变化等； 水利行业能力建设情况：各类水利机构的性质、从业人员、资产、财务和信息化状况等。
全国地理国情普查	1	2013—2015	自然地理要素的基本情况：地形地貌、植被覆盖、水域、荒漠与裸露地等的类别、位置、范围、面积等，掌握其空间分布状况；人文地理要素的基本情况，包括与人类活动密切相关的交通网络、居民地与设施、地理单元等的类别、位置、范围等，掌握其空间分布现状。
全国湿地资源调查	2	1995—2003 2009—2013	一般调查：类型、面积、分布、平均海拔、所属流域、水源补给状况、植被类型及面积、主要优势植物种、土地所有权、保护管理状况、河流湿地的流域级别； 重点调查：除一般调查所列内容，还包括自然环境要素、湿地水环境要素、湿地野生动物情况、湿地植物群落和植被情况、湿地保护与管理情况。
全国土壤普查	2	1958—1960 1979—1985	土壤形成因素、典型土壤剖面描述、土壤类型的确定、土壤理化性状的测定、土壤评价和低产土壤改良规划等。

这些调查、普查、清查工作采取的技术手段相近，使用的原始资料(如遥感影像等)相似，调查内容既有重叠又各有侧重，客观上为自然资源监测工作的全面实施提供了数据基础、技术准备和人才储备。国外已开展的监测工作为我国的监测工作开展提供了借鉴。全球层面已建立了全球环境监测系统(GEMS)、全球陆地观测系统(GTOS)、全球气候观测系统(GCOS)、国际长期生态研究网络(ILTER)、通量观测网络(FLUXNET)和综合全球观测战略(IGOS)，它们构成了全球尺度和区域尺度能源、资源、环境的监测网络和监测体系。国内学者从自然科学、经济、行政管理等不同角度考量，对我国自然资源监测体系的构建提出了设想，但都集中在技术手段应用和数据体系建设上。刘纪远(2001)较早提出和建设了资源环境数据库，对后续我国土地资源与生态环境的定期动态监测工作有重要参考价值。黄福奎(1998)提出了融合卫星遥感、航空遥感、地面调查、抽样调查在内的综合方法，通过整体布局、合理配置形成有机的监测体系。董安国(2019)等认为土地调查、地理国情数据内容与自然资源资产审计范围高度重合，可作为数据基础，开展自然资源资产监测工作。张志刚(2019)等提出了自然资源一体化监测调查体系。

根据圈层分类思想可以将监测方法和手段划分为行政监测、航天监测、航空监测、地表监测、地下矿产监测、水资源监测、海洋监测进行综述。行政监测即从统计的角度通过行政手段逐级上报达到监测目的，是应用最广泛、技术要求最低、在监测体系构建上最基本的一种监测方法。目前，学者普遍认为航天遥感技术能够支撑自然资源监测数据采集工作，特别是针对大尺度、大区域监测需求，能够取得较好的应用效果，刘纪远(2001)讨论了利用遥感和地理信息技术进行国家资源环境调查和动态监测的优越性。刘欢、沈文娟等(2018)基于多源遥感数据提出了一套基于变异特征的自然资源动态变化信息的监测方法，通过信息融合初步解决了单一监测设备无法满足复杂自然资源监测的问题，这一方法也成为航天监测数据挖掘的主要思路。航空监测是从飞机、气球、飞艇等空中平台对地面标志资源进行的远程监测。冯筠等(1999)认为航空监测定量、定位、准确、及时的特点为监测工作提供了较航天监测更为先进的探测与研究手段。李德仁等(2020)认为航天监测应与其他监测联合开展，以实现自然资源监测信息一体化的采集和快速更新、信息自动化挖掘、定量化分析、实时发布与交互式服务。地表监测是对地表空间、物质、能量的分布、质量、数量、物理性质、化学性质等进行监测，从类别上看包括土地利用监测、水土保持监测、土壤环境监测、耕地质量监测、森林资源监测等一大批监测方案。随着空天监测的快速发展，大量原来基于人力的监测工作得以通过空天高新装备开展，如水土保持监测、荒漠化监测等工作，已经大量地依托空天监测技术进行实施。但地表监测是技术人员深度参与的一种方式，同时也是空天监测的重要验证和补充，目前仍具有不可替代性。水资源监测是对地表江河湖泊，以及埋藏在土壤、岩石的孔隙、裂隙和溶隙中各种不同形式的水进行监测。涉及水资源的监测较多，包括但并不限于水循环监测、水质监测、水功能区监测、饮用水源地监测、入河排污口监测、地下水监测、水生态监测等。海洋监测是认知海洋的重要途径，是海洋事业发展的基础。我国已经建成了由航天遥感、航空遥感、海洋站、调查监测船、浮标、水下移动观测平台设备组成的立体监测网络。目前的研究和实践中，同时集成多种监测手段获取海洋自然资源监测数据并实时进行分析和应用的系统建设逐渐增多，海洋监测正逐步向岸基、船基、海基、空基、天基相结合的综合监测方向发展。

地理国情主要是指地表自然和人文地理要素的空间分布、特征及其相互关系，是基本国情的重要组成部分。地理国情普查是一项重大的国情国力调查，是全面获取地理国情信息的重要手段，是掌握地表自然、生态和人类活动基本情况的基础性工作。在第一次地理国情普查结束后，部分地区在普查的基础上，进行常态化地理国情监测。经过多年的发展，地理国情监测不再局限于“采集内容、精度指标、作业要求”这种思维定式中，利用基础性监测成果开展专题性监测，为经济社会发展和生态文明建设提供针对性服务。肖建华等(2017)通过基础性监测、专题监测开展武汉市地理国情监测，其中专题监测包含城市空间格局变化监测、综合交通网络动态监测、基本公共服务监测，以及生态环境监测等专题，实现了对地理国情数据的深入挖掘。洪饶云等(2018)基于地理国情监测对苏州市城市空间扩展进行专题监测，通过监测城区扩展态势，掌握城市发展规律，指导城市空间布局优化，服务政府科学决策。关于地理国情监测未来的发展，李德仁等(2018)认为未来地理国情普查与监测需要在监测内容、监测技术以及成果表达方面进行创新；在监测内容中加入地面形变与沉降、地面透水性以及人文地理和社会经济信息；在监测技术方面，通过行业共享和转换获得人文地理和社会经济地理国情，并通过众源数据更新各类地理国情；在成果表达方面，地理国情普查的统计成果和监测模型要面向用户需求发布通用指数。

1.3.2 生态安全时空变化监测

生态安全时空变化监测是一个庞大的监测体系，目前的研究主要集中在生态系统服务、生态敏感性、生态景观格局、生态修复、生态健康性，以及生态脆弱性等几个方面。

生态安全研究主要集中于概念内涵、区域生态安全的结构与管理、生态安全的战略地位与意义、监测技术与评估方法等。生态安全评价及预警模型构建主要分为三个方面。第一，建立生态安全评价指标。构建指标体系的实质是生态安全中的抽象问题具体化、实例化的过程。目前主要的指标评价体系有压力-状态-响应(PSR)评价体系、驱动力-状态-响应(DSR/DFSR)评价体系、驱动力-压力-状态-影响-响应(DPSIR)评价体系、驱动力-压力-状态-暴露-响应(DPSER)评价体系。此外，国内学者在国际评价指标建立的研究基础上也提出了改进的评价体系。如王耕等(2019)基于PSR框架提出了状态-隐患-响应(SDR)概念模型，首次将灾害学原理应用于区域生态安全机理研究，强调了生态安全的动态演变过程。这些评价体系框架在实际研究中被广泛应用，如彭哲等(2019)利用改进“PSR”模型、层次分析法和GIS技术，进行淅川县生态安全时空演变规律研究，并运用主成分分析法研究了淅川县生态安全主要驱动因子。谈迎新等(2012)基于DSR模型，对2005—2010年淮河流域六安段的生态安全变化进行了研究。朱莲莲等(2016)运用DPSIR模型构建了湖南省生态安全指标评价体系，系统研究了1989—2012年湖南省各区域生态安全状况，探讨了诱发其变化的各种因子及其相互作用机制。第二，确定评价指标权重。确定评价指标权重的方法一般分为主观赋权法、客观赋权法及两者相结合的方法。其中，常用的主观赋权法包括层次分析法、专家打分法及德尔菲法等；客观赋权法主要包括主成分分析法、熵权法、变异系数法、均方差法等。第三，生态安全的评价方法。按照其原理可将生态安全评价中的模型划分为数学模型法、生态模型法、景观生态模型法、数字地面模型法和计算机模拟模型法五类。数学模型法包含综合指数法、层次分析法、灰色关联度法、物元分析法及模糊综合法等。如余健等(2012)运用物元分析法对皖江地区9个市土地生态安全水平进行评价，并与多指标综合评价法进行比较，结果表明物元分析法既能得到综合质量信息，也能反映评价对象的稳定状态，同时可以揭示评价对象单个评价指标的分异，在土地生态安全评价中具一定应用价值。生态模型法中最具代表性的即为生态足迹法。生态足迹是指生产区域人口所消费的所有资源和消纳这些人口所产生的所有废弃物所需要的生物生产性土地面积。该方法主要用于评价人类需求与生态承载力之间平衡关系的研究，旨在衡量人类对自然资源利用程度及自然界为人类提供的生命支持服务功能。Li 等(2014)基于生态足迹的概念提出了消费足迹压力指数(consumption footprint pressure index)、生产足迹压力指数(production footprint pressure index)和生态足迹贡献指数(ecological footprint contribution index)的生态安全评价指标，以此对内蒙古典型草原地区进行生态安全等级评价，定量描述了草原生态系统中资源开发对生态安全的影响。景观生态学是研究和改善空间格局与生态和社会经济过程相互关系的整合性交叉学科，可评估不同尺度研究区域生态安全现状及动态演变趋势，充分发挥景观结构组分易于保存信息的优势，对掌握区域生态安全格局及演变具有重要意义。空间模型是景观生态模型最典型的代表，也是区别于其他生态学模型最突出的特点。何东进等(2018)依据景观模型的结构特征差异和对研究涉及生态学处理方式的不同，将景观空间模型分为空间概率模型、领域规则模型、景观机制模型和景观耦合模型4类，并结合各类模型的优缺点，指出空间概率模型多用于描述或预测植被演替或植物群落的空间结构变化及土地利用变化的研究。随着3S技术的发展，数字地面模型法也得到了广泛的应用。闫云平等(2012)针对西藏高原景区的生态承载力评估和安全预警问题，基于遥感和GIS技术开展典型景区示范应用研究，设计并开发了面向西藏景区旅游生态环境动态评估与安全预警系统，成为西藏旅游景区管理和辅助决策的工具。最具代表性的计算机模拟模型法是系统动力学法和径向基函数(RBF)神经网络模型法。王耕等(2013)和张梦婕等(2015)基于系统动力学的方法，利用VensimPLE软件实现建模，分别模拟预测了辽宁省2010—2020年城市生态安全预警指标趋势值，及重庆三峡库区在2000—2050年不同情景条件下的生态安全特征。

1. 生态系统服务

生态系统服务是指人类从生态系统中直接或间接获取的所有利益。该概念由Wilson于1970年首次提出，之后Daily、Costanza于1997年对生态系统服务进行了更深层次的研究。生态系统所提供服务的种类与数量极其庞大，Costanza等从价值评估角度出发，依据特定生态系统功能，将全球生态系统服务分为17种类型，包括气体调节、气候调节、干扰调节、水调节、水供给、控制侵蚀和保持沉积物、土壤形成、养分循环、废物处理、传粉、生物控制、提供避难所、食物生产、原材料、基因资源、休闲和文化等。de Croot等(2002)将其进一步细化为23个子类，并归类于调节功能、生境支持功能、供给服务及信息功能等4种类型。国内学者如欧阳志云等(1999)基于直接价值和间接价值也拟定了对生态系统服务功能的分类方案。目前，国内外应用最广泛的则为MA(2002)提出的分类法，其将服务分为供给服务(如食物、淡水等)、调节服务(如气候调节、疾病调节等)、文化服务(如娱乐和生态旅游、美学欣赏等)和支持服务(如土壤形成、养分循环等)。在特定的时空尺度下，各生态系统服务间并不是完全独立的，而是表现出复杂的相互作用关系，这种相互作用关系就形成了各类型服务间的权衡或协同结果。生态系统服务权衡与协同研究的目的是实现自然资源综合效益最大化，其本质是各类型生态系统服务的关系问题。刘海等(2018)针对目前权衡协同定性分析、长时间动态变化研究不足的现状，以丹江口水源区为例，在采用"当量因子法"求得研究区生态系统服务价值的基础上，使用长时间整体分析占优的相关性分析方法和短时期动态变化分析占优的生态系统服务权衡协同度(ESTD)模型对研究区1990—2015年10种生态系统服务的权衡协同关系展开研究。

2. 生态敏感性

生态敏感性指生态系统对自然环境变化与人类活动干扰的反应程度，反映该区域发生生态环境问题的难易程度与可能性大小。

生态敏感性评价作为生态文明建设的重要内容从侧面反映生态系统稳定性，揭示区域生态变化状况和空间分异规律，关于生态敏感性的研究，学者们已进行了一些探讨。生态敏感性研究内容主要涉及区域生态敏感性评价、生态敏感性评价理论应用，一些学者也在积极探索生态敏感性空间与时空分布规律和各类模型在生态敏感分析中的应用。在已有生态评价研究中，层次分析法因为其系统性、理论成熟，易引入专家知识的特点，而被广泛应用。研究尺度方面，跨度较大，从国家到省市再到县级均有涉及；有的学者以行政边界作为研究范围，有的以生态功能区作为研究范围，也有的基于土地利用方式确定研究范围；与此同时，现有研究多基于江、河流域尺度，少有环湖泊尺度研究。

国外对生态敏感性的研究范围较广，多集中于针对某一特定生态环境问题的研究。Horne等(1991)研究了澳大利亚热带雨林对选择性采伐的生态敏感性；Biek等(2002)使用了两类生态敏感性分析脊椎动物的数量下降；Jagtap等(2007)研究了海草生态系统敏感性；Eggermont等(2010)对鲁文佐里山脉湖泊气候变暖的生态敏感性进行了研究，结果表明湖泊生态脆弱与气候变暖息息相关。

国内对生态敏感性的研究多集中在评价指标的选取。颜磊等(2009)在评价北京市域生态敏感性时选取了水土流失、河流水量水质、土地沙化、泥石流等评价指标；吴金华等(2011)在选取水土流失、地质灾害、地形坡度和土地覆被等四项评价因子的基础上，采用区统计评价方法对延安市土地生态敏感性进行综合评价；李建军等(2014)选取土壤侵蚀、生境、地质灾害作为生态环境敏感性评价因子进行生态敏感性分析；刘欢等(2015)在进行西南都市农业功能区划研究时从自然环境背景、人类活动干扰等两个方面构建了生态敏感性评价指标体系。

3. 生态景观格局

景观是由多个生态系统构成的异质性地域或不同土地利用方式的镶嵌体。实质上这些不同的生态系统经常可以表现为不同的土地利用或土地覆被类型。因此，景观格局主要是指构成景观生态系统或土地利用/覆被类型的形状、比例和空间配置。胡巍巍等(2011)总结了景观格局的研究方法，主要可以分为景观格局指数、空间统计学法以及计算机模拟景观模型。景观格局变化对生态环境有重要影响，通过景观格局分析和运用景观格局指数定量获取景观要素的空间分布特征，可以为进一步研究景观功能和景观格局动态变化提供基础信息。胡学东等(2020)运用景观指数、GIS空间分析和Fragstats分析等方法，以长江经济带的武汉市为例，从生态优先视角对土地利用景观格局演变及其驱动机制进行分析。秦钰莉等利用丹江口水库4个时期的遥感影像进行土地分类，通过景观格局指数研究分析景观格局的动态变化特征，进行景观格局变化驱动力研究。

4. 生态修复

为评价生态修复效果，国内外学者开展了大量研究，Longcore(2015)提出评价修复工程的成功与否除了考虑植物的覆盖情况，当地节肢动物群落的组成、多样性以及丰度对生态修复效果评价也很重要；Jones等(2015)从景观、岩土工程设计、环境和生态因素以及社会和经济因素出发来评价海岸的生态修复效果；高彦华等(2012)对生态恢复评价进行了较系统的归纳，通过借鉴生态系统健康和生态安全的概念，从多角度、多途径判断和分析生态系统恢复状况，同时提出了监测与评价的指标体系、评价标准与参照系、外来种影响以及遥感应用等问题；李万明等(2004)提出了弃耕地生态重建效益评价指标体系的原则和目标，设置了弃耕地生态重建效益评价指标体系，并提出了指标体系的评价方法；徐宣斌等(2005)在西部生态修复限制因子分级基础上，阐述了生态修复评价指标筛选的依据、思路和原则，并提出了一套4要素共30个指标的西部生态修复评价指标体系；林积泉等(2005)在分析小流域治理效益评价的常用指标的基础上提出了由流域生态环境、农村环境和社会经济3类指标和17个子指标构成的小流域环境质量综合评价指标体系；王文渊等(2020)综合考虑生态指标、经济指标和功能指标三个方面，筛选出50项产出性指标构建人工海岸生态化改造及修复效果评价指标体系，力求科学全面、客观合理地评价人工海岸整治修复效果。湖泊生态修复评价方面，张文慧等(2015)以理化指标、水生生物指标、湖滨带结构和功能指标、湖体水量指标四个指标为基础概括了湖泊生态修复评价体系的基本内容。

5. 生态健康性

目前，国内外学者从不同角度开展了大量湖泊生态系统健康的研究，内容主要围绕生态系统健康概念及内涵确定、评价指标体系构建、评价方法及应用等。关于生态系统健康，自18世纪80年代Hutton(1788)首次提出自然健康的概念以来，其概念和内涵不断得到丰富和完善，如Leopold(1941)对土地健康内涵的研究，Schaeffer等对生态系统健康内涵的论述。国内李瑾等(2001)也相继对生态系统健康的定义、内涵、评价方法开展了相关研究，但目前得到学术界普遍认同的是Costanza(1992)的论述，即健康的生态系统应该是稳定、恢复力强的，随时间推移能够维持其自身状况、恢复外压胁迫。评价指标目前主要分为单因子指标和综合性指标两类，其中，指示物种法是最早常用的单因子评价方法，多选用生物完整性指数、生物多样性指数等生态指标，以及生态缓冲能、结构活化能等热力学指标。指示物种法操作简单，但定量精度需求相对高，难以依靠某几类指标全面反映生态系统的复杂变化；因此，后期逐渐发展出包含生物、生态、社会经济和人口健康等方面的综合指标体系法，该方法以其对生态系统描述的多角度和多尺度性，逐渐成为当今河湖生态系统健康评价的常用方法。综合指标体系法通过采用数学方法或借助模型来确定系统健康状况，常用的方法有基于熵值法的综合健康指数法、模糊综合评价法、灰色评价法、PSR模型法等，用于湖泊评价时指标多以水质、营养盐、浮游动植物等为主。具体应用方面，项颂等(2020)以云南高原浅水湖泊——星云湖为研究对象，采用现场取样结合GIS技术，从水质、富营养化、沉积物、水生生物等方面选择12个代表性指标，构建星云湖水生态健康评价指标体系，并基于熵值法对湖泊水生态健康状况进行现状评价及历史变化分析。孙鹏等(2015)运用压力-状态-响应(PSR)概念模型，从区域的压力特征、物理化学特征、生物特征、生态景观特征、生态功能特征及响应特征等方面，筛选能确切反映丹江口水库生态系统健康状况的评价指标，建立丹江口水库生态系统健康评价体系。

6. 生态脆弱性

生态环境脆弱性是指在特定时空尺度下，生态系统对于外界干扰所表现出的敏感反应和自我恢复能力，是自然属性和人类经济行为共同作用的结果。科学认知、评价以及合理调控生态环境，是资源环境领域研究的热点问题，也是生态文明建设的迫切要求。

生态脆弱性表现为生态系统及其组成要素面对内外扰动时易受损、自身恢复与再生能力差。生态环境脆弱性评价有助于人们认识区域生态变化规律，是生态规划和制定可持续发展政策的重要依据。由于研究领域和研究对象存在差异性且对于生态脆弱判定标准各不相同，因此难以形成一套普适性的生态脆弱性评价方案。目前常用的生态脆弱性评价方法主要有层次分析法、综合指数法和主成分分析法等。

目前对于生态脆弱性的研究，王昊天等(2020)通过“敏感性-暴露度-恢复力”框架选取了9个指标，对大凌河流域建立了生态脆弱性指标评价体系。其中，生态敏感性选取汛期降雨量、降雨侵蚀力、水土流失面积3个指标；生态暴露度选择人口密度、地区生产总值、人均日生活用水量3个指标；生态恢复力选择植被覆盖度、植被净初级生产力、经济密度3个指标。运用了无量纲化模型和空间主成分分析法获取了大凌河流域2000—2018年生态脆弱指数。陆海燕等(2022)在综合分析研究区的实际情况及相关资料的基础上，以VSD评价模型为框架并结合新疆14个地州市的生态状况，遵循科学性、可获取性和应用性等原则，构建了暴露度，敏感性和适应能力3维度、7个层级和20个指标的新疆生态脆弱性评价指标体系。并对新疆地州市2007—2017年总体暴露度、敏感性、适应力和生态脆弱性进行了评估。郭梦迪等(2019)比较了当前常用的脆弱性评估方法，将岷江上游流域作为研究区，建立了基于驱动力-压力-状态-影响-响应-管理(Driving force-Pressure-State-Impact-Response-Management，DPSIRM)概念框架的EVI模型，利用多源数据，包括气象数据、遥感数据、基本地理数据、社会经济数据，计算出EVI(Ecological Vulnerability Index)值，并利用生态环境脆弱性综合指数及其变化率分析研究区生态环境脆弱性时空变化规律。薛联青等(2019)采用了“压力-状态-响应”评价框架，结合模糊层次分析法定量评价塔里木河流域2005—2015年生态脆弱性，分析其时空分布和动态变化。丁锐等(2019)以四川省阿坝藏族羌族自治州理县为研究区域，选取2008年和2018年分析理县生态脆弱性时空变化分析，并探寻理县在2008年汶川地震后的生态恢复情况。从地形因素、生态敏感性和人类适应性三个方面选取了9个指标构建评价指标体系。采用层次分析法确定指标因子权重，计算生态脆弱性指数并分级，确定2008年和2018年的生态脆弱性分区，得到的实验结果表明研究区的生态脆弱性高的地区大多为高海拔和人类活动较多的地区。颜世伟等(2019)以内蒙古伊金霍洛旗区域为研究对象，基于层次分析法，进行了生态脆弱性评价。利用SRTM30m分辨率的DEM数据和2017年7月landsat8遥感影像得到海拔、坡度、植被盖度、土壤侵蚀模数4个评价指标，采用层次分析法确定因子权重，并计算出生态脆弱性指数，确定了生态脆弱性分区。王贝贝等(2019)以公里格网为基本评价单元，以快速城市化区域典型代表南昌市为研究区，通过SRP概念模型构建评价指标体系并选取17个评价指标，基于空间主成分分析法、全局Moran's指数以及LISA聚类图，量化分析了2000—2015年南昌市生态环境脆弱性的时空分布特征及驱动力。贾晶晶等(2020)通过SRP概念模型构建石羊河流域生态脆弱性评价指标体系，利用遥感和GIS技术，采用主成分分析法，系统、定量地对石羊河流域2005年、2010年、2015年生态脆弱性进行了评价，结果表明了石羊河流域水生态脆弱程度整体处于重度脆弱水平，并且从上游到下游呈加重的趋势。张玉娟等(2019)针对目前景观格局指数构建方法中人为扰动因素关注不够及没有景观生态脆弱性指数构建合理性验证方法的问题，提出了一种结合景观脆弱性指数和人口压力指数加权构建景观生态脆弱性指数的方法，及一种景观类型变化等级加权值与景观生态脆弱性指数变化值进行回归分析的景观生态脆弱性指数构建合理性验证方法，以松花江流域(哈尔滨段)为实验区域，对实验区域2010年和2015年景观生态脆弱性指数进行构建，对两期景观生态脆弱性指数进行减运算，获得了研究区域景观生态脆弱性指数变化分布图。刘晓娜等(2020)遵循“因素识别-指标构建-单因子评估-综合评估”的基本思路，识别色-普国家公园潜在建设区的生态环境脆弱性因素，开展冻融侵蚀、水土流失、土地沙化、土壤风蚀、生境环境敏感性单因子评估，结合海拔、坡度、重要生态系统等限定因子，实现了对国家公园潜在建设区生态环境脆弱性综合评估，为未来国家公园空间范围的确定、功能分区以及适度开展生态旅游等空间布局提供了基础支撑。张圆圆等(2020)通过地形、地质、土壤与植被、气象水文和社会经济五个方面选取了13个指标构建龙门山断裂带评价指标体系，并对2000—2017年五个阶段的生态脆弱敏感性空间分布格局进行了动态分析，得到了龙门山2000—2017年生态脆弱指数整体呈下降趋势，生态环境趋于好转的结论。

1.3.3 生态文明建设评价

随着政治文明、物质文明和精神文明的快速发展，人们提出了第四种文明形式即生态文明。生态文明是对传统工业所遗留下来的生态危机和发展模式进行反思的结果，生态文明是人与自然、人与人、人与社会和谐发展而取得的物质、精神、制度成果的总和，反映了人类社会文明发展的进步状态。1992年召开的联合国环境与发展大会，确定了可持续发展的基本战略与思路，加深了人民对资源、环境与经济关系的认识。Morrison在1995年首次提出英语语境下的生态文明，并指出全球性动力机制与政策导致工业文明向着生态文明的方向转变，工业文明的自我破坏性促使其向着生态文明的方向转变。美国耶鲁大学和哥伦比亚大学合作开发出环境可持续发展指数(ESI)，并逐步发展形成环境绩效指数(EPI)，这是生态文明评价的雏形。从生态经济学视角来看，Pelletier(2010)从热力学的方面揭示了经济规模扩张的生态限制，经济活动会减少有效能量并且产生熵废物，而地球提供能量和接收熵废物的能力是有限的，经济系统的增长受到固有环境的制约，可持续发展的实现需要调整超过生态承载能力的经济活动。Spash(2013)提出，生态经济学应该从目前关注生态环境的经济影响、影子价值，将自然视为产品、服务和资本的浅生态经济学转变成伦理学视角研究环境价值和人与自然的关系，强调人与自然的和谐发展。

国外生态文明建设方面的研究主要分为转变经济发展模式、调整产业结构、转变生产方式三个方面。促进生态文明建设的经济发展方式是一种资源节约、环境友好的可持续的发展方式。生态文明与转变经济发展方式二者是有机统一的，转变经济发展方式的过程就是生态文明建设的过程，Schneider 等(2010)认为，“滞增”(degrowth)理念为转变经济发展方式提供契机。该理念倡导通过适当缩小生产和消费规模，将人类经济活动控制在生态极限范围内，在提升人类福利水平的同时促进生态可持续发展。在经济发展已超过生态承载能力的背景下，“可持续滞增”有利于降低资源消耗，促进非物质消费与非物质经济发展。Costanza 等(2013)认为，经济内嵌于社会和环境中，由于自然资本和生态系统服务的不可替代性和有限性，经济发展不能超越地球生态界限，应采用可持续经济福利指标(ISEW)、真实发展指数(GPI)或其他反映人类真实福利水平的指标来衡量经济发展。产业结构决定资源配置效率、能源使用效率以及污染物的排放，是生态文明建设的重要物质基础。Baranenko 等(2014)研究发现，创新是产业可持续发展的关键因素，现代产业结构的创新发展取决于内部环境因素和外部环境因素。内部因素是指企业对创新发展的准备度和能力，这取决于前瞻性管理，即对未来产业结构进行即时性分析。外部因素是指企业对环境机会的开放度，它能够使产业结构不断积累创新潜力，实现可持续发展并且获取经济利益。生态文明建设要求对传统生产方式进行生态化转型，以突破经济发展中环境污染与资源匮乏的瓶颈，形成产业发展与生态环境保护良性互动的生产方式。Sarkart(2013)认为，生态创新与生态科技是形成可持续的生产方式与促进绿色经济增长的关键。通过对产品、服务、技术、组织和生产过程等进行生态化创新，将生态意识融入生产过程，可以实现自然资源利用率最大化，提高生态效率并减少对环境的破坏。Geels 等(2015)强调实现生产和消费的可持续性关键在于转变社会技术系统和人们的生活方式。社会技术系统由科学知识、产业结构、市场、消费模式、政策和文化/象征意义等构成，技术系统与社会系统紧密相连，企业技术创新可能产生连锁效应从而影响人们的行为，进而对环境可持续性产生影响。生态现代化理论从生态视角出发，强调将生态关切和生态考量“一体化”到经济社会发展过程中，使“生态理性”成为生产、消费和生活的首要原则。生态经济学从热力学角度重构经济系统与生态系统的关系，提出经济发展应符合地球生态承载力。可持续发展要求突破经济、社会和环境的分界线，实现代内公平与代际公平，社会公正与环境正义。

21 世纪以来，随着生态文明理念深入人心，中国学者对于生态文明的定量评价不断深化。杨开忠(2009)建立中国生态文明指数(ECI)对各省(自治区、直辖市)生态文明水平进行评价；严耕从 2010 年开始发布中国省(自治区、直辖市)生态文明(ECCI)排名。

关于评价体系的构建，部分学者利用主成分分析法来排除主观因素影响，如庞小宁和王柳(2012)以关中-天水经济区为研究对象，建立了包括经济、社会、资源、环境四大系统的指标体系。施生旭等(2015)从经济、社会、生态三大效率角度构建评价体系，对我国省、自治区、直辖市进行实证分析。董鸣皋(2014)则通过对已有文献的梳理选取高频度指标来构建五维度评价体系，并对权重配置进行主要分析。

绿色治理下的环境评价体系主要集中于生态文明建设层面，其代表性研究主要可分为国家、省市、特定区域三个层面。在国家层面上，王文清(2011)通过探讨生态文明的主要特征，构建了包括资源节约、环境友好、生态经济、社会和谐和生态保障五个层面的评价体系；张玲等(2013)以生态文明内涵为出发点，设计了包括资源能源、环境保护、生态经济、生态科技和生态精神五大文明的一级指标，共20项二级指标的评价体系。在省市层面上，张欢等(2014)利用PSR模型构建了包括生态文明系统压力、健康状态和管理水平的评价体系，并对我国30个省(自治区、直辖市)进行分析；秦伟山等(2013)则从意识文化、经济运行、环境支撑、生态人居、制度保障5个层面、35项指标来构建评价体系，并对典型城市的生态文明水平进行测度分析；张欢等(2015)以特大型城市为研究对象构建了包括生态环境健康度、资源环境消耗强度、面源污染治理效率和居民生活宜居度四个方面的指标体系。在特定区域上，常见的有森林、矿区生态文明建设等，该层面的评价体系具有更强的针对性。一些学者也从协调性角度出发，如李茜等(2013)运用层次分析法和主成分分析法较为系统地建立了包括环境保护、经济发展与社会进步三大准则的评价体系，并从国家和省域的角度分别探究了生态文明水平；宓泽锋等(2016)则采用双向指标选取方式，以协调性为基础从自然、经济、社会三个角度构建评价体系，并对我国各省的生态耦合协调度进行研究。

1.4 研究目标与内容

1.4.1 研究目标

为了满足重点水源区生态文明建设发展过程中决策管理需求，充分发挥自然资源部门科技支撑的技术优势，本研究运用现代遥感技术、地理信息技术、数据分析技术、监测评价技术以及创新技术研究成果，构建具有专题性监测应用的技术体系；通过常态化的持续监测活动，对该区域地表覆盖、土地利用、点源面源污染、生态服务价值、生态安全风险、水资源、水生态、水环境、水质污染、地质灾害风险、生态修复、资源环境承载能力、矿产资源开发、社会经济发展等的现状、动态变化等进行调查和监测评价，摸清自然资源、生态环境、社会经济发展的基本家底、发展变化优势、劣势、变化关系、变化规律、空间分布格局、存在的问题和短板等，服务核心区生态文明建设绿色、协调、可持续的高质量发展，提高治理能力和水平。

1.4.2 研究内容

(1)对地表覆盖和土地利用实施年度变化更新调查监测，掌握其分类面积、结构占比、地表覆盖波动变化率、土地利用转移比例和变化率、土地开发利用强度、土地生产效益等指标变化情况，分析影响变化的因素、驱动力和规律。建立分类合理的核心指数指标体系、评价指标体系，形成科学合理的监测技术方法。

(2)对水资源、水环境、水生态、水质等进行现状和变化监测，对水资源总量、入库水量、出库总量、库容变化、水质现状、影响水质变化因素和风险、水资源脆弱性等进行监测分析，实现对水质保护、优化配置、高效利用、综合治理、供水调水提供决策支持。建立核心指数指标体系、评价指标体系，形成科学合理的监测技术方法。

(3)从生态保护、生态修复和矿产资源合理开发利用角度，对水源区的矿产资源分布、总量、开发利用量、对 GDP 的贡献、对生态产生的影响、生态修复措施和效果等进行动态监测评价，实现对有序合理利用矿产资源、保护生态环境、促进协调发展提供管理和决策支持。建立分类合理的核心指数指标体系、评价指标体系，形成科学合理的监测技术方法。

(4)对水源区利用干涉雷达卫星遥感技术进行地形形变监测，分析地表沉降的分布、沉降幅度和成因。对该区域的地质灾害点和区域进行监测，获取其数量、分布、变化情况，对孕灾环境因子进行分析，对区域内可能造成的生命财产、经济发展损失进行风险评估，建立标准化、规范化的监测技术方法，为综合防灾减灾决策服务。

(5)资源环境承载力评价的一些指标不仅服务空间规划，而且也用于对其实施过程的监督评估。通过开展生态功能区为基础的资源环境承载力评价，分析区域资源禀赋与环境条件，研判生态功能区国土空间开发利用问题和风险，研发国土空间规划的定量评价方法，预测预警模型，为编制国土空间规划、优化国土空间开发保护格局、完善区域主体功能定位、实施国土空间生态修复和国土综合治理重大工程提供基础服务。

(6)通过开展自然资源生态安全时空变化监测工作，提升对生态系统和区域主要生态问题演变规律、生态退化机理、生态稳定维持的科学认知水平。对生态服务时空变化、生态敏感性、生态景观格局时空变化、生态修复成效、生态系统健康、生态脆弱性等进行专题监测，对生态安全进行综合分析评价，构建科学合理的生态安全监测与预警技术方法。

(7)通过开展生态文明综合指标评价工作，构建较完善的水源区生态文明建设评价指标体系，分析库区生态文明发展状况及其时空格局演化，揭示水源区生态保护与经济社会发展中的关系，以期为水源区生态文明建设、脱贫攻坚、乡村振兴等发展政策的制定提供决策服务。进一步对人类活动强度、保护与发展、绿色发展、移民安置、精准扶贫、生态补偿、政策、制度和机制等进行调查分析，为平衡自然资源、生态环境、人口和社会经济之间的发展提供辅助决策支持。

1.5 研究思路与技术路线

1.5.1 研究思路

研究思路：一是紧扣自然资源管理工作任务和职责进行任务设置，明确提出监测评价区域的地表覆盖、土地利用、生态服务价值、生态安全风险、生态修复、矿产资源开发、社会经济发展等各项具体任务。二是坚持“人口资源环境相均衡、经济社会生态效益相统一”的工作原则，设计监测评价的内容和指标，努力摸清自然资源及生态环境、社会经济发展的基本家底、发展变化关系、变化规律、空间分布格局、存在的问题短板等。三是充分发挥自然资源部门在地理空间数据获取、处理、分析等方面的技术优势，利用遥感、地理建模和大数据分析等各类技术手段，深入分析各类数据之间的演化趋势、相互关系，重视指标对地理分异现象的分析解释，努力做到监测评价结果更具科学性。

在技术研究方面：充分发挥自然资源部门技术优势，通过运用新技术、新方法、新工艺等，围绕该区域地表覆盖、土地利用、点源面源污染、生态服务价值、生态安全风险、水资源、水生态、水环境、水质污染、地质灾害风险、生态修复、资源环境承载能力、矿产资源开发、社会经济发展等方面，开展常态化、持续的监测活动，统计分析区域山水林田湖草等自然资源要素的变化情况，发现自然资源要素的变化规律和趋势。分析自然资源要素和生态环境、社会经济发展等方面相关要素的联系，找到变化原因及存在的问题。有效服务区域生态文明建设和高质量发展。

1.5.2 技术路线

丹江口核心水源区(湖北段)生态文明建设分析是以接受监测任务为开始，经历数据获取、数据处理、指标体系构建、数据分析评价和成果应用全过程的科学活动(见图1.1)。研究应用区域特殊、内容综合、过程阶段关联性强和技术方法复杂度高，需要多种技术方法的集成应用才能实现目标任务。就当前的技术而言，尚不能完全满足其技术需求。如在数据获取方面，当前数据的分类提取精度、几何精度和尺度层次存在不足，多模态数据获取技术体系尚不健全。在数据处理方面，数据特征分析方法、尺度变换方法和数据空间化方法需要有新的方法解决。在指标体系和指标模型建模方面，需要结合研究区域的特殊性，构建新的指标体系和指标模型。在分析评价方法方面，需要研究解决各要素之间的关联分析、耦合关系分析以及相关性分析方法。

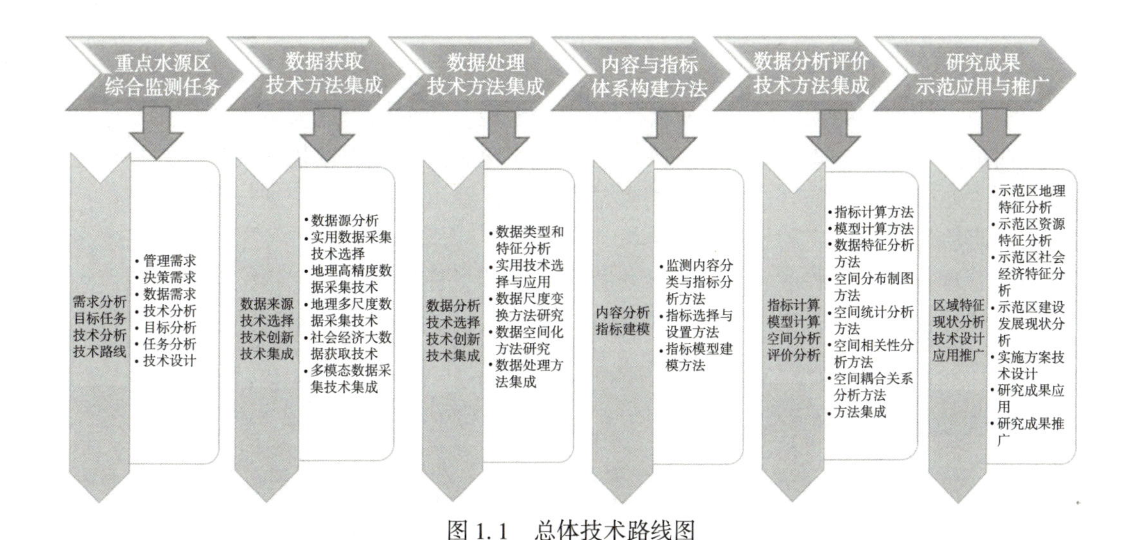

图1.1 总体技术路线图

1. 典型研究技术路线——丹江口核心水源区(湖北段)国土空间开发利用格局和生态脆弱性分析

以时空大数据为驱动，基于“三生空间”划分为基础，以子流域和行政区划两种统计分析单元，研究提出分析评价方法，展开国土空间开发利用格局的分析；构建生态脆弱性分析评价指标体系及指标模型(见图1.2)，研究提出指标计算和分析评价方法，展开生态脆弱性、敏感性时空变化分析，形成分析报告。

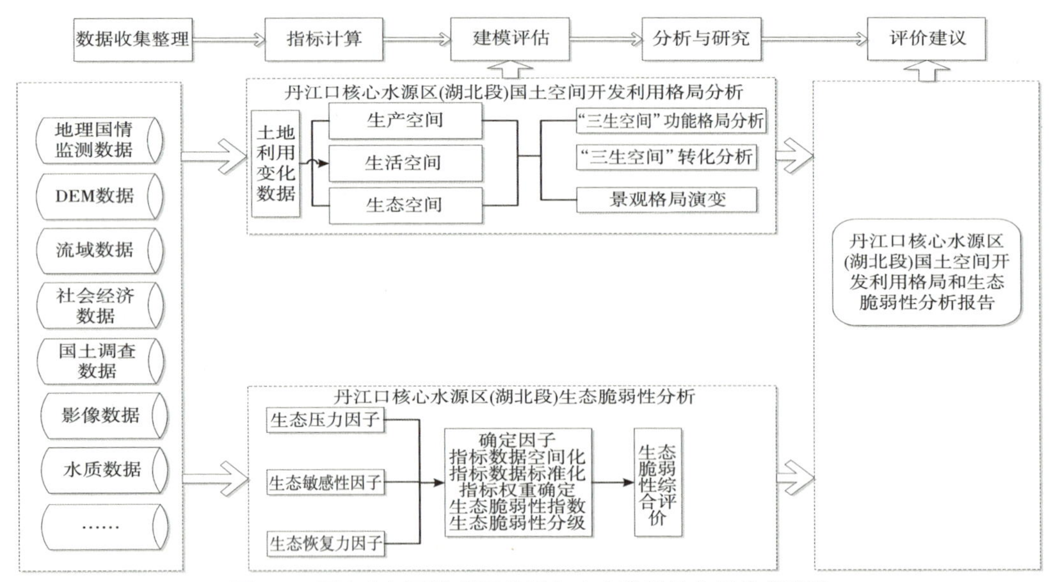

图1.2　国土空间开发利用格局和生态脆弱性分析技术路线

2. 典型研究技术路线——丹江口核心水源区(湖北段)自然资源价值与社会经济发展水平评估

以时空大数据为驱动，构建指标体系和指标模型，研究提出地表覆盖变化和土地利用变化的时空分析方法，解释生态环境变化与地表覆盖和土地利用变化的规律、关系和空间分布；对生态服务价值估算、水源涵养量估算和固碳释氧量估算方法进行改进和优化，研究提出生态质量时空变化关联性分析方法，并将成果应用于生态保护、生态修复和生态补偿的决策管理；构建水源区生态文明评价指标体系和指标模型，研究指标计算方法，研究生态保护和社会经济发展之间的耦合关系分析方法，将成果应用于水源区生态保护与社会经济平衡发展、协调发展的规划、管理决策(见图1.3)。

1.5.3　关键技术

1. 构建了获取高精度时空地理数据的多模态技术体系

重点水源区生态文明建设综合监测涉及面广、关系复杂，数据类型多样化、尺度层次

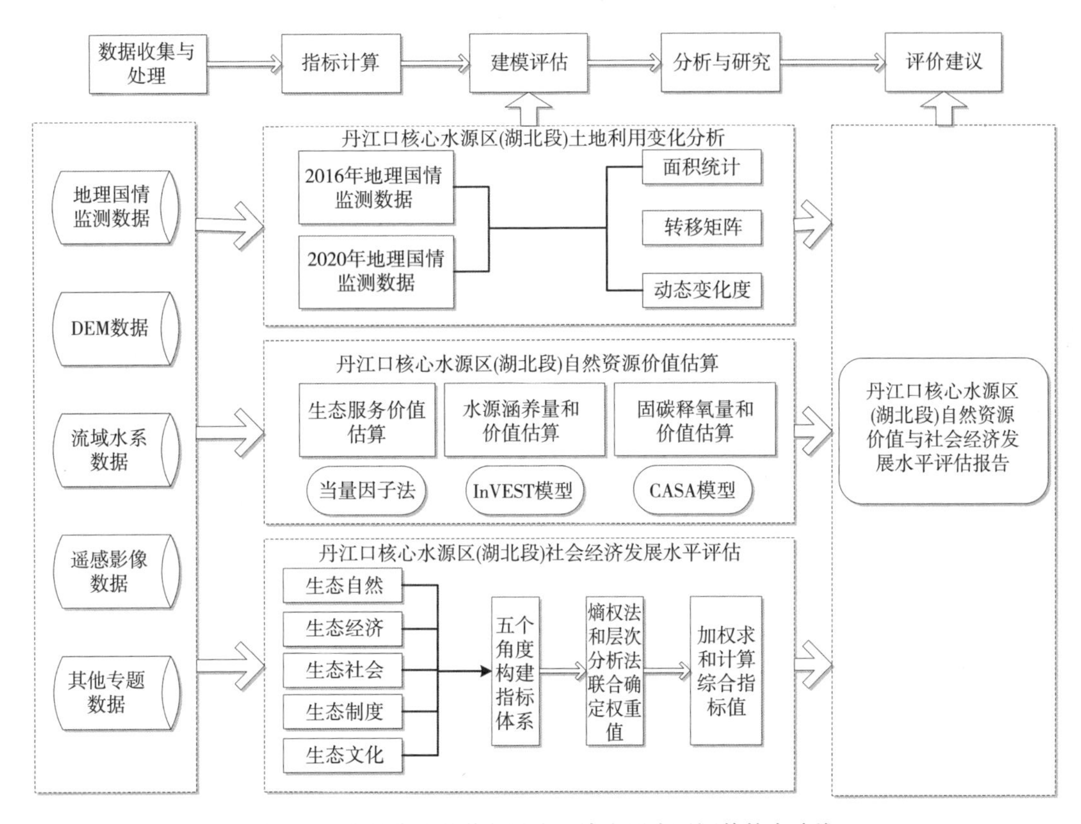

图1.3 自然资源价值与社会经济发展水平评估技术路线

多、精度要求高。从研究内容和所要解决的问题来看，不仅涉及自然环境、经济环境和社会文化环境诸多系统要素的现状、变化、分布差异性等定量分析，还要注重相关关系、耦合关系、发展水平等之间的关联性分析。数据需求不仅需要地表覆盖数据、土地利用数据、地矿数据、灾害数据、污染数据、地形地貌数据、水文数据、水资源数据、水质监测数据、土壤数据、气候气象数据、人口数据、经济数据、投资贸易数据、文化旅游数据等类型多样的时空面板数据，而且需要不同尺度和精度的多层级数据。因此，需要对特定的数据获取技术进行研发和协同技术集成，形成多模态数据获取技术体系。

本研究为满足监测分析评价对数据不同尺度层次的要求，提出了用于高分遥感影像地表覆盖分类信息提取的案例库结构构建方法，提出了基于多尺度分割和案例库推理的高分遥感影像信息提取方法，研究了“珞珈一号”夜间灯光影像在建设用地提取中的应用方法，并首先以武汉市为例进行了方法验证，论文《珞珈一号夜间灯光影像在建设用地提取中的应用：以武汉市为例》入选2022年度国内(国际)100篇最有影响论文；研制了一种可远程实时调节测深仪测量参数的水下地形测量系统，并申请了实用新型专利证书；研制了免像控无人机航飞摄影测量系统v1.0，申请了计算机软件著作权；提出了针对水源区特定聚焦功能的POI网络爬虫软件，提出了基于数字年鉴信息查询和提取软件，有效地提高了大数据获取精度和效率问题。

这些新型的数据获取技术方法连同常规的影像、地理信息和社会经济数据获取方法一起，构建了重点水源区多模态数据获取技术体系，满足了生态文明综合分析评价对不同尺度、不同精度要求、不同类型的数据要求，极大地提高了数据获取能力和质量水平。

2. 构建了服务重点水源区多尺度数据处理方法体系

重点水源区生态文明建设综合监测分析评价涉及数据类型多，数据尺度不一，为了满足数据计算和分析的需要，除了充分利用现有的数据处理方法，还存在一些特定的数据处理要求，需要研究相应的数据处理方法，共同形成了多尺度数据处理方法体系。地形高程数据在数据计算和分析中具有重要的基础性作用，本研究研制了 NBJ-无人机免像控高程精化软件 v1.0，有效补充了传统数字高程模型处理软件的特定功能需求，并申请了软件著作权；针对地理国情普查数据与城乡规划用地分类体系不一致问题，研究了两种数据的融合方法，并首先以武汉市为例进行了验证；为了基于"三生空间"进行国土空间开发利用格局及其变化分析的需要，需要对现有分类体系多标并行、衔接不畅，分类形式功能为上、政策为辅，分类维度前瞻不足、体系单一等问题，进行了探索性研究；为了解决分析评价计算中数据尺度不一致问题，研究了人口数据、经济数据和资源环境数据等尺度变换的方法，该方法同时在武汉市资源环境承载力评价中得到了应用；研究提出了顾及流域特征要素约束条件的基于数字高程模型流域子流域划分方法，解决了传统流域划分方法边界不准确问题。

3. 构建了重点水源区生态文明建设综合监测内容和指标体系

认知生态保护与社会经济发展两者之间的平衡协调关系及所处于的水平是重点水源区生态文明建设综合监测分析评价的核心目标和任务，如何正确处理保护和发展问题是关键，利用以时空数据驱动的数据分析计算结果，结合现有政策措施、发展现状和变化信息、政策目标导向做出正确判断是手段。

本研究在分析吸纳国内相关专题性监测成果的基础上，构建了服务于丹江口核心水源区(湖北段)生态文明建设综合监测的关键内容和指标体系，并提出了相应的工作方案和思路。其内容和指标主要如下：

(1)地表覆盖和土地利用变化遥感监测。监测时间点分别取 2005 年蓄水前、2013 年蓄水后和 2019 年当前现状。专题监测内容为地表覆盖变化、土地利用变化和消落区变化。以高分遥感影像和无人机遥感多源多尺度遥感影像为主要数据源，提取分类调查数据，统计和计算相关动态变化指标，并结合社会经济数据分析变化成因。

(2)水质及水资源变化遥感监测。设计了基于 MODIS、HJ-1、TM 或 Landsat8、SAR 数据、高分遥感影像等源遥感影像水体提取方法，对水资源变化进行监测。设计了一组反映水资源变化的计算指标。

在水资源脆弱性变化分析方面，选择了我国夏军院士于 2012 年提出的脆弱性指标的计算方法。

在水质变化监测分析方面，利用收集的丹江口库区枯水期和丰水期的两幅环境减灾卫星(HJ-1A/B)遥感影像，结合与遥感影像同步的实测水质数据，进行水库叶绿素 a(Chl-a)

浓度、总磷(TP)浓度和水体透明度(SD)的反演研究，为丹江口水库水质监测和水库管理提供科学依据。

水环境安全变化监测方面，在评价方法方面，生态学的PSR评价模型不断得到发展，其中增加了驱动力和影响的DPSIR模型，用于水环境安全评估较为常用。DPSIR模型各指标因素关系密切，存在着人口、经济、社会等驱动力导致的各种生态环境压力，生态环境压力改变自然和社会状态，自然和社会状态对人类社会经济和生活产生影响，人类又会对各种影响采取相应的响应措施，最终又会影响驱动力各种指标的调整。本书综合考虑了丹江口核心水源区(湖北段)的特点，设计了综合评价指标体系和联合确权的综合指标计算方法。

(3)矿产资源开发与生态环境关系动态监测。监测时间点分别取2005年蓄水前、2013年蓄水后和2019年当前现状。主要设计了矿产类型、储量、矿区面积、经济产值、开发利用程度、开发利用程度变化、违法事件数等监测指标，并突出分析矿产资源开发对生态环境可能产生的风险因素。

(4)地形形变和孕灾环境与灾害分布监测。设计了利用差分干涉雷达技术(D-InSAR)进行坝区周边地形形变监测和滑坡、泥石流动态位移监测方法。设计了灾害类型、灾害点数量、灾害区域面积、变化率、地形形变数据等监测指标。

(5)生态功能指向的资源环境承载力评价。在以土地开发利用为指向的省市资源环境承载力评价标准的基础上，设计了以生态功能为指向的评价指标体系。

(6)自然资源生态安全时空变化监测。监测时间点分别取2005年蓄水前、2013年蓄水后和2019年当前现状。专题监测内容包括以下7个专项：

①生态系统服务价值时空变化分析。生态系统服务价值的估算单元采用栅格数据，格网大小1km×1km。采用Costanza等(2013)提出的生态系统服务价值估算方法，与基于地理模型的计算方法相比，该方法具有数据易于计算、标准化的优点，可以对多种生态服务价值进行计算。考虑到生态系统服务在时间尺度上的动态变化性和空间上的异质性，可以对丹江口水源区的当量因子进行区域修正和功能性系数修正。生态系统服务价值估算是通过标准单位当量因子的价值进行核算的。

②生态敏感性评估与生态分区。综合考虑丹江口库区流域地形地貌、生态环境状态和土地利用现状，构建了“地”“水”“林”“人”评价体系，选取坡度、水系、植被覆盖度、土地利用类型及生态保护区等评价因子，进行定量综合分析评价，探求区域生态敏感性评估和生态分区，为区域生态环境保护提供技术支撑。

③景观格局动态变化分析。丹江口水库景观类型要素选择为草地、林地、水域、耕地、建设用地5大类。景观面积度量指标主要包括斑块类型面积(CA)、斑块类型比(PLAND)、景观面积(TA)和最大斑块指数(LPI)。CA值的大小影响着斑块类型聚集地的物种数量以及丰度，PLAND表示单个斑块的面积在整个斑块类型中所占的比例，TA是监测生态系统是否稳定的重要指标，LPI主要反映景观水平上某一斑块类型中最大斑块面积占总面积的比例。

④生态修复成效分析。设计了评价的指标体系，并设计了基于熵权法的综合指标评价方法。

⑤生态系统健康评价。基于生态学和环境科学原理，运用压力-状态-响应(PSR)概念模型，从区域的压力特征、物理化学特征、生物特征、生态景观特征、生态功能特征及响应特征等方面，筛选能确切反映丹江口水库生态系统健康状况的评价指标，建立丹江口水库生态系统健康评价体系。设计了基于层次分析法确权的指标计算方法。

⑥生态环境脆弱性分析。设计了生态敏感性-生态恢复力-生态压力度综合评价指标体系，评价计算方法采用栅格单元进行评价，按照 1km×1km 栅格分辨率计算指标值。使用层次分析法确定各项指标的权重和加权求和方法计算指标值，并计算生态脆弱性指数和综合脆弱性指数，再根据综合脆弱性指标值进行分级制图。计算相关性分析指标，相关性分析采用空间自相关分析方法，可以使用全局莫兰指数、局部莫兰指数，或采用地统计学的半变异函数进行生态脆弱性的空间分析，可以揭示生态脆弱性空间变化的结构性和随机性特征。

⑦生态安全综合指标评价。在生态安全综合指标评价时，PSR 模型法(压力-状态-响应模型)被广泛用于构建评价指标体系，包含 3 个相互联系的系统，其中压力指标指人类活动对生态系统造成的直接压力因素，如人口、经济、环境等方面的压力；状态指标指在人类活动压力下资源环境所处的状态，例如水(土)资源、水环境、生物多样性等方面的状态；响应指标指人类应对各类环境问题时所采取的应对方式，它随着社会的进步而变化。对指标值进行等级划分，可以从空间分布解释其指标值之间的区域关系。可以将丹江口库区的生态安全划分为 5 个等级：红色预警级、橙色预警级、黄色预警级、蓝色预警级和绿色安全级，表示严重程度依次减轻。

(7)生态文明综合指标评价。本项评价以区县为评价单元，在参考《国家生态文明建设示范县指标(2017 年修订)29》，并借鉴其他相关研究成果的基础上，选取 2005 年、2013 年和 2019 年三个时间节点，科学构建库区生态文明建设评价指标体系，分别计算各时间断面上库区各区县生态文明发展水平指数。

指标选择的依据主要有：

①自然的角度。选择生态资源与质量、生态环境压力、资源利用与环境治理。

②生态经济角度。选择经济发展、经济效益和经济结构。

③生态社会角度。选择社会发展、公共服务、社会活力。

④生态制度角度。选择污染防治政策、生态保护政策、水资源管理政策、环保投资和生态投资。

⑤生态文化角度。选择生态景观文化和社会文化等 16 个要素的 52 指标构建综合评价指标体系。

4. 构建了综合监测分析评价技术方法体系

以时空数据为驱动，将空间分析、空间统计分析、社会地理计算分析、关联分析、耦合分析、模型建模分析、指标分析等分析方法相结合，将发生在自然环境、经济环境和社会文化环境的诸多因素进行联合处理、计算、分析和判断，形成知识成果，是完成本项目研究计划和任务的主要技术方法手段。在总结利用现有技术方法的基础上，结合本项目提出的创新性研究成果，共同形成了面向重点水源区综合监测分析评价技术方法体系。主要创新方法是：研究提出了城镇建设与资源环境交互耦合关系模型建模与计算方法，该方法能够解释人文环境与自然环境相互作用的关系和机理；研究提出了重点水源区生态脆弱性及生态修复成效分析方法，将生态敏感性、生态脆弱性指标建模和计算方法进行了针对性改进，使其能够从空间分布和变化指标反映生态质量的变化，从而评价与生态修复的关系和效果；研究提出了山洪灾害调查评价成果水位水量关系检验复核方法，研制了模型软件系统，解决了分析评价结果的验证问题；研制了基于时空大数据智能识别的河湖监管系统v1.0，实现了综合监测成果的实用化，申请了软件著作权；研究建立了生态脆弱性分析指标模型，提出了基于格网等级的计算方法，实现了管理系统 v1.0 的研制，申请了软件著作权；研究提出了基于大数据的地表覆盖和土地利用分析指标模型和方法，研制了分析计算软件，申请了软件著作权；研究提出了生态服务价值估算指标评估分析方法，研制了相应的软件，申请了著作权；研究提出了“三生空间”时空演变及景观格局分析方法；研究提出了基于 SRP 模型的流域生态脆弱性评价方法；研究提出了以流域特征要素为约束的流域子流域划分方法，提高了流域划分的正确性和边界位置的精度；研究提出了生态文明评价指标模型和计算方法。

第2章　区域概况

2.1　区域特征

2.1.1　丹江口水源地概况

丹江口水库及上游地区作为南水北调中线工程的水源地，其动态变化对流域内的生态环、水质、农业发展、工业生产、航运以及城市发展等方面都起着重要作用，直接影响流域内的生态环境和社会经济的可持续发展。丹江口水库建于20世纪50年代，总面积1050km^2，51%属于湖北省，49%位于河南省境内，主要功能是保障生活和工业用水、防洪、灌溉和发电。根据《丹江口库区及上游水污染防治和水土保持规划》(2005年)，丹江口水库水源地的保护范围包括跨陕西、湖北、河南3省的7个地(市)的40个县(市、区)，流域面积9.52×10^{4}km^2，具体范围如表2-1所示。

表2-1　丹江口水库水源地的保护范围

省	地(市)	县(市、区)名称	县数(个)
湖北	十堰	茅箭、张湾、郧阳、丹江口、郧西、竹山、竹溪、房县	8
河南	南阳	西峡、淅川	2
	洛阳	栾川	1
	三门峡	卢氏	1
陕西	汉中	汉台区、南郑、城固、洋县、西乡、勉县、略阳、宁强、镇巴、留坝、佛坪	11
	安康	汉滨区、汉阴、石泉、宁陕、紫阳、岚皋、镇坪、平利、旬阳、白河	10
	商洛	商洛市、洛南、丹凤、商南、山阳、镇安、柞水	7

丹江口水源地于汉江上游，地处豫、鄂、陕三省交界处，丹江口水利枢纽位于汉江与其支流丹江汇合口下游800m处，丹江口水库由湖北境内的汉江库和河南境内的丹江库两大部分组成，如图2.1所示。丹江口水库水面最宽处东西距离超过20km，最窄处不足

300m。丹江口水利枢纽大坝加高后坝顶高程176.6m，水库正常蓄水位170m，相应库容 $290.5\times10^8m^3$，水域面积 $1050km^2$。丹江口水库兼顾防洪、供水、发电、航运等功能。2014年12月12日14：00，丹江口水库开始通过南水北调中线工程向河南、河北、北京、天津送水。一期规划年均引水量 $95\times10^8m^3$，二期规划引水量 $130\times10^8m^3$。

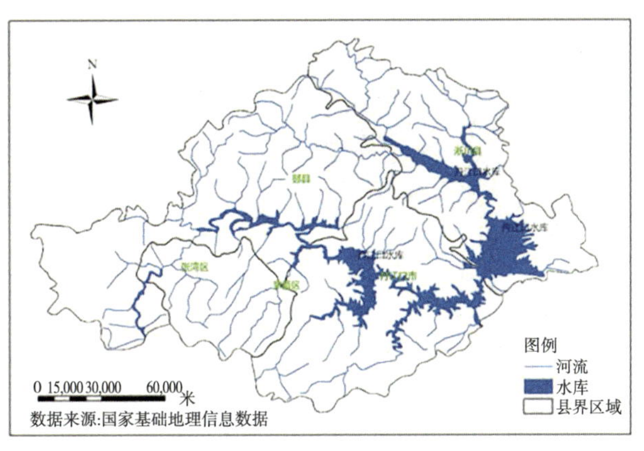

图2.1 丹江口水库范围图

2.1.2 丹江口核心水源区(湖北段)概况

根据《丹江口水库及上游地区水土保持“十三五”规划》，丹江口核心水源区(湖北段)位于湖北省西北部，地理位置示意图如图2.2所示。

图2.2 丹江口核心水源区(湖北段)地理位置示意图

具体包含十堰市的茅箭区、张湾区、郧阳区、郧西县、竹山县、竹溪县、丹江口市，房县的上龛乡、中坝乡、九道乡、大木厂镇、门古寺镇、窑淮镇、姚坪乡、回龙乡，神农架林区的大九湖镇。涉及9个县(市、区)，面积 $21354.42km^2$，其中，神农架林区大九湖镇面积 $348.06km^2$(如图2.3所示)。

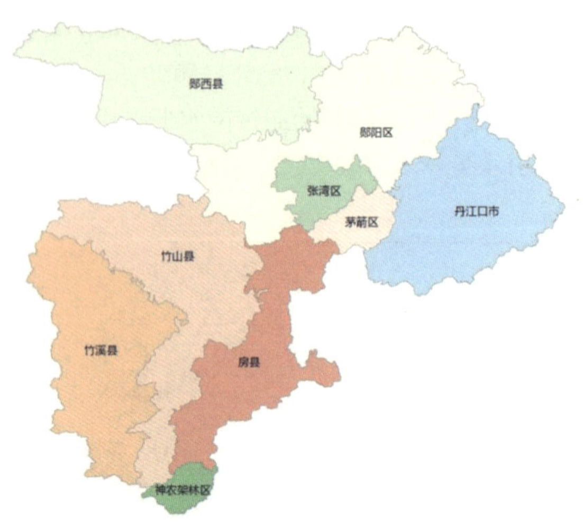

图 2.3　核心水源区湖北段范围

该区域为国家水土保持重点治理区划中的湖北省境内丹江口水源区治理区。地理位置位于秦岭东西向构造体系的南部边缘，地势高低悬殊，山地、河谷、丘陵地貌单元众多，多种类型均有分布，山地之中有丘陵，山丘之中有盆谷，地形的主要特点是高差大、坡度陡、切割深，总的地势是西北高、东南低、北陡南缓，汉江沿线地貌峡谷和盆地相间如图 2.4 所示，其汉江库区地形地貌如图 2.5 所示。

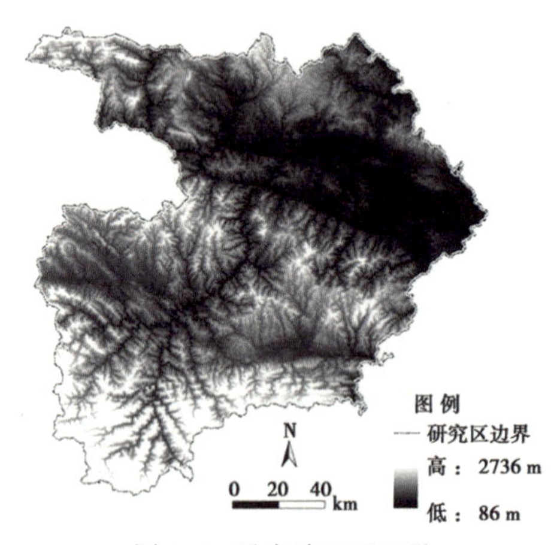

图 2.4　重点治理区地形

汉江库区的主要入库支流有金钱河、将军河、天河、曲远河、堵河、神定河、泗河、芝河、浪河等。有学者根据 5km^2 汇流面积提取的河网结果如图 2.6 所示。

丹江口水源区水资源量丰富，但时空分布不均，5—10 月径流量占全年 70%～80%。流域内河网密布，水系发达，主要入库河流约 16 条，水库多年平均入库水量为388 亿 m^3，主要来自汉江干流与其支流丹江。据统计，丹江口水库以上流域多年平均降雨总量为 900.4mm。降水时间非常集中，在主汛期 5—10 月，降水量占全年的 80.5%。而 1—4 月和11—12月降水量仅占全年的19.5%。丹江口水库是亚洲最大的人工淡水湖，库区水质全年都在Ⅱ级饮水以上标准，是国内水质较好的大型水库之一。近期水样检测结果表明，水库水质良好，并且具有硬度低、溶解氧充足等优点，按地面水环境质量标准综合评估，库区水质达到Ⅰ类标准。水库长年保持Ⅱ类以上的水质，是南水北调中线的理想水源地。

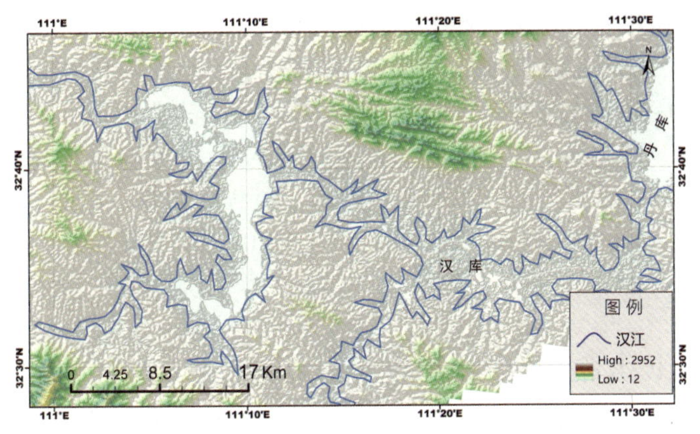

图2.5 水库及库区地形地貌特征分布

图2.6 丹江口核心水源区(湖北段)河网分布

丹江口属于北亚热带季风气候。夏季酷热，降水量集中；冬季严寒少雨雪；春秋气候温和。四季分配：冬长于夏，春秋相近。具有降水充足、热量丰富、四季分明的特点。

2.1.3 自然资源状况

1. 土地资源

国土总面积超237万公顷。其中，生态用地约197万公顷，建设用地9万余公顷，未利用土地约31万公顷。从各类用地占土地总面积占比来看，在农业用地中，耕地占9%；园地占2%以上；林地占69%；牧草占0.8%；其他农用地占3%以上。在建设用地中，居民点工矿用地占2%以上；交通运输用地占0.2%以上；水利设施用地占1%以上。

2. 植物资源

植被因海拔高度呈垂直生物气候带：海拔1200m以下为北亚热带落叶阔叶混交林带，常见的树种有栎类、响叶杨等；海拔800m以下多为人工种植的马尾松、杉木以及果树经济林等；海拔1200~2000m为暖温带落叶阔叶针叶林带，主要树种有亮叶桦、水青冈、山杨、漆树、华山松、巴山松、铁尖杉等；海拔2000m以上为温带常绿针阔叶混交林带、灌木矮林、高山草甸，常见树种有巴山松、冷杉、红桦、山杨、杜鹃、竹类及草本植物。有木本植物113科，376属，计1470种。其中乔木702种，灌木644种，藤本124种。

3. 水资源

区内水资源比较丰富，总量超过$387\times10^8 m^3$，其中多年平均过境客水超过$286\times10^8 m^3$，地表水年径流量超过$90\times10^8 m^3$，占湖北省陆面流径总量9%以上。多年平均入水量约$60\times10^8 m^3$，是区域内工农生产和居民生活用水的主要来源。汉江是其过境河流，流经郧西、郧县和丹江口市，过境长度216km，平均汇入丹江口水库的水量达$262\times10^8 m^3$。地下水相对贫乏，多年平均流量$10\times10^8 m^3$左右。

4. 矿产资源

已查明矿产共有54种，其中已探明储量的33种，矿床、矿(化)点共计800余处。其中大型矿床22个，中型矿床19个，小型矿床34个。通过地质工作已普查、详查矿区160处，勘探矿区12处。矿产类型涵盖与工农业生产、生活密切相关的金属、非金属、能源、水汽四个大类。在已探明的矿产资源中，铌、稀土、钒、石煤、锆石、瓦板石、绿松石等7种矿产的储量居全省首位，银、金、锑、铅、锌、铜7种矿产的储量居全省第二、第三位，磷、煤、钛3种矿产居全省7~10位。该地区铌、稀土资源丰富，根据1990年的调查，探明储量在全国分别列第二、第三位。

5. 动物资源

动物分布具有南北兼有的特征，野生动物种类资源较为丰富。分布有国家和省重点保护陆生野生动物以及具有重要经济价值或科研价值的陆生野生动物4纲，28目，69科，207种，其中国家一级10种。

2.1.4 社会经济发展基本情况

根据《丹江口库区及上游水污染防治和水土保持“十三五”规划》，2021年，水源区总人口约1374万人，国内生产总值4873亿元，住人口城镇化率约46.8%，城镇居民可支配收入25457元，农民人均纯收入8541元，均低于全国平均水平。根据十堰市2021年国民经济和社会发展统计公报，总体来看，在市委、市政府的坚强领导下，全市上下坚持稳中求进工作总基调，贯彻落实新发展理念，坚定推动高质量发展，扎实做好“六稳”工作，围绕全省“一芯两带三区”区域和产业战略布局，统筹推进稳增长、促改革、调结构、惠民生、防风险、强生态工作，经济运行总体平稳，发展水平迈上新台阶，发展质量稳步提升，人民生活福祉持续增进，各项社会事业繁荣发展，生态环境质量总体提高。

根据十堰市统计局官网数据显示，2021 年末 2022 年初，全市户籍人口 346.16 万人，常住人口 339.8 万人，比上年末减少 0.8 万人，其中城镇常住人口 192.02 万人，占常住总人口比重(常住人口城镇化率)为 56.5%，但七普数据显示为十堰常住人口为 320.9 万人。神农架林区大九湖镇常住人口 0.385 万人。

十堰市辖张湾区、茅箭区、郧阳区及丹江口市、郧西县、竹山县、竹溪县、房县，下设 13 个街道办事处、72 个镇、34 个乡、1807 个村委会、164 个居委会。

2.2 区域现状调查

2.2.1 面临的机遇和挑战

1. 面临的重大机遇

1)资金投入

主要可以归纳为以下几点：

(1)生态建设带来机遇。为确保“一江清水永续北送”，库区生态环境建设成为国家投资的重点。在治理点源污染的同时，也将加大对面源污染的投入治理。还可以争取到与移民安置配套，水利建设以工代赈，重点水源区防护林，环境、地质专项治理等专项资金。这大大促进了库区生态建设进程。

(2)农业综合开发带来机遇。南水北调工程的实施特别是大坝加高蓄水后淹没了一些优质农业耕地，而目前丹江口市库区种植的大部分为标准较低的耕园地，传统农业产出率低下，效益不高。利用这些资金，可以实施库区农业综合开发。既可以防止水土流失，提高土地生产潜力，又可以增厚土层和扩大面积，提高土地利用率，促进农村经济的发展。

(3)为发展第三产业带来机遇。为确保库区生态建设顺利实施，必须转移部分库区农业人口，从事城镇服务和旅游服务业。按照城市带集镇，集镇带农村的经济模式，大力兴办城镇服务业，促进了第三产业发展。

(4)集镇迁建、社区重建机遇。南水北调工程部分乡镇所在地受到淹没，丧失或部分丧失集镇中心功能。结合集镇迁建，根据生态环境要求，将集镇企业、交通、住房、娱乐等建设统一规划，扩大绿化面积，控制“三废”排放，使其走向可持续发展的良性循环。

2)战略升级

丹江口核心水源区已经融入《汉江生态经济带发展规划》(以下简称《规划》)，由局部战略提升至国家战略，不仅为区内的各项生态环境建设和治理注入新的活力，也是推动区内经济社会高质量发展的重大机遇。

《规划》从构筑生态安全格局、推进生态保护与修复、严格保护一江清水、有效保护和利用水资源、加强大气污染防治、污染土壤修复和加快清洁能源开发利用六个方面提出，加快推进生态文明建设，打造“美丽汉江”，努力构建人与自然和谐共生的绿色生态走廊。

十堰市委指出，要主动融入国家发展重大战略，奋力建设美丽十堰、畅通十堰、创新十堰、幸福十堰、开放十堰、活力十堰。

3)科研和技术开发利用的高地

丹江口核心水源区不论是在“十二五”“十三五”期间，还是在纳入《规划》以后，都始终是各部门、各行业科技发力的活力区域，许多科研活动聚焦在该区域，为该地区科学技术创新研究、开发利用提供了难得的机遇。广泛的科学研究和技术应用、高质量工程建设，增加了广泛的科技成果积累，同时也间接地促成了人才的聚集，形成了支持该地区高质量发展的科技研发利用高地，具有独特的科技创新优势。

2. 面临的挑战

大的方面的主要挑战可以归纳为以下几点：

(1)生态环境保护建设和社会经济发展之间的不平衡矛盾仍然存在，生态保护对社会经济发展的制约因素将长期存在。库区发展提升至国家战略后，社会经济必定迎来快速发展，高质量的生态环境建设也会加速，如何实现平衡、协调的发展步伐，面临挑战。

(2)根据《规划》设定的发展目标，区内生态环境质量、水源涵养能力、全域水质达标率等都要提升到一个新的高度，治理任务依然艰巨。

(3)区内自然条件和人类活动的变化，必然使地表覆盖和土地利用、空间格局、自然资源存量、人文地理要素等随之发生变化，如何做好空间规划和实施，加强生态修复，提高自然资源管理水平受到挑战。

其他挑战也不容忽视，如：

(1)水土流失状况严重的挑战。该区域不仅水土流失面积大，而且流失程度较严重。水土流失面积达 1646km^2，占比 52.7%，治理难度大。农村生态环境改善也面临较大压力。

(2)农业面源污染风险依然存在。据监测，一段时期丹江口水库总氮浓度曾达到 1.2mg/L 左右，超过地表水环境质量标准Ⅱ类标准的 1.3 倍左右，其主要是农业面源污染所致，虽然得到了有效的控制，但仍然存在反弹的风险。

(3)生态容量极为有限。该地区耕地资源极其贫乏，大坝加高后，人口、资源和生态环境的矛盾更加突出，库区生态的自我平衡能力更加脆弱。

2.2.2 主要举措和成效

1. 大力发展生态循环农业，成效明显

库区地方政府把发展绿色生态农业作为现代农业建设的主攻方向，把发展生态循环农业作为现代农业建设的重要抓手。积极推进优势产业提档升级，大力推进绿色高效生态农

业模式，大力发展旅游观光农业，不断提升农业综合效益，促进了农民可持续增收。

2. 退耕还草还林，增强水源涵养能力

丹江口库区及上游水土保持“十三五”规划的主要任务是减少水土流失，提高水源涵养能力，控制面源污染。丹江口水源涵养区生态环境脆弱，80%以上土地属于土石山区和丘陵沟壑区。频繁的人类活动造成了土地退化，早在“十二五”规划就实施了退耕还草还林的重要举措，生态环境质量得到了持续提高，水源涵养能力得到提高。

3. 环境治理措施有力，农业和农村生活污染得到遏制

区内地方政府坚持把生态文明建设作为“五位一体”总体布局和“四个全面”战略布局的重要内容，深入贯彻新发展理念，着力加强生态环境建设，全面实施大气、水、土壤污染防治三大行动计划，积极推动形成绿色生产生活方式，政府、企业、社会共治的环境治理体系，环境质量得到切实提高。

当地政府采取了有效的举措对农户反映强烈、环境问题突出的村庄，采取集中和分散相结合的方式建设了各类小型化农村污水处理和垃圾处理设施，并加强了农村垃圾收集、厕所等公共卫生设施的建设。

针对丹江口水源涵养区长期过度重视农业生产功能，造成农业面源污染加剧，导致流域水质因农业面源污染而下降的问题，有关部门通过利用绿色高效农业技术创建了丹江口水源涵养区绿色高效生态农业技术模式，对面源污染治理起到了重要作用。

4. 重视消落带治理，维持了水生态健康

消落带作为水陆交替的过渡区，对水陆生态系统起到廊道、过滤和阻滞的作用，是泥沙、土壤养分和污染物等进入水域的最后一道生态屏障，其环境因子、植物群落和生态过程等均存在明显的空间变异特征，容易发生水土流失、土壤水陆交叉污染以及生物多样性减少等生态环境问题。这些问题具有隐蔽性、潜伏性、累积性和长期性等特点，因此重视这些问题，对消落带的生态重建与修复、对维持水生态健康方面均起到了积极的作用。

5. 多种举措综合发力，库区水质全达标

通过提高森林植被率、生态修复、坝区环境整治、污染治理等工程，以及库区水质保护体制机制创新、建立河湖长制、建立针对水环境的立体化环境监管体系等举措，水生态环境有了显著改善，水库水质完全达标。使南水北调中线工程水源地水质常年保持在Ⅱ类以上标准，入选首批“中国好水”。

6. 措施得力，土壤侵蚀程度降低

丹江口库区的土地利用变化及土壤侵蚀强度的改变主要受退耕还林、天然林保护等政策措施和城市扩张的影响。除城镇化区域土壤侵蚀状况有恶化趋势，库区的土壤侵蚀程度在总体上呈现降低的趋势。

7. 重视森林资源保护，成效明显

党中央、国务院高度重视水源区的水质保护以及当地生态建设工作，在天然林资源保护工程、退耕还林工程、生态公益林建设等方面进行政策倾斜，通过多年的建设，水源区的森林资源保护与发展取得了明显成效。森林资源不但在涵养水源、净化水质、固土保肥、调节气候等方面发挥着重要的生态效益，而且在富民强农、改善环境等方面也取得了重要的经济和社会效益。

8. 科技助力，地质灾害监测取得突破

近年来，政府部门加大投入开展丹江口库区地质灾害的监测和防治工作，将各种新技术，如自动化监测、GPS、北斗通信技术、物联网技术、云计算和云存储技术融入地质灾害防治中，基于三维 GIS 建立丹江口水库地质灾害监测预警系统。利用 SBAS-InSAR 技术进行丹江口坝区地表形变监测与分析，为库区的安全决策提供了科技支撑。

9. 开展重点生态功能区生态环境遥感监测，服务综合治理决策

重点生态功能区是国家对于优化国土资源空间格局、坚定不移地实施主体功能区制度、推进生态文明制度建设所提划定的重点区域。利用卫星遥感技术开展重点生态功能区生态环境遥感监测，对生态环境保护与生态修复具有重要意义。重视丹江口水库水源涵养国家重点生态功能区建设，优化国土资源空间格局、坚定不移地实施主体功能区制度、推进生态文明制度建设取得明显成效。

10. 高位推动多措并举，合作保水质

湖北省丹江口市与河南省淅川县同属南水北调中线核心水源区，均为汉江生态经济带上的重要节点，共同肩负着水源保护、生态建设、绿色发展等使命。长期以来，双方保持着紧密的区域合作关系，在打造互联互通的便捷交通网络、实施库区环境监督联合执法，取得明显成效。

11. 工程和生物措施并举，石漠化治理见成效

岩溶地区的石漠化治理，必须统筹考虑好工程措施和生物措施，将林业、水利、畜牧、国土、教育、能源等领域结合起来，才能确保治理的成效。对石漠化地区植被破坏严重，土壤贫瘠，造林难度较大的区域进行封山育林。对中度、轻度的石漠化地区进行人工造林，采取了工程和生物相结合的综合治理措施，逐步培植土层，改善苗木生存条件。对治理地区 25°以上坡地禁止开荒，实行封禁，退耕还林；引导群众栽植适应当地的经果林，在改善环境的同时增加收入。对潜在和轻度石漠化地区，实行牲畜圈养、兴建沼气池，减少其对石漠化区域林草地的破坏；进行坡改梯，建设小型水利设施，配套建设田间道路，修建排水沟、蓄水池，减少水土流失，保土保水；调整石漠化地区的产业结构，通过种植经果林实现退耕还林，推动生态畜牧业、茶产业、经果业、中草药种植等产业的发展，确保石漠化治理生态效益和经济效益共赢。

12. 持续加大管理力度，保护生物多样性

为了保护生物资源的多样性，地方政府持续加大管理力度，从加强宣传、保护名木古树、保护湿地资源及水禽资源入手，营造出爱护环境、保护野生动植物的良好氛围。

13. 重视生态质量，强化生态修复

丹江口库区植被覆盖度受气候变化影响不显著，但受人类活动影响较大。其中灌草地和农业用地转变为林地是库区植被覆盖度升高的主要原因。生态建设工程和项目的实施对库区植被覆盖度的稳步增加起到了积极作用。

14. 重视民生建设和脱贫攻坚，社会经济发展再上台阶

根据2019年十堰市社会经济发展公报，区内民生建设成绩显著，GDP和人均收入大幅提高，基本公共服务水平得到切实提高，基础设施建设得到进一步完善，经济转型得到有效实行，生态经济具备一定规模。2019年丹江口市、张湾区、茅箭区脱贫摘帽进入国家验收阶段，郧阳区、郧西县、竹山县、竹溪县和房县整体脱贫摘帽已列入2020年的目标任务，社会经济发展开始步入高质量绿色快速发展轨道。

2.2.3　主要存在的问题和成因

生态环境问题主要是指由于人类活动引起的自然生态系统退化、环境质量恶化及由此衍生的不良生态环境效应，包括土地退化(土壤侵蚀、沙漠化、石漠化)、草地退化、森林退化、湿地退化等。随着发展步伐加快和提出更高的要求，各种问题也不断出现，为决策管理，特别是作为各项工作基础的自然资源管理带来压力。

1. 地表覆盖和土地利用变化波动较大

有学者对丹江口水库区域1987年、1997年、2007年、2017年4个时期的遥感影像进行土地利用分类，通过景观格局指数研究分析景观格局的动态变化特征。研究结果表明：在研究期内，受人类活动和政府政策影响，丹江口水库库周耕地面积波动幅度较大，裸地面积出现了大幅度下降，林草地、水域和建设用地面积增加；在经济建设和人类活动影响下，景观的空间格局指数变化较明显，丹江口水库及周边区域的整体景观形状趋于复杂化，各类土地利用类型的破碎化程度提高；政府政策和水库蓄水是丹江口水库库周景观格局变化的重要驱动力。

2. 地质灾害防治任务仍然较重

丹江口库区地质灾害发育的主要类型为滑坡、不稳定斜坡、崩塌三类。仅根据丹江口市地质灾害详细调查成果显示，其中滑坡458处、崩塌13处、不稳定斜坡隐患192处，分别占地质灾害总数的69.08%、1.96%、28.86%。

3. 水库生态环境保护和地方经济和谐发展问题

丹江口水库经济和生态地位十分重要，如何以水库为中心，科学、高效利用水资源，促进经济的健康发展，提高当地人民生活水平，形成健康科学的水生态产业，实现水库环境保护和地方经济和谐发展是必须直面和亟待解决的一个迫切问题。丹江口水库作为“南水北调”中线工程源头，受限于“一库清水永续北送”的原则，库区经济和社会发展受到显著制约，经济发展滞后。此外，该工程也造成了江汉平原农业灌溉能力减弱、水质劣化、汉江下游水位降低、通航能力减弱等不利影响，水环境与水生态建设环境复杂，水质水量保障与持续优质供水存在严重矛盾。

4. 消落带经济发展与水质保护矛盾突出

库区周边农村生活污水排放量、化肥和农药使用量逐年增加，不可避免地增加了水库水质安全保障风险，消落带经济发展与水质保护产生矛盾，亟须从政策制度、管理机制以及工程技术措施等方面建立水库水质安全保障体系。

5. 水质保护存在风险

丹江口水库水质现状总体良好，持续保持相对稳定状态，各项指标均达到或优于《地表水环境质量标准》中Ⅱ类标准限值，大部分指标达到Ⅰ类标准限值，水质基本保持在Ⅱ类以上。然而随着库区城市化、现代化进程加快，丹江口库区生态环保压力与日俱增，使水质劣化的潜在因素逐渐增多，存在水质降低的风险。丹江口库区面临着总氮浓度偏高、水库局部区域藻类异常繁殖，存在富营养化风险的问题。

库区水质保护与经济发展之间存在两难矛盾。一方面，丹江口库区是南水北调中线核心水源区，水质保护任务重，面临着生态脆弱、基础设施薄弱、水污染防治任务重等自身不可逾越的困难。另一方面，丹江口库区是国家新阶段秦巴山区扶贫开发重点县市，广大库区群众强烈要求加快发展，改善民生，脱贫发展面临着比其他地区更严峻的挑战。由于南水北调中线工程核心水源保护区政策性限制严，限制因素多，发展与保护的协调难度加大。

水质安全保障面临的突出问题。部分支流入库断面水质仍难达标。局部库湾水体富营养化形势严峻。消落带污染问题突出。

6. 水土流失影响水体质量

丹江口库区及上游流域水土流失面积约占汉江流域总面积的50%以上，水土流失情况严重。丹江口库区地貌以山地和丘陵为主，土壤母质多为容易风化的片麻岩、花岗岩以及沙砾岩，地表出露，植被较差，土壤的固结力较弱，库区降雨一般集中在5—10月，集中降水强度较大，加剧了水土流失。水土的流失导致了大量泥沙淤积在库底，影响了工程效益，泥沙夹带的其他杂质又加剧了水体的污染。

7. 污染治理压力仍然较大

随着库区社会经济发展，污染物排放量持续增加。主要的污染源包括：工业排放的废水、生活垃圾、农业面源污染。水库库区及流域上游产业以低端产业为主，污染重且能耗高，建材、冶炼、汽车零部件加工和医药等行业占比较高。现代化水平较低，污染源和排放物的处理不科学，导致大量工业污水排入库区，造成水质污染。通过近年来的努力，库区及流域范围内的生活污水处理和垃圾回收处理已覆盖到大部分地区，但仍有部分区域尚未覆盖。村镇生活垃圾随处堆放现象仍然存在，垃圾、粪便中转处理设施不足，生活垃圾浸出液将成为地表水体污染的潜在威胁严重的农业面源污染。区域内土地贫瘠，农民为增加粮食产量，盲目大量施用化肥和农药，残留的化肥农药通过渗透、飘散、水流夹带等方式最终进入水库。农业面源污染已成为目前水环境恶化和水质污染的一个重要原因。生态养殖的技术措施和管理力度仍需加大。

8. 流域范围内人民群众生态和环境保护意识还有待提高

生态效益作为社会效益的意义重大，但往往不是表现在直接的经济效益上，而且生态效益更体现在效益的长期性和公众性，当短期的经济利益和长期的生态效益产生冲突时，人们往往采用优先保护眼前利益的错误做法。库区建立完善的生态环境保护体系的工作还有待加强。落后的工农业生产方式破坏了生态资源，影响动植物生存环境，破坏生物的多样性。库区群众生产生活方式与水源保护的要求不相适宜。受贫困因素制约，库区群众生态保护意识淡薄，生产生活方式落后，还存在着砍柴伐薪、过量使用农药化肥等现象，已不能适应国家南水北调核心水源区保护的要求。

9. 生态安全风险依然存在

近年来，丹江口库区实施天然林保护、退耕还林、还草等政策，部分地区植被覆盖度增加，但又因城市扩张，部分植被覆盖面积减小，这些土地利用结构的调整，改变了局部微环境，干扰了库区的自然侵蚀循环过程，影响了生态系统的安全。库区生态较脆弱，水源保护任务艰巨。

1999—2017年，各景观类型破碎化程度均较高且沿水域方向有增加趋势；人类活动已成为丹江口水库湿地景观格局变化的主要驱动因子。

丹江口水库生态问题产生的主要原因是：库区的生态管理信息系统尚不完善，各生态数据的周期演化趋势分析研究不够。库区水环境、水生态监测、管理单位大多是独立开展工作，相互协作不足，导致综合分析数据不足，对水生态和水环境决策的技术支撑存在不足，尤其是定量化的数据支持不够。

10. 经济转型步伐需加快

丹江水库地处鄂西北最偏远的山区，经济总量、经济质量、经济增长速度同国内发达地区相比差距很大。正处于经济结构调整和社会转型的关键时期，传统经济社会的体制、产业发展模式惯性还非常大，思想性障碍、体制性障碍、利益性障碍成为经济转型、结构调整、发展生态绿色产业的关键制约因素，经济转型任务艰巨。

11. 生态文明建设的支撑体系尚需健全

生态文明、生态文化体系建设需要加强和完善。生态文化是人们在社会实践过程中，对自然的认识、对人与自然环境关系的认知的群体性反映样态。生态文明要求的生态文化应该是一个完整的体系，由“生态认知文化”“生态规范文化”“生态物态文化”和“民俗生态文化”构成，四种文化交融互摄、循环扩展，形成一个动态的复合体。目前的生态文化建设虽然取得了一定的成果，但从生态文化整体来看还处在较低水平。

12. 各类监测活动综合发力优势不明显

多年来，各部门和行业虽然对丹江口库区进行了大量的监测活动，为区域的治理、管理和决策发挥了一定的作用，但一些监测活动是研究性的，或者是部门独立进行的，或者是不连续的和非常态化的，对社会经济发展以及生态环境与经济的耦合关系变化监测基本上是缺失的，因此监测活动虽然众多，但综合发力优势并不明显，造成综合评估判断和顶层设计缺失重要依据。

第3章　地表覆盖和土地利用变化分析

3.1　分析方法

3.1.1　土地利用分类提取

结合已有数据情况，根据《土地利用现状分类标准》(GB/T 21010—2007、GB/T 21010—2017)，项目提取的土地利用包含林地、草地、耕地、水域、湿地、建设用地、其他七类。提取流程如图3.1所示。

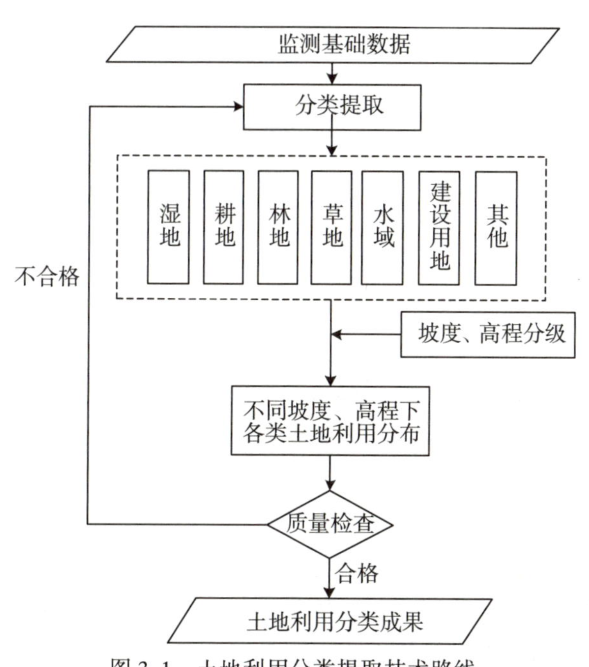

图3.1　土地利用分类提取技术路线

1. 耕地

分别根据2015年和2020年融合后的土地利用基础数据，提取DLBM属性值为011、012、013值的图斑，对产生的全部图斑无论面积大小都不再进行综合处理。将耕地要素与坡度、高程分级成果进行叠加分析，统计耕地要素整体情况和在各个坡度段和高程段的分布情况。

2. 林地

分别根据2015年和2020年融合后的土地利用基础数据，按DLBM属性提取021、022、023、031、032、033值的要素，对产生的全部图斑无论面积大小都不再进行综合处理。将林地要素与坡度、高程分级成果进行叠加分析，统计林地要素整体情况和在各个坡度段和高程段的分布情况。

3. 草地

分别根据2015年和2020年融合后的土地利用基础数据，按DLBM属性提取041、042、043值的要素，对产生的全部图斑无论面积大小都不再进行综合处理，将草地要素与坡度、高程分级成果进行叠加分析，统计草地要素整体情况和在各个坡度段和高程段的分布情况。

4. 水域

分别根据2015年和2020年融合后的土地利用基础数据，按DLBM属性提取111、112、113、114、115、116、117、119值的要素，对产生的全部图斑无论面积大小都不再进行综合处理，将水域要素与坡度、高程分级成果进行叠加分析，统计水域要素整体情况和在各个坡度段和高程段的分布情况。

5. 建设用地

分别根据2015年和2020年融合后的土地利用基础数据，提取DLBM值为201、202、203、204、205、101、102、103、105、106、107、118、121，对产生的全部图斑无论面积大小都不再进行综合处理，将建设用地要素与坡度、高程分级成果进行叠加分析，统计建设用地要素整体情况和在各个坡度段和高程段的分布情况。

6. 其他用地

分别根据2015年和2020年融合后的土地利用基础数据，除去上述五类要素部分，对产生的全部图斑无论面积大小都不再进行综合处理，将其他要素与坡度、高程分级成果进行叠加分析，统计其他要素整体情况和在各个坡度段和高程段的分布情况。

7. 湿地

分别根据2015年和2020年融合后的土地利用基础数据，按DLBM属性提取011、111、112、113、114、115、116、117、124、125值的要素，按CC属性提取1134值的要素，将湿地要素与坡度、高程分级成果进行叠加分析，统计湿地要素整体情况和在各个坡度段和高程段的分布情况。

3.1.2　地表覆盖分类要素提取

1. 种植土地

分别根据 2015 年和 2020 年融合处理后的地表覆盖基础数据，提取 CC 属性值为 01 开头的图斑，对产生的全部图斑无论面积大小都不再进行综合处理，将种植土地与坡度、高程分级成果进行叠加分析，统计种植土地整体情况、空间分布情况和垂直分布情况。

2. 林木覆盖

分别根据 2015 年和 2020 年融合处理后的地表覆盖基础数据，提取 CC 属性值为 031—037 开头的图斑，对产生的全部图斑无论面积大小都不再进行综合处理，将林地要素与坡度、高程分级成果进行叠加分析，统计林木覆盖整体情况、空间分布情况和垂直分布情况。

3. 草木覆盖

分别根据 2015 年和 2020 年融合处理后的地表覆盖基础数据，按 CC 属性提取 038×、039×、03A×、03B×值的要素(×为任意字符)，对产生的全部图斑无论面积大小都不再进行综合处理，将草地要素与坡度、高程分级成果进行叠加分析，统计草地覆盖整体情况、空间分布情况和垂直分布情况。

4. 水域覆盖

分别根据 2015 年和 2020 年融合处理后的地表覆盖基础数据，按 CC 属性提取 1001 值的要素，对产生的全部图斑无论面积大小都不再进行综合处理，结合各县市人口数据，统计水域覆盖率和水域人均拥有量情况。

5. 人工地表

分别根据 2015 年和 2020 年融合处理后的地表覆盖基础数据，提取 CC 值为 05××、06××、08××，统计人工地表构成、占地比重和人均拥有量。

6. 其他覆盖

分别根据 2015 年和 2020 年融合处理后的地表覆盖基础数据，除去上述五类要素部分，对产生的全部图斑无论面积大小都不再进行综合处理，将其他要素与坡度、高程分级成果进行叠加分析，统计其他覆盖构成、占地比重。

7. 后备地表资源

分别根据 2015 年和 2020 年融合处理后的地表覆盖基础数据，按 CC 属性提取 053×、0717 和坡度低于 25°的 09××值的要素，统计后备地表资源构成和占地比重。

3.1.3 土地利用结构分析

计算土地利用一级类的面积、占比，得到 2016 年、2021 年丹江口核心水源区(湖北段)地表覆盖面积统计表。

计算类别总面积公式如下:

$$S_{类别} = \sum_{k=0}^{n} S_k \tag{3-1}$$

式中, $S_{类别}$ 为某一级分类的总面积, S_k 为该类各个图斑的面积, k 为该类图斑编号。

计算类别占比公式如下:

$$P_{类别} = \frac{S_{类别}}{S_{流域}} \tag{3-2}$$

式中, $P_{类别}$ 为某一级分类在流域中的面积占比, $S_{类别}$ 为该类总面积, $S_{流域}$ 为丹江口核心水源区(湖北段)总面积。

通过各类别面积及占比的统计，可以直观对比出流域土地利用分类结构。

3.1.4 土地利用变化转移监测

对 2016—2021 年丹江口核心水源区(湖北段)范围内的土地利用变化转移监测数据进行统计分析，计算年度之间土地利用分类一级类的变化面积及其变化率、类别之间变化的面积，得到 2016—2021 年丹江口核心水源区(湖北段)流域土地利用变化转移面积统计表。掌握流域内土地利用地类的面积等情况随时间的变化趋势，重点反映地类面积的增加来源和减少去向。对土地利用类型空间分布图、变化分布图进行制图。同时对统计和制图结果进行分析。

1. 变化动态度计算

变化动态度计算方法为表达区域一定时间范围内某种土地利用类型的数量变化情况，其实就相当于平时算增长率，计算公式如下:

$$K = \frac{U_b - U_a}{U_a} \times \frac{1}{T} \times 100\% \tag{3-3}$$

式中，K 为研究时段内某土地利用类型的年变化率，即动态度。U_a、U_b 分别为研究期初及研究期末某土地利用类型的面积；T 为研究时段长。计算结果分别填入图层 *LCRA*2016 和 *LCRA*2021 的属性字段 *K*_2016、*K*_2021。

2. 转移矩阵计算

利用 ArcGIS 的分析工具得到 2016—2021 年土地利用类型转移矩阵，对土地利用类型转移矩阵进行分析。

$$S_{ij} = \begin{Bmatrix} S_{11} & S_{12} & S_{1n} \\ S_{21} & S_{22} & S_{2n} \\ \vdots & \vdots & \vdots \\ S_{n1} & S_{n2} & S_{nn} \end{Bmatrix} \tag{3-4}$$

式中，S 为土地利用类型的面积；n 为土地利用类型；S_{ij} 表示研究时段初期 i 类土地到研究末期转为 j 类土地的面积。转移矩阵的每一行总和表示研究初期该土地利用类型的面积总数，每个行值表示该土地类型的转移去向和大小；每一类的总和表示研究末期该土地类型的面积总数，每个列值则表示该土地类型的所有转入类型及大小。

3.1.5　土地利用和水质的耦合分析

1. 相关性分析

按照《地表水环境质量标准》(GB 3838—2002)，对断面水质指标平均浓度进行分析及评价，选取总氮、总磷、氨氮、化学需氧量、锰酸盐分析其浓度变化，将景观格局指数与水质数据做正态分布分析和 Person 相关性分析，对总磷(TP)与蔓延度指数(CONTAG)、香农多样性指数(SHDI)呈显著负相关，与景观优势斑块的连通性和景观组成丰富程度的相关性进行分析。

2. 景观变化特征分析

根据各景观类型呈现的空间变化特征、景观类型特征和相关性分析结果，分析区域优势景观类型、主要分布，以及水质风险的主要因素。

3.2　地表覆盖类型构成及分布变化

丹江口核心水源区(湖北段)全域面积为 21354.43km²。其中，地形坡度在 2°以下的国土空间总面积，2015 年为 472.49km²，2020 年为 235.19km²。坡度在 2°~6°的国土空间总面积，2015 年为 466.63km²，2020 年为 384.18km²。坡度在 6°~15°的国土空间总面积，2015 年为 1992.65km²，2020 年为 1740.25km²。坡度在 15°~25°的国土空间总面积，2015 年为 4741.75km²，2020 年为 4390.58km²。坡度在 25°以上的国土空间总面积，2015 年为 8487.48km²，2020 年为 7653.23km²。从以上数据可以看出，2015—2020 年，丹江口核心水源区(湖北段)的各类国土空间在不同坡度间面积均呈下降趋势。

海拔高度在 200m 以下的国土空间总面积，2015 年为 1039.40km²，占总面积的 4.88%，2020 年为 1039.40km²，占总面积的 4.88%。海拔高度在 200~500m 的国土空间总面积，2015 年为 5878.99km²，占总面积的 27.58%，2020 年为 5878.99km²，占总面积的 27.58%。海拔高度在 500~800m 的国土空间总面积，2015 年为 6367.36km²，占总面积的 29.87%，2020 年为 6370.39km²，占总面积的 29.88%。海拔高度在 800~1000m 的国土空间总面积，2015 年为 3262.81km²，占总面积的 15.30%，2020 年为 3270.22km²，占总面积的 15.34%。海拔高度在 1000m 以上的国土空间总面积，2015 年为 4394.97km²，占总面积的 20.62%，2018 年为 4701.44km²，占总面积的 22.05%。从以上数据可以看出，2015—2020 年，丹江口核心水源区(湖北段)的各类国土空间在不同海拔间基本保持不变。

3.2.1 地表覆盖主要构成及变化

1. 耕地

耕地面积，2014年为2492.59km^2，占总面积的11.67%，2018年为2457.11km^2，占总体11.51%，耕地面积呈下降趋势，共计减少35.48km^2。其中，地形坡度在2°以下的耕地面积，2014年为101.51km^2，2018年为87.17km^2。坡度在2°~6°的耕地面积，2014年为221.77km^2，2018年为213.43km^2。坡度在6°~15°的耕地面积，2014年为659.5km^2，2018年为652.66km^2。坡度在15°~25°的耕地面积，2014年为845.68km^2，2018年为844.24km^2。坡度在25°以上的耕地面积，2014年为664.14km^2，2018年为659.6km^2。从以上数据可以看出，耕地主要集中在6°以上的地区。2014—2018年，耕地面积在减少，坡度在15°以下的平缓地区减少最多，共计29.52km^2。海拔高度在200m以下的耕地面积，2014年为179.16km^2，2018年为157.54km^2。海拔高度在200~500m的耕地面积，2014年为1109.58km^2，2018年为1097.82km^2。海拔高度在500~800m的耕地面积，2014年为848.39km^2，2018年为848.5km^2。海拔高度在800~1000m的耕地面积，2014年为219.03km^2，2018年为218.26km^2。海拔高度在1000m以上的耕地面积，2014年为136.45km^2，2018年为134.99km^2。从以上数据可以看出，耕地主要集中在海拔200~800m。2014—2018年，海拔在500m以下地区，耕地面积减少最多，共计33.38km^2。表3-1是各地耕地要素动态统计表。

表3-1 **丹江口核心水源区(湖北段)耕地要素动态统计表**

	2014年面积(km^2)	2018年面积(km^2)	转出		转入		单一动态度(%)
			面积(km^2)	速率(%a^{-1})	面积(km^2)	速率(%a^{-1})	
全域	2492.59	2457.11	52.72	0.53	17.22	0.17	-3.56
茅箭区	8.73	8.03	0.70	2.00	0.00	0.00	-20.05
张湾区	25.61	25.48	1.10	1.08	0.97	0.95	-1.27
郧阳区	563.85	546.28	19.23	0.85	1.66	0.07	-7.79
郧西县	517.06	517.09	7.06	0.34	7.08	0.34	0.01
竹山县	460.77	456.62	5.41	0.29	1.26	0.07	-2.25
竹溪县	381.96	382.91	3.81	0.25	4.76	0.31	0.62
房县	156.53	155.33	1.21	0.19	0.00	0.00	-1.92
丹江口	367.38	354.92	13.94	0.95	1.47	0.10	-8.48
神农架	10.70	10.45	0.26	0.60	0.00	0.00	-5.84

从表 3-1 中可以看出，2014—2018 年，丹江口核心水源区(湖北段)整体耕地转出比转入多，其中郧阳区和丹江口市的耕地减少最多，两地共计减少 30.04km²，其中郧阳区减少 17.57km²，占全部损失耕地的 49.52%，丹江口市减少 13.84km²，占全部损失耕地的 39.01%。郧阳区和丹江口市耕地动态转换详情可见表 3-2 和表 3-3。

表 3-2　**郧阳区 2014—2018 年自然要素转出转入动态统计表**　(单位：km²)

郧阳区		2018 年						
		耕地	林地	草地	水域	建设用地	其他	转出
2014 年	耕地	544.61	4.14	0.00	9.06	5.40	0.63	19.23
	林地	1.39	2823.36	0.00	0.00	1.79	0.39	3.57
	草地	0.27	0.00	92.94	0.00	0.53	0.02	0.82
	水域	0.01	0.00	0.00	132.62	0.48	0.02	0.50
	建设用地	0.00	0.00	0.00	0.00	132.12	0.00	0.00
	其他	0.00	0.00	0.00	0.00	0.04	82.18	0.04
	转入	1.66	4.14	0.00	9.06	8.25	1.05	

从表 3-2 中可以看出，2014—2018 年，郧阳区有 4.14km² 的耕地转为林地，9.06km² 的耕地转为水域，5.4km² 的耕地转为建设用地，0.63km² 的耕地转为其他用地，1.39km² 的林地转为耕地，0.27km² 的草地转为耕地，0.01km² 的水域转为耕地。

表 3-3　**丹江口市 2014—2018 年自然要素转出转入动态统计表**　(单位：km²)

丹江口市		2018 年						
		耕地	林地	草地	水域	建设用地	其他	转出
2014 年	耕地	353.45	2.17	0.00	8.09	3.44	0.23	13.94
	林地	0.79	2186.46	0.00	1.35	5.71	0.18	8.03
	草地	0.58	0.00	110.03	0.11	0.30	0.06	1.04
	水域	0.01	0.00	0.00	315.64	0.23	0.02	0.26
	建设用地	0.00	0.00	0.00	0.35	117.98	0.00	0.35
	其他	0.09	0.00	0.00	0.01	0.02	21.49	0.13
	转入	1.47	2.17	0.00	9.91	9.69	0.49	

从表 3-3 中可以看出，2014—2018 年，郧阳区有 2.17km² 的耕地转为林地，8.09km² 的耕地转为水域，3.44km² 的耕地转为建设用地，0.23km² 的耕地转为其他用地，0.79km² 的林地转为耕地，0.58km² 的草地转为耕地，0.01km² 的水域转为耕地，0.09km² 的其他用地转为耕地。

2. 林地

林地面积，2014 年为 16966. 22km²，占总面积的 79. 45%，2018 年为 16933. 12km²，占总体自然资源要素的 79. 3%，林地面积呈下降趋势，共计减少 33. 1km²。其中，地形坡度在 2°以下的林地面积，2014 年为 44. 97km²，2018 年为 43. 52km²。坡度在 2°~6°的林地面积，2014 年为 174. 9km²，2018 年为 172. 7km²。坡度在 6°~15°的林地面积，2014 年为 1461. 15km²，2018 年为 1452. 09km²。坡度在 15°~25°的林地面积，2014 年为 4550. 31km²，2018 年为 4538. 62km²。坡度在 25°以上的林地面积，2014 年为 10734. 89km²，2018 年为 10726. 2km²。从以上数据可以看出，随着坡度增高，林地面积也逐渐增大。2014—2018 年，林地面积在减少，坡度在 6°以上区域减少最多，共计 29. 45km²。海拔高度在 200m 以下的林地面积，2014 年为 313. 56km²，2018 年为 309. 11km²。海拔高度在 200~500m 的林地面积，2014 年为 3950. 82km²，2018 年为 3925. 45km²。海拔高度在 500~800m 的林地面积，2014 年为 5203. 84km²，2018 年为 5199. 3km²。海拔高度在 800~1000m 的林地面积，2014 年为 2982. 21km²，2018 年为 2982. 73km²。海拔高度在 1000m 以上的林地面积，2014 年为 4515. 79km²，2018 年为 4516. 53km²。从以上数据可以看出，林地基本集中在海拔 200m 以上地区。2014—2018 年，海拔在 800m 以下地区，林地面积减少最多，共计 34. 36km²。海拔在 800m 以上地区，林地面积开始增多，共计 1. 26km²。表 3-4 是各地林地要素动态统计表。

表 3-4 **丹江口核心水源区(湖北段)林地要素动态统计表**

	2014 年面积 (km²)	2018 年面积 (km²)	转出		转入		单一动态度(%)
			面积 (km²)	速率 (%a⁻¹)	面积 (km²)	速率 (%a⁻¹)	
全域	16966. 22	16933. 12	44. 52	0. 07	11. 43	0. 02	-0. 49
茅箭区	457. 56	452. 31	5. 25	0. 29	0. 00	0. 00	-2. 87
张湾区	554. 26	548. 19	6. 07	0. 27	0. 00	0. 00	-2. 74
郧阳区	2826. 93	2827. 50	3. 57	0. 03	4. 14	0. 04	0. 05
郧西县	2699. 62	2698. 18	6. 42	0. 06	4. 98	0. 05	-0. 13
竹山县	2908. 76	2902. 47	6. 41	0. 06	0. 12	0. 00	-0. 54
竹溪县	2778. 95	2772. 43	6. 54	0. 06	0. 02	0. 00	-0. 59
房县	2227. 25	2225. 33	1. 92	0. 02	0. 00	0. 00	-0. 22
丹江口	2194. 49	2188. 63	8. 03	0. 09	2. 17	0. 02	-0. 67
神农架	318. 40	318. 08	0. 32	0. 03	0. 00	0. 00	-0. 25

从表 3-4 中可以看出，2014—2018 年，丹江口核心水源区(湖北段)整体林地转出比转入多，其中茅箭区、张湾区、竹山县、竹溪县、丹江口市的林地减少最多，五地共计减少 29.99km²，郧西县、房县和神农架林地减少较少，共计 3.68km²，而郧阳区的林地增加了 0.57km²。丹江口核心水源区(湖北段)全域林地动态转换详情可见表 3-5。

表 3-5　**全域 2014—2018 年自然要素转出转入动态统计表**　(单位：km²)

全域		2018 年						
		耕地	林地	草地	水域	建设用地	其他	转出
2014 年	耕地	2439.88	11.43	0.00	21.31	18.58	1.39	52.72
	林地	13.36	16921.69	0.00	7.97	22.18	1.01	44.52
	草地	2.61	0.00	481.66	0.21	1.19	0.10	4.11
	水域	0.23	0.00	0.00	651.45	1.28	0.06	1.57
	建设用地	0.89	0.00	0.00	0.84	632.29	0.00	1.73
	其他	0.14	0.00	0.00	0.02	0.96	121.69	1.11
	转入	17.22	11.43	0.00	30.36	44.19	2.57	

从表 3-5 中可以看出，2014—2018 年，全域有 13.36km² 的林地转为耕地，7.97km² 的林地转为水域，22.18km² 的林地转为建设用地，1.01km² 的林地转为其他用地，有 11.43km² 的耕地转为林地。

3. 草地

草地面积，2014 年为 485.77km²，占总面积的 2.27%，2018 年为 481.65km²，占总体自然资源要素的 2.26%，草地面积变化不大，共计减少 4.12km²。其中，地形坡度在 2°以下的草地面积，2014 年为 5.46km²，2018 年为 5.4km²。坡度为 2°~6°的草地面积，2014 年为 11.79km²，2018 年为 11.56km²。坡度为 6°~15°的草地面积，2014 年为 67.43km²，2018 年为 66.33km²。坡度为 15°~25°的草地面积，2014 年为 159.43km²，2018 年为 157.95km²。坡度在 25°以上的草地面积，2014 年为 241.66km²，2018 年为 240.42km²。从以上数据可以看出，随着坡度增高，草地面积也逐渐增大。海拔高度在 200m 以下的草地面积，2014 年为 21.51km²，2018 年为 20.92km²。海拔高度为 200~500m 的草地面积，2014 年为 205.05km²，2018 年为 202.33km²。海拔高度为 500~800m 的草地面积，2014 年为 142.84km²，2018 年为 142.1km²。海拔高度为 800~1000m 的草地面积，2014 年为 50.51km²，2018 年为 50.45km²。海拔高度在 1000m 以上的草地面积，2014 年为 65.86km²，2018 年为 65.86km²。从以上数据可以看出，草地基本集中在海拔 200~800m。表 3-6 是各地草地要素动态统计表。

表 3-6 丹江口核心水源区(湖北段)草地要素动态统计表

	2014 年面积(km^2)	2018 年面积(km^2)	转出		转入		单一动态度(%)
			面积(km^2)	速率($\%a^{-1}$)	面积(km^2)	速率($\%a^{-1}$)	
全域	485.77	481.65	4.11	0.21	0.00	0.00	-2.12
茅箭区	0.55	0.50	0.04	1.93	0.00	0.00	-22.73
张湾区	4.23	4.07	0.16	0.93	0.00	0.00	-9.46
郧阳区	93.76	92.94	0.82	0.22	0.00	0.00	-2.19
郧西县	146.53	145.24	1.29	0.22	0.00	0.00	-2.20
竹山县	67.88	67.58	0.30	0.11	0.00	0.00	-1.10
竹溪县	35.04	34.60	0.44	0.31	0.00	0.00	-3.14
房县	21.10	21.09	0.01	0.01	0.00	0.00	-0.12
丹江口	111.07	110.03	1.04	0.23	0.00	0.00	-2.34
神农架	5.61	5.60	0.00	0.02	0.00	0.00	-0.45

从表 3-6 中可以看出，2014—2018 年，丹江口核心水源区(湖北段)整体草地只有转出，没有转入，草地转出面积并不是很多。

4. 水域

水域面积，2014 年为 653.02km^2，占总面积的 3.06%，2018 年为 681.81km^2，占总体自然资源要素的 3.19%，水域面积正在增多，共计增长 28.79km^2。其中，地形坡度在 2°以下的水域面积，2014 年为 449.6km^2，2018 年为 460.86km^2。坡度为 2°~6°的水域面积，2014 年为 57.09km^2，2018 年为 61.76km^2。坡度为 6°~15°的水域面积，2014 年为 66.99km^2，2018 年为 71.46km^2。坡度为 15°~25°的水域面积，2014 年为 39.8km^2，2018 年为 42.39km^2。坡度在 25°以上的水域面积，2014 年为 39.53km^2，2018 年为 45.34km^2。从以上数据可以看出，坡度在 2°以下的平缓地区，水域面积最大。海拔高度在 200m 以下的水域面积，2014 年为 424.69km^2，2018 年为 442.25km^2。海拔高度为 200~500m 的水域面积，2014 年为 194.83km^2，2018 年为 203.73km^2。海拔高度为 500~800m 的水域面积，2014 年为 28.25km^2，2018 年为 30.59km^2。海拔高度为 800~1000m 的水域面积，2014 年为 2.84km^2，2018 年为 2.84km^2。海拔高度在 1000m 以上的水域面积，2014 年为 2.4km^2，2018 年为 2.4km^2。从以上数据可以看出，随着海拔的增高，水域面积逐渐缩小。表 3-7 是各地水域要素动态统计表。

表 3-7　　　　丹江口核心水源区(湖北段)水域要素动态统计表

	2014 年面积(km^2)	2018 年面积(km^2)	转出		转入		单一动态度(%)
			面积(km^2)	速率($\%a^{-1}$)	面积(km^2)	速率($\%a^{-1}$)	
全域	653.02	681.81	1.57	0.06	30.36	1.16	11.02
茅箭区	6.50	6.41	0.08	0.33	0.00	0.00	-3.46
张湾区	14.77	14.66	0.11	0.19	0.00	0.00	-1.86
郧阳区	133.13	141.69	0.50	0.09	9.06	1.70	16.07
郧西县	44.86	44.44	0.42	0.24	0.00	0.00	-2.34
竹山县	69.20	75.21	0.08	0.03	6.08	2.20	21.71
竹溪县	44.86	47.44	0.10	0.06	2.68	1.49	14.38
房县	21.65	24.26	0.00	0.01	2.62	3.02	30.14
丹江口	315.90	325.55	0.26	0.02	9.91	0.78	7.64
神农架	2.15	2.15	0.00	0.02	0.00	0.00	0.00

从表 3-7 中可以看出，2014—2018 年，丹江口核心水源区(湖北段)只有茅箭区、张湾区、郧西县、神农架没有转入水域面积。从表 3-5 中可以看出，2014—2018 年，全域有 21.31km^2 的耕地转为水域，7.97km^2 的林地转为水域，0.21km^2 的草地转为水域，0.84km^2 的建设用地转为水域，0.02km^2 的其他用地转为水域。

5. 湿地

湿地面积，2014 年为 1318.11km^2，占总面积的 6.17%，2018 年为 1325.66km^2，占总体自然资源要素的 6.21%，湿地面积正在增多，共计增长 7.55km^2。其中，地形坡度在 2°以下的湿地面积，2014 年为 526.14km^2，2018 年为 527.08km^2。坡度为 2°~6°的湿地面积，2014 年为 178.76km^2，2018 年为 178.47km^2。坡度为 6°~15°的湿地面积，2014 年为 283.63km^2，2018 年为 283.88km^2。坡度为 15°~25°的湿地面积，2014 年为 194.72km^2，2018 年为 196.06km^2。坡度在 25°以上的湿地面积，2014 年为 134.86km^2，2018 年为 140.18km^2。从以上数据可以看出，坡度在 2°以下的平缓地区，湿地面积最大。15°以上地区湿地面积增长最多，共计增长 6.66km^2。海拔高度在 200m 以下的湿地面积，2014 年为 634.07km^2，2018 年为 636.95km^2。海拔高度在 200~500m 的湿地面积，2014 年为 464.54km^2，2018 年为 468.27km^2。海拔高度在 500~800m 的湿地面积，2014 年为 180.77km^2，2018 年为 181.91km^2。海拔高度为 800~1000m 的湿地面积，2014 年为 21.94km^2，2018 年为 21.86km^2。海拔高度在 1000m 以上的湿地面积，2014 年为 16.68km^2，2018 年为 16.67km^2。从以上数据可以看出，随着海拔的增高，湿地面积逐渐缩小。500m 以下地区湿地面积增长最多，共计增长 6.61km^2。表 3-8 是各地湿地要素动态统计表。

表 3-8　　丹江口核心水源区(湖北段)湿地要素动态统计表

	2014 年面积 (km²)	2018 年面积 (km²)	转出		转入		单一动态度(%)
			面积 (km²)	速率 (%a⁻¹)	面积 (km²)	速率 (%a⁻¹)	
全域	1318.11	1325.66	7.64	0.14	15.21	0.29	1.43
茅箭区	8.04	7.90	0.14	0.42	0.00	0.00	-4.35
张湾区	17.95	17.85	0.16	0.22	0.05	0.07	-1.39
郧阳区	260.53	260.50	1.43	0.14	1.40	0.13	-0.03
郧西县	90.40	89.57	0.82	0.23	0.00	0.00	-2.30
竹山县	215.43	219.85	0.92	0.11	5.34	0.62	5.13
竹溪县	134.23	134.44	2.12	0.40	2.34	0.44	0.39
房县	47.88	49.91	0.31	0.16	2.34	1.22	10.60
丹江口	531.33	533.32	1.74	0.08	3.74	0.18	0.94
神农架	12.32	12.32	0.00	0.00	0.00	0.00	0.00

从表 3-8 中可以看出，2014—2018 年，丹江口核心水源区(湖北段)只有茅箭区、郧西县、神农架没有转入湿地面积。

6. 建设用地

建设用地面积，2014 年为 634.02km²，占总面积的 2.97%，2018 年为 676.49km²，占总体自然资源要素的 3.17%，建设用地面积正在增多，共计增长 42.47km²。其中，地形坡度在 2°以下的建设用地面积，2014 年为 48.12km²，2018 年为 52.56km²。坡度为 2°~6°的建设用地面积，2014 年为 84.57km²，2018 年为 90.36km²。坡度为 6°~15°的建设用地面积，2014 年为 200.91km²，2018 年为 212.8km²。坡度为 15°~25°的建设用地面积，2014 年为 195.48km²，2018 年为 207.27km²。坡度在 25°以上的建设用地面积，2014 年为 104.93km²，2018 年为 113.48km²。从以上数据可以看出，建设用地大多集中在坡度在 2°以上的地区。海拔高度在 200m 以下的建设用地面积，2014 年为 101.4km²，2018 年为 110.34km²。海拔高度为 200~500m 的建设用地面积，2014 年为 369.15km²，2018 年为 399.36km²。海拔高度为 500~800m 的建设用地面积，2014 年为 125.78km²，2018 年为 128.17km²。海拔高度为 800~1000m 的建设用地面积，2014 年为 23.92km²，2018 年为 24.18km²。海拔高度在 1000m 以上的建设用地面积，2014 年为 13.77km²，2018 年为 14.44km²。从以上数据可以看出，建设用地大多集中在海拔 800m 以下的地区。表 3-9 是各地建设用地要素动态统计表。

表3-9 丹江口核心水源区(湖北段)建设用地要素动态统计表

	2014年面积(km^2)	2018年面积(km^2)	转出		转入		单一动态度(%)
			面积(km^2)	速率($\%a^{-1}$)	面积(km^2)	速率($\%a^{-1}$)	
全域	634.02	676.49	1.73	0.07	44.19	1.74	16.75
茅箭区	60.53	67.22	0.00	0.00	6.69	2.76	27.63
张湾区	58.15	64.59	0.00	0.00	6.44	2.77	27.69
郧阳区	132.12	140.37	0.00	0.00	8.25	1.56	15.61
郧西县	90.36	93.22	0.75	0.21	3.61	1.00	7.91
竹山县	86.44	91.10	0.40	0.12	5.07	1.47	13.48
竹溪县	63.05	66.21	0.09	0.03	3.25	1.29	12.53
房县	23.73	24.22	0.14	0.15	0.63	0.66	5.16
丹江口	118.33	127.68	0.35	0.07	9.69	2.05	19.75
神农架	1.31	1.88	0.00	0.00	0.57	10.86	108.78

从表3-9中可以看出，2014—2018年，丹江口核心水源区(湖北段)只有茅箭区、张湾区、郧阳区、神农架没有转出建设用地。从表3-5中可以看出，2014—2018年，全域有0.89km^2的建设用地转为耕地，0.84km^2的建设用地转为水域，18.58km^2的耕地地转为建设用地，22.18km^2的林地转为建设用地，1.19km^2的草地转为建设用地，有1.28km^2的水域转为建设用地，0.96km^2的其他用地转为建设用地。建设用地侵占耕地和林地现象比较明显。

7. 其他用地

其他用地面积，2014年为122.8km^2，占总面积的0.58%，2018年为124.25km^2，占总体自然资源要素的0.58%，差别不大。其中，地形坡度在2°以下的其他用地面积，2014年为1.29km^2，2018年为1.44km^2。坡度为2°~6°的其他用地面积，2014年为3.37km^2，2018年为3.69km^2。坡度为6°~15°的其他用地面积，2014年为19.15km^2，2018年为19.78km^2。坡度为15°~25°的其他用地面积，2014年为41.13km^2，2018年为41.35km^2。坡度在25°以上的其他用地面积，2014年为57.87km^2，2018年为57.99km^2。从以上数据可以看出，其他用地大多集中在坡度在6°以上的地区。海拔高度在200m以下的其他用地面积，2014年为2.75km^2，2018年为2.91km^2。海拔高度为200~500m的其他用地面积，2014年为67.02km^2，2018年为67.77km^2。海拔高度为500~800m的其他用地面积，2014年为39.94km^2，2018年为40.38km^2。海拔高度为800~1000m的其他用地面积，2014年为3.92km^2，2018年为3.98km^2。海拔高度在1000m以上的其他用地面积，2014年为9.17km^2，2018年为9.22km^2。从以上数据可以看出，其他用地大多集中在海拔200~800m的地区。

3.2.2 地表覆盖类型空间分布特征

1. 地表覆盖结构稳定，绿色植被优势显著

丹江口核心水源区(湖北段)2016年、2021年两个时期的地表覆盖结构基本保持稳定，如表3-10所示。林地、草地和耕地作为主要土地利用类型，三者占比高达94%以上，高覆盖的绿色植被反映出流域优良的生态基底和显著的生态保护成效；人工地表中的建设用地和未利用地占比较小，连续多年发展才占3.13%，对生态的影响是整体可控的；此外，丹江口作为南水北调的战略水源地，水域面积虽然较小接近3%，但水域面积却保持逐年上涨，如图3.2所示。总体来看，丹江口核心水源区(湖北段)稳定的用地结构和得天独厚的生态基底，以及优良的水源水质条件，得益于生态环境的高水平保护，将进一步引领丹江口核心水源区(湖北段)高质量、可持续发展。

表3-10　**2016—2021年丹江口核心水源区(湖北段)土地利用面积及比例统计表**

类型	2016年		2021年	
	面积(km^2)	比例(%)	面积(km^2)	比例(%)
草地	1467.74	6.86%	1479.67	6.91%
耕地	2542.10	11.88%	2491.91	11.64%
建设用地	557.90	2.61%	670.20	3.13%
林地	16203.78	75.71%	16129.92	75.35%
水域	583.35	2.73%	591.74	2.76%
未利用地	47.88	0.22%	43.46	0.20%

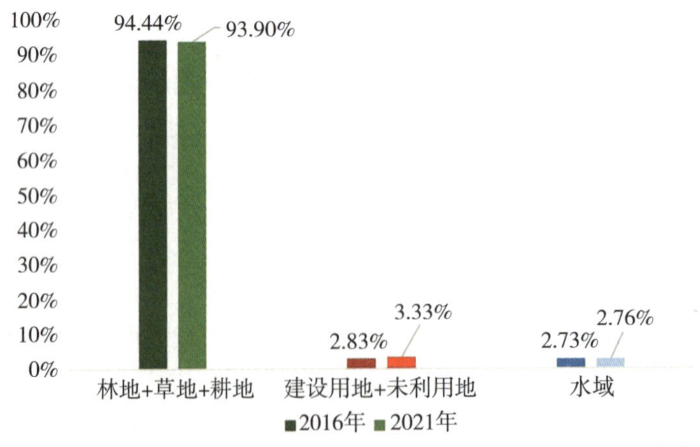

图3.2　2016—2021年丹江口核心水源区(湖北段)土地利用构成变化统计图

2. 圈层+辐射状的空间结构，发展模式有利生态保护

随着丹江口核心水源区(湖北段)生态保护力度的不断加大与优化，流域已初步形成结构清晰、布局合理的空间形态，2016—2021 年水源区已形成中心城镇、四周耕地、外围林草的“圈层+辐射状”用地结构(见图 3.3、图 3.4)，有利于生态保护、生态修复的推进。

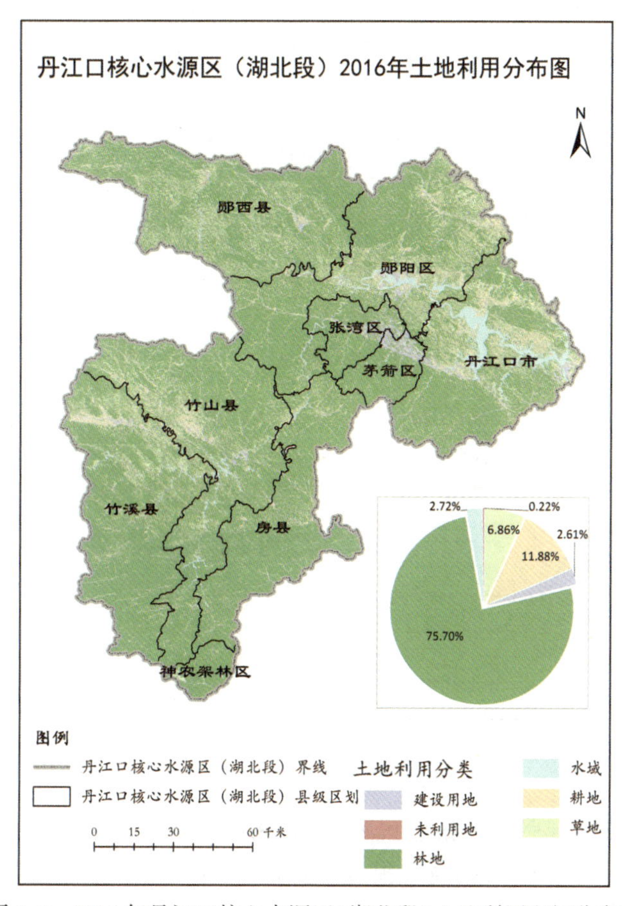

图 3.3　2016 年丹江口核心水源区(湖北段)土地利用空间分布图

(1)城镇空间：集约高效发展模式明显，丹江口市、茅箭区、张湾区，主要以“轴带”的形式串联集聚发展；竹山县和竹溪县以“点-轴”的形式，在区域的西南侧形成大集聚、小分散的空间特征；郧阳区和郧西县主要以“点状”的形式，在区域的西北侧围绕河流水系高效集聚发展；房县和神农架林区生活空间较小且较分散。

(2)耕地空间：分布相对分散，主要分布在区域的东北方向和西南方向，其中丹江口市和郧阳区的耕地规模连片种植特征凸显，竹溪县、竹山县和郧西县，近邻中心城镇的以大片集聚的形式镶嵌在其周围，远离中心城镇的耕地，呈辐射袋装的形式蔓延发展，其他区域耕地较小，分布特征不明显。

(3)林草空间：分布最广，以绿色打底的分布格局，彰显整个水源区良好的资源禀赋

条件和生态绿色高质量发展状况。

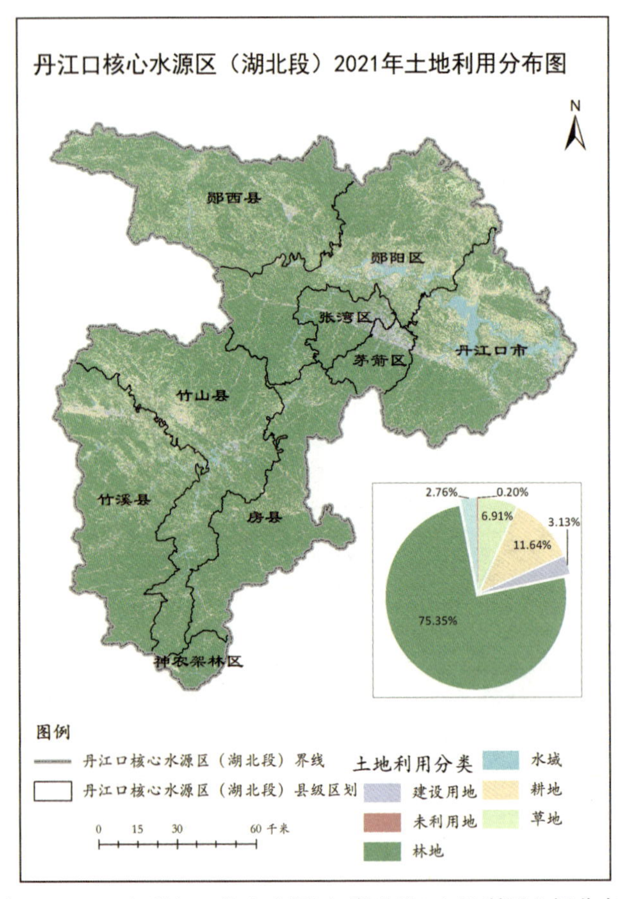

图 3.4　2021 年丹江口核心水源区(湖北段)土地利用空间分布图

总之，2016—2021 年丹江口核心水源区(湖北段)用地空间结构稳定，基本形成了城镇空间“大集聚、小分散”的集约高效模式，耕地空间“圈层+辐射状”的规模连片种植特征，林草空间山清水秀的空间分布格局。此现象离不开生态保护与修复的大力实施，为水源区绿色、高效、协调发展奠定了雄厚的发展基础。

3.3　土地利用变化分析

3.3.1　整体变化状况

2016—2021 年丹江口核心水源区(湖北段)变化图斑的总面积为 261.10km^2，仅占流域面积的 1.22%，但这种变化有利于社会、经济的发展，是整体可控的。如图 3.5 和图 3.6 所示，变化较大的地类是建设用地、林地和耕地，三者占比高达 90.53%。增加的地类中，主要以建设用地为主导 112.31km^2，占变化总面积的 43.01%；其次是草地和水域分别为 11.93km² 和 8.39km²。减少的地类中，以林地和耕地为主，分别为 73.86km²（28.29%）和 50.19km²（19.22%），其次是未利用地 4.42km²。从 2016—2021 年土地利用的变化来看，丹江口核心水源区（湖北段）的生态保护并不是一刀切的过程，在生态保护的同时，社会经济发展和城镇化建设也有序推进，与国家“生态环境高水平保护和经济高质量发展”的重要精神指示一致，助推了流域的可持续发展进程。

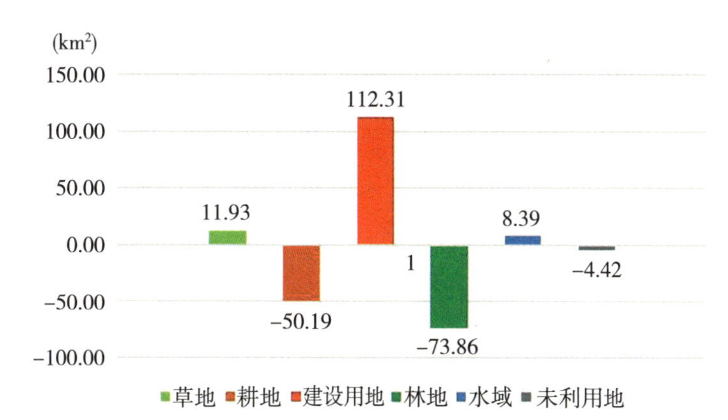

图 3.5　2016—2021 年丹江口核心水源区（湖北段）变化图斑面积统计图

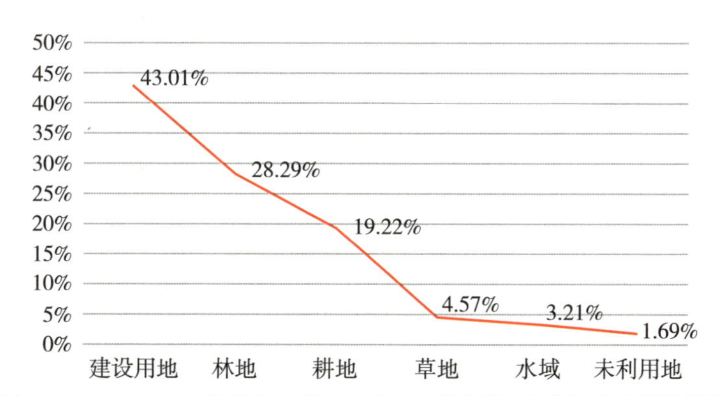

图 3.6　2016—2021 年丹江口核心水源区（湖北段）变化图斑比例统计图

3.3.2　各县区变化状况

从县区来看土地利用的变化，中心城区到偏远县区地类变化面积呈上升趋势。如表 3-11 和图 3.7 所示，位于中心城区的茅箭区和张湾区变化面积相对最小，分别为 11.83km² 和 22.48km²；而远离中心城区的郧西县、竹溪县和竹山县变化相对较大，分别为 53.43km²、46.63km²、43.37km²；郧阳区和丹江口市变化虽然也较大，分别有 72.63km² 和 42.34km²，但也是位于中心城镇的郊区地带，也符合上述变化态势。房县和神农架林区相对较小，是出于行政划分和发展定位差异的原因。综上分析，中心城区生态保护与社会经济发展较为协调，偏远县区用地变化较大的原因是新增的工业用地较多，进一步分析发现，丹江口市 5.39km²、茅箭区 6.20km² 和郧阳区 0.68km² 的核心城区去工业化和远程异地郧西县 3.72km² 、竹山县 3.78km² 和房县 1.25km² 工业用地补充的原因。

表 3-11　**2016—2021 年丹江口核心水源区(湖北段)县区土地利用面积变化统计表**

(单位：km²)

县区	丹江口市	房县	茅箭区	神农架林区	郧西县	郧阳区	张湾区	竹山县	竹溪县
变化面积(km²)	42.34	24.35	11.83	2.03	53.43	72.63	22.48	43.37	46.63

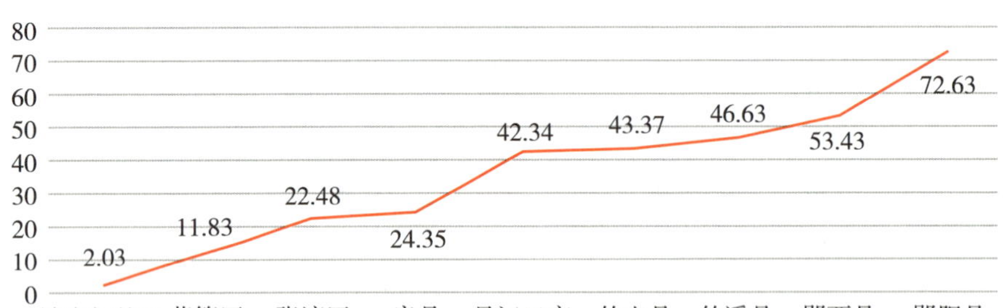

图 3.7　2016—2021 年丹江口核心水源区(湖北段)县区土地利用面积变化统计图

3.3.3　变化用地影响分析

从地类变化的角度来看，如表3-12 所示，建设用地的增加最显著达到 112.31km²，占主导地位；同时有利于生态保护的地类出现增加的态势，草地 11.93km² 和水域 8.39km² 的增加。具体分析如下：

建设用地的增加主要集中在郧西县 26.46km² 和郧阳区 24.09km²，其次是竹山县 19.15km²、竹溪县 14.40km² 和丹江口市 13.94km²。

林地的减少主要分布在丹江口市 20.02km² 和郧西县 18.98km²，其次是竹溪县 10.76km² 和房县 8.64km²。

耕地的变化中，郧阳区和竹山县减少较多，分别为 29.58km² 和 15.21km²，其次竹溪县和丹江口市的耕地出现增加的态势，分别为 8.06km² 和 3.45km²。

草地的变化中，竹溪县减少最多 11.99km²，郧阳区、茅箭区、张湾区和竹山县增加较多，分别为 9.50km²、5.66km²、4.68km² 和 4.62km²。

水域各县区均呈现增加态势，丹江口市、郧阳区和张湾区增加较多，分别为 2.78km²、2.67km² 和 1.15km²。

未利用地各县区均呈现减少趋势，郧西县和丹江口市减少较多，分别为 1.46km² 和 1.21km²。

综上分析，各个县区的建设用地均出现增加的态势，但换个角度来看，这也是发展所必需的，是符合现实发展情况的，更是与国家保护与发展统筹兼顾的主旨是一致的。此外，中心城区出现高质量发展态势，如张湾区和茅箭区的建设用地增幅较小，但草地有 4.62km² 和 5.66km² 的增加。

表 3-12　**2016—2021 年丹江口核心水源区(湖北段)县区土地利用面积变化统计表**

(单位：km^2)

地类	草地	耕地	建设用地	林地	水域	未利用地
丹江口市	-1.05	3.45	13.94	-20.02	2.67	-1.21
房县	3.09	-3.06	9.47	-8.64	0.00	0.08
茅箭区	5.66	-2.61	-1.23	-1.84	0.28	-0.20
神农架林区	-0.44	0.55	0.56	-0.40	0.01	-0.06
郧西县	-2.15	-4.18	26.46	-18.98	0.20	-1.46
郧阳区	9.50	-29.58	24.09	-6.32	2.78	-0.36
张湾区	4.62	-7.60	5.46	-3.33	1.15	-0.31
竹山县	4.68	-15.21	19.15	-3.57	0.39	-0.38
竹溪县	-11.99	8.06	14.40	-10.76	0.90	-0.52
总计	11.93	-50.19	112.31	-73.86	8.39	-4.42

3.4　土地利用转移分析

3.4.1　土地利用变化动态度

2016—2021 年土地利用变化动态度，如表 3-13 所示。丹江口核心水源区(湖北段)在加强生态保护的同时，社会经济的发展，推动城镇化建设也得到有序发展，但对耕地和林地空间的影响整体较小。建设用地的变化动态度虽然最显著，为 4.02%，但耕地、林地的影响略呼其微，仅为-0.41%和-0.10%；此外，水源区生态保护政策的有效实施，使得草地和水域取得逐渐向好的发展态势，0.15%和 0.29%的增加幅度，以及未利用地-1.89%的下降。综上分析，城镇空间扩张确实占用了绿色空间，但在 2021 年水源区的绿色空间比例仍然高达 93.90%，相比 2016 年仅下降了 0.45%。一方面说明丹江口核心水源区(湖北段)为了满足经济发展和城镇化进程的需求，生态保护与社会经济发展和城镇化建设取得了良性互动，有利于流域的可持续发展进程；另一方面说明城镇空间的扩张对绿色空间的影响是有限的，是整体可控的，绿色空间依然占绝对优势。

表 3-13　**2016—2021 年丹江口核心水源区(湖北段)县区土地利用面积变化统计表**

(面积单位：km^2)

土地利用类型	2016 年	2021 年	面积差	变化动态度 K
草地	1468.87	1479.67	10.80	0.15%
耕地	2544.13	2491.91	-52.21	-0.41%
建设用地	558.10	670.20	112.10	4.02%

续表

土地利用类型	2016 年	2021 年	面积差	变化动态度 K
林地	16207. 80	16129. 92	-77. 88	-0. 10%
水域	583. 34	591. 74	8. 40	0. 29%
未利用地	48. 00	43. 46	-4. 54	-1. 89%
总计	21410. 24	21410. 24	0	0. 00%

3.4.2 土地利用转移矩阵

2016—2021 年土地利用转移矩阵来看，如表 3-14 所示。由于城镇化建设的需求，各县区建设用地均出现增加，致使建设用地与耕地、林地和草地转移较频繁。同时用地转移呈现出两方面的规律：一方面建设用地与耕地、林地和草地之间的互转较多；另一方面耕地、林地和草地之间的互转较多。具体分析如下：

建设用地主要来源于耕地 93. 02km^2、林地 87. 15km^2 和草地 41. 08km^2；主要去向是草地 46. 97km^2、林地 32. 78km^2 和耕地 30. 16km^2；整体表现为 112. 31km^2 的增加。

草地主要来源于林地 77. 71km^2、耕地 47. 82km^2 和建设用地 46. 97km^2；主要去向为耕地 67. 66km^2、林地 51. 63km^2 和建设用地 41. 08km^2；整体表现为 11. 93km^2 的增加。

耕地主要来源于林地 91. 35km^2、草地 67. 66km^2 和建设用地 30. 16km^2；主要去向为建设用地 93. 02km^2、林地 96. 24km^2 和草地 47. 82km^2；整体表现为 50. 19km^2 的减少。

林地主要来源于耕地 96. 24km^2、草地 51. 63km^2 和建设用地 32. 78km^2；主要去向为耕地 91. 35km^2、草地 77. 71km^2 和建设用地 87. 15km^2；整体表现为 73. 86km^2 的减少。

水域增加 8. 39km^2，主要来源于耕地 5. 61km^2、草地 4. 22km^2 和林地 2. 93km^2，主要去向草地 2. 19km^2、建设用地 1. 76km^2 和林地 1. 63km^2。

未利用地减少 4. 42km^2，主要流向林地 2. 58km^2、草地 2. 08 和建设用地 2. 05km^2，主要来源于林地 2. 33km^2。

表 3-14　　**2016—2021 年丹江口核心水源区(湖北段)土地利用转移统计表**

(单位：km^2)

2016—2021 年	草地	耕地	建设用地	林地	水域	未利用地	转出
草地	1302. 27	67. 66	41. 08	51. 63	4. 22	0. 55	165. 14
耕地	47. 82	2302. 65	93. 02	96. 24	5. 61	0. 65	243. 34
建设用地	46. 97	30. 16	445. 08	32. 78	2. 08	0. 41	112. 39
林地	77. 71	91. 35	87. 15	15938. 02	2. 93	2. 33	261. 48
水域	2. 19	0. 94	1. 76	1. 63	576. 53	0. 37	6. 88
未利用地	2. 08	0. 91	2. 05	2. 58	1. 07	39. 10	8. 68
转入	176. 76	191. 02	225. 06	184. 85	15. 92	4. 31	797. 92

3.5　土地利用与水质的相关性分析

3.5.1　水质时空变化特征

对 2016 年和 2021 年丹江口核心水源区(湖北段)主流域和入库支流水质变化进行标准变异系数分析，具体见表 3-15。相比于 2016 年，2021 年 TN 浓度有所升高，从 3.647mg/L，升高至 4.83mg/L，而 2021 年 TP 和 NH_4^+-N 浓度均低于 2013 年浓度值。

表 3-15　**丹江口核心水源区(湖北段)2016 年和 2021 年水质指标统计**

水质指标	2016 年		2021 年	
	Mean(mg/L)	Cv(%)	Mean(mg/L)	Cv(%)
TN	3.97	114.9	4.83	68.6
TP	0.18	163.1	0.16	111.6
NH_4^+-N	1.33	187.0	0.96	131.6
COD_{Mn}	3.01	74.9	3.10	59.8

3.5.2　水质与土地利用响应关系

对 2016 年和 2021 年丹江口核心水源区(湖北段)主流域和入库支流水质与土地利用进行相关性分析，具体见表 3-16。从分析结果可看出，TN、TP 和 COD_{Mn} 均与耕地及种植园用地呈显著正相关($p<0.05$)，而建设用地与包括 TN、TP、COD_{Mn} 和 NH_4^+-N 在内的 4 个水质指标浓度均呈极显著正相关($p<0.01$)。从土地利用影响来看，耕地及种植园用地和建设用地对水质起到“源”作用。其主要原因是耕地及种植园用地和建设用地是人类活动的主要场所，人为影响较大，各流域内化肥农药的施入，以及生活污水、垃圾及畜禽粪便随径流进入河道，均增加了氮磷等污染物含量。由此可见，耕地及种植园用地和建设用地已经成为丹江口核心水源区(湖北段)水质变化的主要影响因素。

表 3-16　**丹江口核心水源区(湖北段)土地利用类型与水质 Person 相关性分析表**

土地利用类型	COD_{Mn}	TP	TN	NH_4^+-N
耕地及种植园用地	0.480	0.455	0.385	-0.309
林地	0.202	0.074	-0.062	-0.001
草地	-0.377	-0.187	-0.076	-0.149
水域及水利设施用地	-0.108	-0.273	-0.312	-0.213
建设用地	0.762	0.726	0.723	0.682
其他	-0.385	-0.300	-0.301	-0.225

为进一步分析土地利用对水质指标作用大小，进行了通径分析，具体结果见表3-17。通径分析将相关系数分为直接作用和间接作用，用以显示各土地利用类型的相对重要性和相关关系大小。通径分析结果表明，COD_{Mn}、TP、TN受建设用地和耕地及种植园用地共同作用影响较大，而建设用地对NH_4^+-N的直接作用均高于其他土地利用，通径系数为0.595。说明建设用地和耕地及种植园用地是影响丹江口核心水源区(湖北段)主流域和入库支流水质指标的主要影响因素，建设用地对TP和COD_{Mn}除了直接影响外，还通过耕地及种植园用地对其产生间接影响。

表3-17 **丹江口核心水源区(湖北段)土地利用对水质指标通径系数**

水质指标	土地利用类型	相关系数	直接作用	间接作用	
				建设用地	耕地及种植园用地
COD_{Mn}	建设用地	0.772	0.585	—	0.187
	耕地及种植园用地	0.680	0.419	0.261	—
TP	建设用地	0.644	0.457	—	0.187
	耕地及种植园用地	0.624	0.420	0.204	—
TN	建设用地	0.729	0.547	—	0.182
	耕地及种植园用地	0.651	0.407	0.244	—
NH_4^+-N	建设用地	0.595	0.595	—	—

第 4 章　消落区分析

4.1　分析方法

利用 DEM 数据、2018 年自然资源要素分类提取数据，分析丹江口核心水源区(湖北段)消落区内自然资源的分布现状及特征。分析技术流程如图 4.1 所示。

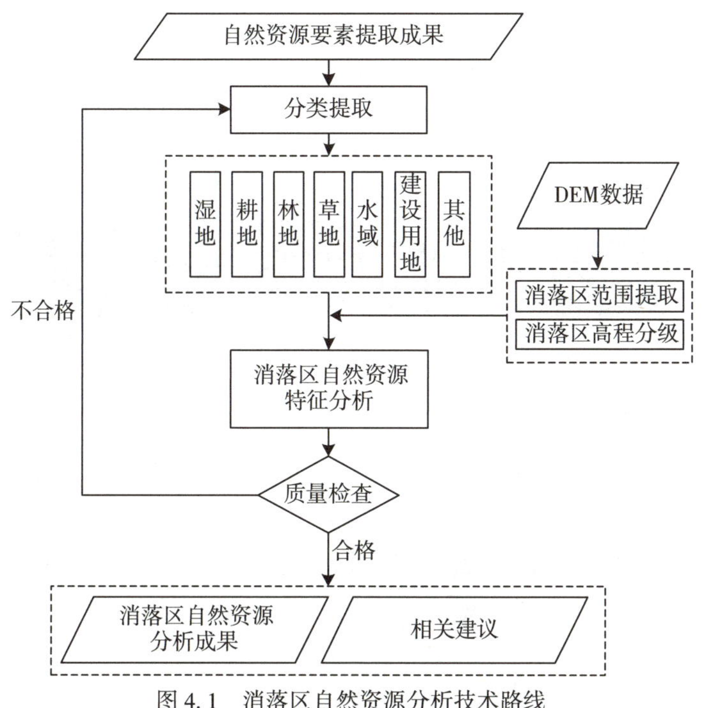

图 4.1　消落区自然资源分析技术路线

4.1.1　消落区范围提取

参考区域已有相关项目成果，对丹江口核心水源区(湖北段)全域的 1：50000 的 DEM 数据，分别提取水位高程 150～160m、160～170m 区域，删除面积不足 10000m^2 的破碎面片，填补面积不足 10000m^2 的缺失图斑，然后按各县市的行政区划进行裁切(裁切后小于 10000m^2 的破碎面片和缺失图斑无须进一步处理)，分别得到全域和各县市 150～160m 和 160～170m 水位高程的淹没面，利用不同水位线下的淹没面建立消落区数据，形成消落区范围。

4.1.2 消落区坡度分级

将消落区矢量数据按照 150~160m、160~170m 两个高程区间，分别对每个高程区间的消落区，按 4.1.1 的坡度分级成果进行消落区坡度分级，进行丹江口核心水源区(湖北段)全域消落区坡度分区统计。

4.1.3 消落区自然资源特征分析

将消落区矢量数据按照 150~160m、160~170m 两个高程区间，对每个高程区间的消落区，按丹江口市、郧阳区、郧西县、张湾区四种评价单元提取耕地、林地、草地、水域、湿地、建设用地和其他要素，进行范围内自然资源要素分区统计。

4.2 消落区特征分析

根据不同消落区高程段，对消落区进行坡度分布统计如表 4-1 所示。

表 4-1　丹江口核心水源区(湖北段)不同高程下消落区坡度统计表

(面积单位：km²)

	坡度≤2°		2°<坡度≤6°		6°<坡度≤15°		15°<坡度≤25°		坡度>25°	
	面积	占比	面积	占比	面积	占比	面积	占比	面积	占比
150~160m	37.21	28.95%	20.53	15.98%	35.51	27.64%	24.98	19.44%	10.27	7.99%
160~170m	13.59	12.43%	18.67	17.08%	37.11	33.94%	26.80	24.52%	13.16	12.03%

由表 4-1 可知，消落区在不同高程段分布上总体均匀，150~160m 消落区所占面积略多。对于 150~160m 高程段消落区，2°以下和 6°~15°的坡度分布占比相近，且相对较高，25°以上坡度分布占比最低；对于 160~170m 高程段消落区，6°~15°的坡度分布占比最高，2°以下和 25°以上坡度分布占比较低。

4.3 消落区自然资源分布

不同高程段对消落区进行自然资源分布统计如表 4-2 所示。

根据表 4-2，对于 150~160m 消落区，湿地分布最广泛，占比超过 80%，远高于其余六类自然资源要素，草地、建设用地、其他要素的占比均低于 10%；对于 160~170m 消落区，湿地占比最高，超过 50%，草地和其他要素占比均低于 10%。分县市方面，耕地占比最高为郧阳区、占比最低为郧西县；林地占比最高为丹江口市，占比最低为郧西县；草地占比最高为郧西县，占比最低为丹江口市张湾区；水域占比最高为郧西县，占比最低为丹江口市；建设用地占比最高为郧阳区，占比最低为郧西县；湿地占比最高为丹江口市，占比最低为张湾区；其他要素占比最高为郧阳区、最低为郧西县和张湾区。

表 4-2　　　　**不同高程段对消落区进行自然资源分布统计**　　　　（面积单位：km^2）

高程区间	自然资源要素类型	全域		丹江口市		郧阳区		郧西县		张湾区	
		面积	占比	面积	占比	面积	占比	面积	占比	面积	占比
150~160m	耕地	18.97	14.76%	9.16	11.62%	9.31	21.21%	0.35	11.33%	0.16	5.89%
	林地	40.18	31.27%	31.62	40.12%	8.06	18.38%	0.08	2.73%	0.42	15.20%
	草地	2.94	2.29%	1.95	2.47%	0.93	2.11%	0.05	1.79%	0.01	0.32%
	水域	58.69	45.67%	32.52	41.26%	21.68	49.40%	2.55	83.48%	1.95	70.60%
	建设用地	7.38	5.74%	3.49	4.42%	3.65	8.32%	0.02	0.67%	0.22	7.98%
	湿地	104.56	81.37%	63.93	81.13%	36.00	82.05%	2.67	87.65%	1.95	70.60%
	其他	0.34	0.27%	0.08	0.11%	0.26	0.59%	0.00	0.00%	0.00	0.00%
160~170m	耕地	31.94	29.22%	16.48	22.46%	13.87	44.75%	0.73	37.79%	0.87	28.48%
	林地	47.10	43.08%	39.12	53.32%	7.31	23.57%	0.28	14.63%	0.40	13.13%
	草地	3.01	2.76%	2.14	2.91%	0.75	2.41%	0.10	5.18%	0.03	0.95%
	水域	12.43	11.37%	7.48	10.19%	3.03	9.78%	0.75	38.81%	1.18	38.64%
160~170m	建设用地	14.52	13.28%	7.99	10.89%	5.88	18.98%	0.07	3.60%	0.57	18.80%
	湿地	60.81	55.62%	44.42	60.54%	14.22	45.89%	0.99	51.32%	1.18	38.64%
	其他	0.33	0.30%	0.17	0.23%	0.16	0.51%	0.00	0.00%	0.00	0.00%

第 5 章　国土空间开发利用结构

5.1　分析方法

基于土地利用和地表覆盖变化监测数据，以及 DEM 数据，通过空间分析，结合水库水岸线保护范围，分析空间尺度单元的生产空间、生活空间和生态空间中用地结构和景观格局特征，变化测算指标主要涉及国土空间利用结构变化、国土空间利用变化趋势，以及景观格局指数的动态变化等。包括国土空间开发利用格局分类体系、国土空间时空格局分析、国土空间开发利用景观格局变化分析，以及流域景观格局变化分析。

5.1.1　国土空间开发利用格局分类体系

通过国家标准土地利用现状分类体系结合不同土地类型所具有的功能进行分类归纳，把具有相同功能的土地归纳为一个空间。本书构建了丹江口核心水源区(湖北段)具有生产、生活和生态功能的“三生空间”用地分类体系。

基于 2015 年地理国情普查数据、2020 年地理国情监测数据得到的地表覆盖图斑数据，根据附表 E 将地表覆盖数据进行提取、重分类形成用地类型分类数据。

结合不同用地类型所具有的功能进行分类归纳，把具有相同功能的用地类型归纳为一个空间，根据表 5-1，将用地类型分类数据分为生态空间(林地、草地、水域、其他生态空间)、生产空间(耕地、林园、工矿生产空间)、生活空间(城乡、交通、水利、公共服务生活空间)3 个一级类和 11 个二级类。通过分析 2015 年、2020 年两期“三生空间”转换后的土地现状数据，统计“三生空间”分类体系的用地类型面积。

表 5-1　“三生空间”与用地类型分类对照

“三生空间”一级类	含义	“三生空间”二级类	用地类型分类
生态空间	提供生态服务的空间	林地生态空间	林地
		草地生态空间	草地
		水域生态空间	水域
		其他生态空间	未利用土地

续表

"三生空间"一级类	含义	"三生空间"二级类	用地类型分类
生产空间	提供直接生产产品的空间	耕地生产空间	耕地
		林园生产空间	园地
		工矿生产空间	工矿仓储用地
生活空间	提供生活活动的空间	城乡生活空间	城镇村及工矿用地
		交通生活空间	交通运输用地
		水利生活空间	水利设施用地
		公共服务生活空间	公共管理和公共服务用地

5.1.2 "三生空间"转化分析

将丹江口核心水源(湖北段)2015 年、2020 年三生空间用地分类数据，利用 ArcGIS 空间分析工具，对两期三生空间数据进行融合、相交分析和归类统计，得到 2015—2020 年"三生空间"转移矩阵：

$$p_{ij} = \begin{bmatrix} p_{11} & p_{12} & \cdots & p_{1n} \\ p_{21} & p_{22} & \cdots & p_{2n} \\ \vdots & \vdots & & \vdots \\ p_{n1} & p_{n2} & \cdots & p_{nn} \end{bmatrix} \tag{5-1}$$

式中：p_{ij}为项目区内"三生空间"某一空间类型 i 转移到 j 类空间的面积。转移矩阵的对角线表示的是用地类型自身随时间发生的面积数量变化，而转移矩阵的行表示用地类型转出的面积，列表示转入的面积，简而言之即行表示某一土地类型转出的面积，列表示某一用地类型转入的面积。最后计算各图斑的面积，从而得到 2015—2020 年丹江口核心水源区(湖北段)三生空间类型转化的方向与数量，其基本流程见图 5.1。

用地类型的变化是一个动态连续的过程，其变化表现在数量上和空间分布格局上的变化。利用 ArcGIS 软件将丹江口核心水源区(湖北段)2015 年、2020 年的"三生空间"矢量数据进行叠加，得到 2015—2020 年丹江口核心水源区(湖北段)"三生空间"用地类型变化的空间格局分布图。重点分析项目区流域范围及子流域缓冲区 1km 范围内三生空间转移数量类型及变化趋势，总结 2015—2020 年"三生空间"用地类型转化特征，为国土空间格局优化提供依据。

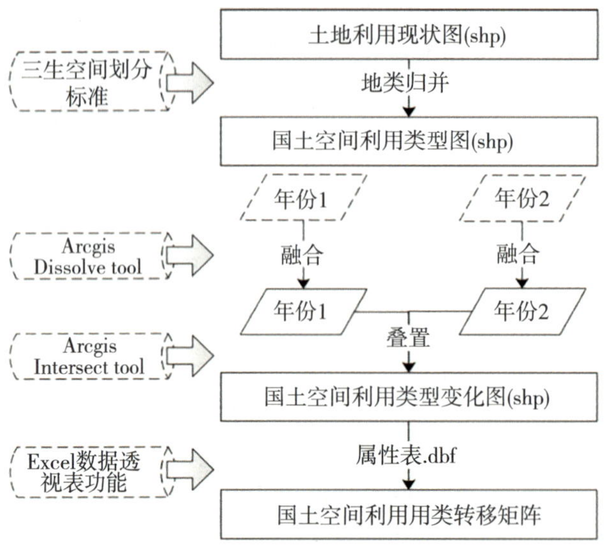

图 5.1　国土空间利用类型转移矩阵获取流程

5.1.3　国土空间开发利用景观格局变化分析

1. 景观指数选择

通过划分的 11 种“三生空间”用地类型图斑，依据丹江口核心水源区(湖北段)的项目区特性从景观水平和类型水平两个层次选择指数来进行景观格局分析。本次根据项目区的地理位置、土地利用形态等方面在景观水平上选取斑块个数(NP)、斑块平均大小(MPS)、最大斑块面积指数(LPI)、聚合度指数(COHESION)、斑块所占景观面积比例(PLAND)、面积加权平均形状指数(SHAPE¬ _AM)六个指数；在类型水平上选取边缘密度(ED)、聚集度指数(CONTAG)、多样性指数(SHDI)、均匀度指数(SHEl)四个指数。

2. 类型水平上的景观格局指数分析

类型水平上的景观格局分析，能从景观格局层次反映出项目区不同用地类型变化对整体项目区的影响程度和土地利用动态变化特征。按式(5-2) ~ 式(5-7)分别计算斑块个数(NP)、斑块平均大小(MPS)、最大斑块面积指数(LPI)、聚合度指数(COHESION)、斑块所占景观面积比例(PLAND)、面积加权平均形状指数(SHAPE_AM)，计算结果填入表 5-2。

1)斑块个数(NP)

$$NP = N(\text{景观尺度})\ \text{或}\ NP = n_i(\text{斑块类型尺度}) \tag{5-2}$$

斑块数量在景观尺度水平上表示景观中所有景观类型的斑块总数，在斑块类型尺度水平上表示每一景观类型 i 所包含的斑块数量。NP 用以简单描述景观异质性和破碎度，NP 值越大表示景观更加趋于破碎化，当 NP = 1 时，表示整个景观仅由一个斑块组成或整个景观中某一景观类型仅由一个斑块组成。单位：个，取值范围：NP≥1。

2) 斑块平均大小(MPS)

$$\mathrm{MPS}=\frac{A}{N} \tag{5-3}$$

MPS 在类型水平上的意义是面积与斑块数量的比值，A 为面积，N 为斑块数。在指数研究中，该值反映了景观破碎化程度，斑块平均面积越低破碎化程度相应越高，反之则越低。范围：MPS>0。

3) 最大斑块面积指数(LPI)

可反映出在景观水平上最大斑块面积与总面积之比。数学公式如下：

$$\mathrm{LPI}=\frac{\mathrm{Max}(a_1,\ a_2,\ \cdots,\ a_i)}{A}\times 100 \tag{5-4}$$

式中：$\mathrm{Max}(a_1,\ \cdots,\ a_i)$ 表示区域 i 用地类型中最大斑块的面积，A 表示区域用地总面积；取值范围 0<LPI≤100，其值的大小决定着用地类型中的优势种、内部种的丰度等生态特征。

4) 聚合度指数(COHESION)

$$\mathrm{COHESION}=\left[1-\frac{\sum_{j=1}^{n} p_{ij}}{\sum_{j=1}^{n} p_{ij}\sqrt{a_{ij}}}\right]\cdot\left[1-\frac{1}{\sqrt{A}}\right]^{-1}\times 100 \tag{5-5}$$

用以刻画某一斑块类型的自然连通度，式中，p_{ij} 和 a_{ij} 分别表示斑块 ij 的周长和该斑块的面积，A 为景观中的栅格总数。当某一斑块类型分布逐渐聚集时，其斑块聚合度的值就增大，即该斑块类型的自然连通度提高。单位：无，取值范围：0≤COHESION<100。

5) 斑块所占景观面积比例(PLAND)

$$\mathrm{PLAND}=P_i=\frac{\sum_{j=1}^{n} a_{ij}}{A}(100) \tag{5-6}$$

式中：a_{ij} 为斑块 ij 的面积；A 为所有景观的总面积。景观的组分靠 PLAND 指数来度量，从斑块级别意义上来讲，与斑块相似度指标意义相同。从式(5-6)上可以看出，计算的是某一斑块在总景观面积中所占比例，从中可以了解景观中主要景观元素，对后期决定景观的优势种类、生物多样性以及其数量具有非常重要的参照意义。

6) 面积加权平均形状指数(SHAPE_AM)

$$\mathrm{SHAPE\_AM}=\sum_{i=1}^{m}\sum_{j=1}^{n}\left[\left(\frac{0.25p_{ij}}{\sqrt{a_{ij}}}\right)\left(\frac{a_{ij}}{A}\right)\right] \tag{5-7}$$

SHAPE_AM 在斑块级别上等于某斑块类型中各个斑块的周长与面积比乘以各自的面积权重之后的和；在景观级别上等于各斑块类型的平均形状因子乘以类型斑块面积占景观面积的权重之后的和。式(5-7)表明面积大的斑块比面积小的斑块具有更大的权重。当 SHAPE_AM = 1 时说明所有的斑块形状为最简单的方形，当 SHAPE_AM 值增大时说明斑块形状变得更复杂，更不规则。

3. 景观水平上的景观格局指数分析

景观水平上的景观格局分析能反映出整个区域的景观格局的演变规律。按式(5-8)~式(5-11)分别计算边缘密度(ED)、聚集度指数(CONTAG)、多样性指数(SHDI)、均匀度指数(SHEl),计算结果填入表中。

1)边缘密度(ED)

ED 指景观中单位面积的边缘长度,反映景观的破碎度。计算公式如下:

$$ED = \frac{\sum_{k=1}^{m} e_{ik}}{A}(10000) \tag{5-8}$$

式中:e_{ik}为景观中相应斑块类型的总边缘长度,包括涉及该斑块类型的景观边界线和背景部分;A 为景观总面积。ED 表示景观类型单位面积所拥有的周长,单位:m/hm^2。

2)聚集度指数(CONTAG)

$$CONTAG = \left\{1 + \frac{\sum_{i=1}^{m}\sum_{k=1}^{m}\left[p_i \times \left(\frac{g_{ik}}{\sum_{k=1}^{m} g_{ik}}\right)\right] \cdot \left[\ln(p_i) \times \left(\frac{g_{ik}}{\sum_{k=1}^{m} g_{ik}}\right)\right]}{2\ln(m)}\right\} \times 100 \tag{5-9}$$

蔓延度指数表示在已知斑块类型数的情况下,实际测量到的蔓延度的值在蔓延度最可能值中所占的百分比,式中表示斑块类型的面积占到整个景观总面积的比例,g_{ik}表示利用双倍算法计算得到的斑块类型 i 和 k 之间的节点数,m 表示景观类型数。该指标的值越高,表明景观的优势斑块类型有较好的连接性;相反则说明景观是多种景观组分的密集格局,破碎化现象比较严重。单位:%,取值范围:$0<CONTAG\leqslant 100$。

3)多样性指数(SHDI)

SHDI 反映区域斑块类型的多少以及各类型所占比例的均匀程度。其中,多样性指数越高,斑块类型越丰富,且各斑块类型所占的比例也越均匀。数学公式如下:

$$SHDI = -\sum_{i=1}^{m}(p_i) \times \ln(p_i) \tag{5-10}$$

式中,p_i 表示第 i 种土地类型在区域的占比,m 表示用地类型的种类。

4)均匀度指数(SHEl)

SHEI 与斑块类型数自然对数的比值,反映了不同的土地利用类型分配的均匀程度,计算公式如下:

$$SHEI = \frac{1 - \sum_{i=1}^{m} p_i^2}{1 - \frac{1}{m}} \tag{5-11}$$

式中,p_i 表示景观斑块类型面积比;m 为景观中的斑块类型数。单位:无,范围:0~1。

5.1.4 流域景观格局变化分析

通过统计 2015 年、2020 年丹江口核心水源区(湖北段)流域河岸 1km 缓冲区范围内

11 种"三生空间"土地利用类型结构数量变化，分析近五年来河库岸周边土地类型的转移变化情况，为流域生态治理措施提供数据支撑。

统计 2015 年、2020 年丹江口核心水源区(湖北段)流域河岸 1km 缓冲区范围内 8 种景观格局指数的变化，分析在流域范围内土地利用背景下景观格局指数的变化趋势，探讨引起土地利用景观格局变化的驱动因素。

5.2 国土空间开发利用结构变化

通过国家标准土地利用现状分类体系结合地理国情分类所具有的功能进行分类归纳，把具有相同功能的土地归纳为一个空间，构建了生产、生活和生态功能的"三生空间"用地分类体系。在 ArcGIS10.2 平台下，通过对丹江口核心水源区(湖北段)2015 年、2020 年两期地理国情普查(监测)数据，2015 年土地变更调查数据和第三次国土调查数据，对各类空间进行属性查询、提取，将丹江口核心水源区(湖北段)土地利用分为生态空间(林地、草地、水域、其他生态空间)、生产空间(耕地、林园、工矿生产空间)、生活空间(城乡、交通、水利、公共服务生活空间)三大类，11 个一级分类和 37 个三级分类见表 5-2。

表 5-2　三生空间与土地利用对应关系表

三生空间	解释	一级分类	二级分类
生态空间	提供生态服务的空间	林地生态空间	有林地
			灌木林地
			其他林地
		草地生态空间	天然牧草地
			人工牧草地
			其他草地
		水域生态空间	河流水面
			水库水面
			坑塘水面
			内陆滩涂
			沟渠
		其他生态空间	盐碱地
			沼泽地
			沙地
			裸地

续表

三生空间	解释	一级分类	二级分类
生产空间	提供直接生产产品的空间	耕地生产空间	水田
			水浇地
			旱地
			设施农用地
			田坎
		林园生产空间	果园
			茶园
			其他园地
		工矿生产空间	采矿用地
生活空间	提供生活活动的空间	城乡生活空间	城市
			建制镇
			村庄
			风景名胜及特殊用地
		交通生活空间	铁路用地
			公路用地
			农村道路
			机场用地
			港口码头用地
			管道运输用地
		水利生活空间	水工建筑用地
		公共服务生活空间	露天体育场
			广场

5.2.1 “三生空间”结构

1.“三生空间”构成比例总体稳定，生态空间占绝对优势

丹江口核心水源区(湖北段)2015年、2020年两个时期的“三生空间”构成基本保持稳定，得益于生态保护、生态修复的监管和实施落地见效。从不同时期“三生空间”面积及占比来看，如表5-3所示。生态空间占绝对优势，构成比例虽略有下降，由85.57%降至85.24%，但一直是流域的主导类型，反映出流域优良的生态基底；同时，该流域生态保护与经济发展统筹兼顾，生活空间由2.03%增长至2.37%，稍有增长，但整体可控，也

符合现实发展需求；而生产空间保持不变，稳定在12.4%。总体来看，丹江口核心水源区(湖北段)得天独厚的生态基底、优良的水源水质、突出的资源禀赋条件将成为流域绿色、高效、协调发展的天然优势，进一步引领丹江口核心水源区(湖北段)高质量、可持续发展。

表5-3 **2015—2020年丹江口核心水源区(湖北段)"三生空间"用地面积及比例统计表**

类别	2015年		2020年	
	面积(km^2)	比例(%)	面积(km^2)	比例(%)
生态空间	18272.42	85.57	18201.60	85.24
生产空间	2647.67	12.40	2647.08	12.40
生活空间	433.81	2.03	505.22	2.37

2. 各县市区三生空间数量结构存在差异，生态生活空间变化显著

从区县来看，每个县区的"三生空间"分布情况基本一致，但略有不同，如表5-4所示。每个县区均是生态空间占据了大半壁江山，神农架林区的占比高达96%，丹江口市和郧阳区的占比最低，但也有79%；其次生产空间，各县市区之间的占比差异较大，与生态空间的相反。丹江口市和郧阳区的生产空间占比最高，达17.64%以上，神农架林区最低为3.2%。生活空间中茅箭区和张湾区由于是该区域人口和城镇高度集聚区，其对应的占比最大7%，而房县和神农架林区由于是流域生态保护最好的地方，所以占比最低不到1%。综上可知丹江口核心水源区(湖北段)各县市区域的"三生空间"分布情况，生态空间较高的县区，生产空间和生活空间相对较小；生活空间较高的县区，生态空间和生产空间相对中等；生产空间较高的县区，生态空间较低，但生活空间也相对较高。

表5-4 **丹江口核心水源区(湖北段)2015—2020年各县区"三生空间"占比情况**

区域	年份	生态空间	生产空间	生活空间
丹江口市	2015	79.91%	17.65%	2.44%
	2020	79.42%	17.68%	2.90%
房县	2015	92.42%	6.76%	0.82%
	2020	92.15%	6.87%	0.99%
茅箭区	2015	85.71%	6.46%	7.83%
	2020	85.89%	4.85%	9.26%
神农架林区	2015	97.20%	2.21%	0.58%
	2020	96.12%	3.20%	0.68%

续表

区域	年份	生态空间	生产空间	生活空间
郧西县	2015	87.01%	11.32%	1.66%
	2020	86.51%	11.50%	2.00%
郧阳区	2015	79.87%	17.99%	2.15%
	2020	79.84%	17.64%	2.52%
张湾区	2015	84.65%	8.78%	6.56%
	2020	84.68%	8.28%	7.04%
竹山县	2015	86.76%	11.52%	1.72%
	2020	86.55%	11.49%	1.97%
竹溪县	2015	88.60%	9.96%	1.44%
	2020	88.00%	10.35%	1.65%

从各类空间的变化来看，生态空间以减小为主，生活空间以增加为主，而生产空间有增有减，所以基本保持不变。具体来看，如表5-5所示。在生态空间中，茅箭区、张湾区略有增长(0.98km^2 和 0.17km^2)，其他均有不同程度的下降，下降幅度较大的是竹溪县(19.89km^2)、郧西县(17.86km^2)、丹江口市(15.28km^2)，其他区县小幅下降。在生产空间中，郧阳区(13.30km^2)和茅箭区(8.63km^2)下降幅度较大，竹溪县(12.06km^2)和郧西县(6.06km^2)较大幅度增长，其他区县则略有上升。生活空间则均表现增长态势，郧阳区(14.39km^2)、丹江口市(14.30km^2)和郧西县(11.80km^2)增长较大，其次是竹山县(8.79km^2)、茅箭区(7.64km^2)和竹溪县(6.94km^2)，其他县区小幅上涨。

表5-5　**2015—2020年丹江口核心水源区(湖北段)区县地类分布及变化情况**（单位：km^2）

区域	年份	生态空间		生产空间		生活空间	
丹江口市	2015	2499.78	-15.28	552.10	0.87	76.48	14.30
	2020	2484.60		552.98		90.78	
房县	2015	2269.82	-6.77	166.06	2.63	20.08	4.14
	2020	2263.05		168.69		24.22	
茅箭区	2015	459.63	0.98	34.62	-8.63	42.01	7.64
	2020	460.61		26.00		49.66	
神农架林区	2015	328.79	-3.66	7.48	3.35	1.98	0.31
	2020	325.23		10.83		2.29	
郧西县	2015	3052.89	-17.86	397.31	6.06	58.29	11.80
	2020	3035.03		403.37		70.08	

续表

区域	年份	生态空间		生产空间		生活空间	
郧阳区	2015	3060.44	-1.09	689.20	-13.30	82.28	14.39
	2020	3059.35		675.90		96.67	
张湾区	2015	557.11	0.17	57.80	-3.28	43.20	3.11
	2020	557.28		54.52		46.31	
竹山县	2015	3121.79	-7.60	414.59	-1.19	61.95	8.79
	2020	3114.20		413.40		70.74	
竹溪县	2015	2928.64	-19.89	329.11	12.96	47.63	6.94
	2020	2908.75		342.07		54.56	

5.2.2 “三生空间”分布形态

1. 生态空间高覆盖，空间聚集效应明显

随着丹江口核心水源区(湖北段)生态保护力度的不断加大与优化，流域已初步形成结构清晰、布局合理的空间形态，整体呈现“大集聚、小分散”的空间结构，集约高效的空间格局基本形成。生态空间以绿色打底的形态高覆盖，生产空间以斑块状的形态坐落其成，生活空间以点状的形态集聚发展。这种以“中心城镇、四周耕地、外围林草”的发展模式有利于生态保护、生态修复的推进。根据 2015 年、2020 年三生空间用地构成统计结果，丹江口核心水源区(湖北段)已经形成了“一生、二产、七态”的集聚发展格局，且这种格局基本上保持不变，彰显出流域良好的生态环境质量，如图 5.2 和图 5.3 所示。

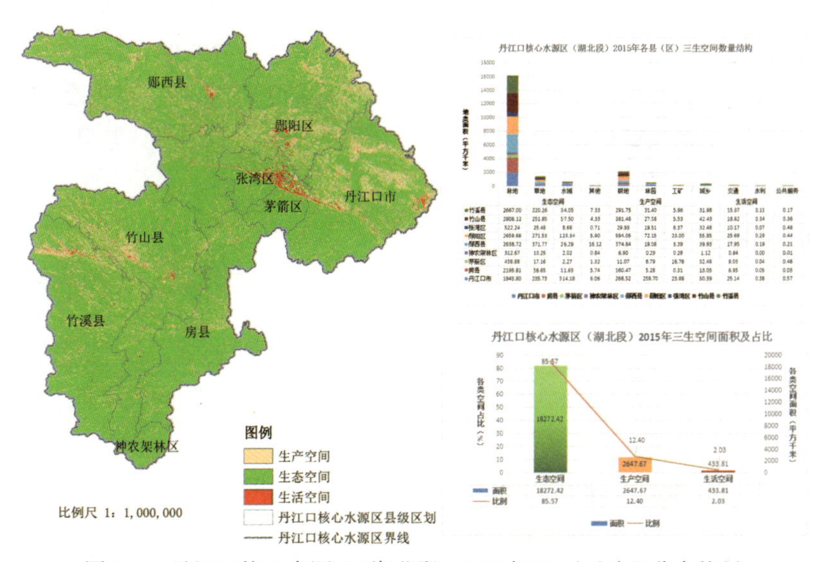

图 5.2　丹江口核心水源区(湖北段)2015 年“三生空间”分布格局

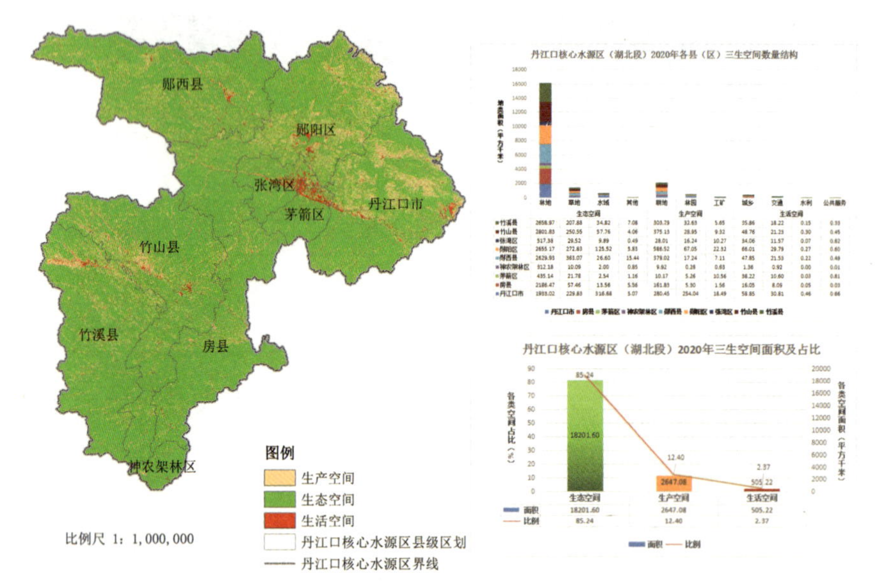

图 5.3　丹江口核心水源区(湖北段)2020 年“三生空间”分布格局

2. 生态空间连续发展，生产生活空间聚集发展

流域“三生空间”分布规律明显。生态空间主要以连片大聚集模式出现，展现了良好的生态基底。生活空间主要以“轴带”的形式，将丹江口市、茅箭区、张湾区的主城区串联集聚发展；在竹山县和竹溪县以“带状”的形式，镶嵌在区域的西南侧；郧阳区和郧西县主要以“点状”的形式点缀在区域的西北侧；房县和神农架林区生活空间较小且较分散。生产空间以连续的“斑块”状围绕生活空间向四周蔓延，郧阳区和丹江口市承载了丹江口核心水源区(湖北段)大半生产空间的发展；竹山县和竹溪县生产空间以“带状”的形式集聚连续发展，其他区域的生产空间规模相对较小，且呈散点状的形式布局发展。

总之，丹江口核心水源区(湖北段)形成了“一生活、二生产、七生态”的空间格局，生活空间在主城区集聚发展，生产空间“斑块”离散发展，生态空间“片状”连续发展，呈现较强的“点、线、面”耦合态势。

5.2.3　“三生空间”变化

1. 整体生态用地减少，生活用地增加

丹江口核心水源区(湖北段)2015—2020 年“三生空间”用地结构变化呈现出“生态用地减小、生活用地增加、生产用地基本不变”的态势。生态空间用地从 2015 年的 18272.42km^2，降至 2020 年的 18201.60km^2，减少 70.82km^2；生产空间用地总量略有下降(0.59km^2)，保持在 2674km^2 左右；生活空间呈扩张趋势，由 2015 年的 433.81km^2 增加到 2020 年的 505.22km^2，增加 71.41km^2，涨幅 16.46%。

2. 各县市区三生空间变化差异较大，但变化幅度较小

2015—2020年各县区三生空间面积变化差异较大，如图5.4所示。生活空间均表现出增加的趋势，丹江口市、郧阳区涨势较大约15km²，其次是郧西县11.8km²，最小的是神农架林区0.31km²；生态空间整体变化较大，竹溪县、郧西县和丹江口市的减幅最大，为15～19km²，但张湾区和茅箭区出现小幅度的增加不到1km²；生产空间有增有减，基本保持平衡，竹溪县的生产空间涨幅最大，为12.96km²，其次是郧西县增长6.06km²，最小的是丹江口市增长0.87km²。郧阳区的生产空间减幅最大，为13.30km²，其次是茅箭区8.63km²，竹溪县下降最小，为1.19km²。综上而言，各县区基于历史发展基础和地域区位差异的原因，致使三生空间向不同的方向发生变化。

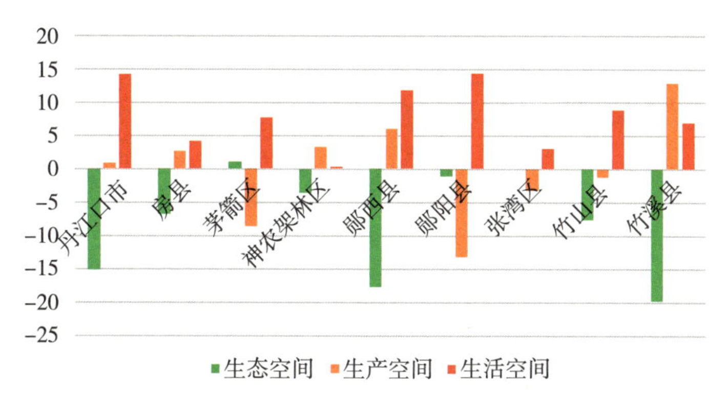

图5.4 丹江口核心水源区(湖北段)2015—2020年县区三生空间面积变化

从2015—2020年各县区三生空间的变化幅度来看，如表5-6所示。生活空间变化幅度较大，其次是生产空间，生态空间变化幅度最小。在生活空间中，面积变化较大的，占比却较小。尤其是神农架林区生活空间增加最小，仅为0.31km²，占比却较高15.82%；房县增加4.14km²，但占比最高达20.61%。在生产空间中，神农架林区的生产空间增加3.35km²，占比却最大44.77%，其次是茅箭区的生产空间减少8.63km²，占比较大，为24.91%；郧阳区和竹溪县的面积变化最大，但占比不大，分别为1.93%和3.94%。生态空间中，丹江口市、郧西县和竹溪县生态空间的面积变化最大，减少15～20km²，但占比很小，为0.60%；神农架林区生态空间减少3.66km²，但占比最高，为1.11%。

表5-6 **2015—2020年丹江口核心水源区(湖北段)区县地类面积变化及占比情况**

(面积单位：km²)

区域	生态空间		生产空间		生活空间	
	变化面积	变化占比	变化面积	变化占比	变化面积	变化占比
丹江口市	-15.28	-0.61%	0.87	0.16%	14.30	18.70%
房县	-6.77	-0.30%	2.63	1.58%	4.14	20.61%

续表

区域	生态空间		生产空间		生活空间	
	变化面积	变化占比	变化面积	变化占比	变化面积	变化占比
茅箭区	0.98	0.21%	-8.63	-24.91%	7.64	18.19%
神农架林区	-3.66	-1.11%	3.35	44.77%	0.31	15.82%
郧西县	-17.86	-0.59%	6.06	1.53%	11.80	20.24%
郧阳区	-1.09	-0.04%	-13.30	-1.93%	14.39	17.49%
张湾区	0.17	0.03%	-3.28	-5.68%	3.11	7.20%
竹山县	-7.60	-0.24%	-1.19	-0.29%	8.79	14.19%
竹溪县	-19.89	-0.68%	12.96	3.94%	6.94	14.56%

5.2.4 “三生空间”耦合性

1. 经济发展对生态保护影响有限，生态空间占比较高

“十三五”期间，丹江口核心水源区(湖北段)在加强生态保护的同时，人口增加和城镇化建设也得到有序发展，主要表现在城乡建设用地以及基础设施交通、水利和公共服务设施建设的跟进，但对生产生态空间的影响整体较小。2015—2020年丹江口核心水源区(湖北段)生活空间的扩张，主要来源于对生产和生态空间的挤压。进一步分析，生产空间的流出主要来源于耕地向城乡26.21km^{2}和交通用地6.77km^{2}的流入，工矿用地向城乡17.91km^{2}和交通用地4.78km^{2}的流入，以及林园小幅3.4km^{2}流向城乡用地；生态空间的流出主要来源于林地向城乡17.80km^{2}和交通用地9.21km^{2}的流入，草地向城乡14.87km^{2}和交通用地3.74km^{2}的流入。其中生产空间流向生活空间43.08km^2，占流域生产空间总面积的1.63%；生态空间流向生活空间28.3km^2，占流域生态空间的0.16%；最终出现生活空间71.37km^{2}的增加。流域“三生空间”虽然发生了变化，但生态和生产空间仍占流域面积的85.24%和12.4%，仍处于较高水平。为此，可以说，生活空间的扩张对生态生产空间的影响是有限的，是整体可控的。

具体来看，如表5-7所示。2020年丹江口核心水源区(湖北段)林地生态用地面积为16130.08km^2，与2015年相比减少了56.83km^2；耕地生产用地在该区域占第二，但与林地生态用地的面积有较大差距，从2015年的2119.02km^{2}增加至2020年的2134.85km^2，增加了15.83km^2；草地生态用地面积仅次于耕地生态用地，由2015年的1463.67km^{2}下降至2020年的1443.01km^2，减少了20.66km^2，但整体维持在1450km^{2}左右。丹江口核心水源区(湖北段)虽作为国家南水北调工程的核心水源地，但水域生态用地面积占比较低，仅占总面积的2.72%，2015—2020年水域生态面积出现一定程度的增长，增长了9.42km^2；城乡用地与交通用地扩展较为显著，2020年城乡生活用地面积达到347.03km^2，比2015年增加47.32km^2；交通用地面积为152.75km^2，比2015年增加

22. 78km²。这说明丹江口核心水源区(湖北段)为了满足经济发展和城镇化进程的需求，城镇一体化建设不断推进，生态保护与社会经济发展和城镇化建设取得了良性互动，推进了流域的可持续发展进程。

表 5-7　**2015—2020 年丹江口核心水源区(湖北段)地类转移情况**　(面积单位：km²)

三生空间		生态空间				生产空间			生活空间			
	类型	林地	草地	水域	其他	耕地	林园	工矿	城乡	交通	水利	公共服务
生态空间	林地	16037. 18	34. 72	2. 27	1. 13	44. 01	8. 97	24. 16	17. 80	9. 21	0. 04	0. 11
	草地	21. 77	1345. 82	3. 40	0. 34	53. 62	9. 57	9. 64	14. 87	3. 74	0. 17	0. 26
	水域	0. 28	0. 84	576. 94	0. 14	0. 49	0. 01	0. 59	0. 38	0. 13	0. 07	0. 00
	其他	0. 51	1. 44	1. 07	43. 49	0. 40	0. 07	0. 55	0. 47	0. 30	0. 02	0. 00
生产空间	耕地	26. 19	21. 69	3. 92	0. 19	2004. 81	17. 48	10. 73	26. 21	6. 77	0. 03	0. 33
	林园	24. 31	4. 70	0. 18	0. 02	15. 58	389. 26	2. 97	3. 40	1. 33	0. 00	0. 03
	工矿	5. 87	21. 78	0. 72	0. 04	4. 13	0. 69	31. 19	17. 91	4. 78	0. 03	0. 33
生活空间	城乡	5. 50	10. 00	0. 58	0. 07	10. 23	0. 81	5. 48	264. 80	1. 57	0. 04	0. 56
	交通	1. 16	1. 37	0. 10	0. 08	0. 81	0. 13	0. 56	0. 83	124. 88	0. 01	0. 01
	水利	0. 00	0. 17	0. 10	0. 00	0. 01	0. 00	0. 00	0. 05	0. 01	1. 12	0. 00
	公共服务	0. 04	0. 04	0. 00	0. 00	0. 02	0. 00	0. 02	0. 23	0. 00	0. 00	2. 37

2. 生态修复成效显著，出现远程耦合协调发展态势

丹江口核心水源区(湖北段)实施的“生态修复”和“耕地保护”政策，取得了逐渐向好的发展态势。如表 5-8 所示，2015—2020 年流域各县市出现耕地 15. 83km² 和水域 9. 42km² 的增加，同时荒漠与裸露地出现 2. 82km² 的下降。进一步分析，耕地增加较大的区县是丹江口市和竹溪县，分别增加了 11. 92km² 和 12. 04km²，其次是郧西县和神农架林区，分别增加了 4. 18km² 和 3. 01km²，房县增加最小，为 1. 36km²；水域在各个县区均呈增长趋势，但幅度不同，丹江口市和郧阳区的水域面积增长较大，分别为 2. 50km² 和 2. 18km²，房县和张湾区涨幅较小分别为 1. 93km² 和 1. 21km²，其他区域面积增长在 1km² 以下。研究发现，耕地和水域的增加大部分出现在远离中心城镇的县级区域，但该流域中心城镇是生活用地扩张的主要区域，如城乡建设和交通用地的增加挤占了林地、草地和耕地。因此可以说，流域出现了远程耦合协调发展的态势。这一系列地类结构逐渐优化的布面，侧面反映出流域县市的国土空间用途管制结合了生态保护相关需求，生态修复和耕地保护政策有的放矢，县市积极落实并能取得一定成效。

表 5-8　　丹江口核心水源区(湖北段)2015—2020 年各地类面积分布及变化　(单位：km^2)

年份	林地	草地	水域	其他	耕地	林园	工矿	城乡	交通	水利	公共服务
2015	16186.92	1463.67	579.95	48.35	2119.02	441.79	87.48	299.71	129.97	1.48	2.73
占比	75.78%	6.85%	2.71%	0.23%	9.92%	2.07%	0.41%	1.40%	0.61%	0.01%	0.01%
2020	16130.08	1443.01	589.37	45.53	2134.85	426.99	85.92	347.03	152.75	1.54	4
占比	75.51%	6.76%	2.76%	0.21%	9.99%	2.00%	0.40%	1.62%	0.72%	0.01%	0.02%
2015—2020	-56.83	-20.66	9.42	-2.82	15.83	-14.80	-1.56	47.32	22.78	0.06	1.27

5.2.5 “三生空间”各县区变化状况

1. 中心城镇用地转移较频繁，转移幅度较小

丹江口市、郧西县和郧阳区城镇化水平提高较快，区位优越，交通便利，承载了大量第二、第三产业生产活动，是生活用地扩张的主要承载区，因此也是用地转移比较频繁的地区，但转移幅度整体较小，如表 5-9 所示。丹江口市、郧阳区、郧西县和竹山县的城乡建设用地增幅较大，分别为 8.46km^2、10.16km^2、7.92km^2 和 6.34km^2，交通用地中丹江口市、郧阳区和郧西县增加较大，分别为 5.67km^2、4.10km^2 和 3.57km^2。进一步分析，这些区域城乡和交通用地的扩张，主要得益于耕地、林地和草地的转入。其中丹江口市分别有 3km^2 左右的耕地、林地和草地转为城乡用地，2km^2 左右的林地和耕地转为交通用地；郧阳区有 6km^2 的耕地和 4km^2 左右的林地和草地转为城乡建设用地，1.5km^2 左右的林地和耕地转为交通用地；郧西县有 4km^2 的耕地和 3km^2 的林地和草地转为城乡建设用地，1.5km^2 左右的林地和耕地转为交通用地，可见耕地和林地是该区域土地利用转型的重要源头。以上区域城乡和交通用地的增加之和，占流域生活空间增加面积的 64.70%，充分证明了中心城镇是地表覆盖变化较大的区域，但这也是为满足流域城镇化建设和跨区域交通设施建设所必需的，是合情合理可控的变化，与现实发展规律一致。

表 5-9　　2015—2020 年丹江口核心水源区(湖北段)区县地类变化情况

(面积单位：km^2)

行政区	林地	草地	水域	其他	耕地	林园	工矿	城乡	交通	水利	公共服务
丹江口市	-10.78	-5.90	2.50	-0.99	11.92	-5.66	-5.39	8.46	5.67	0.07	0.10
房县	-9.34	0.82	1.93	-0.17	1.36	0.02	1.25	3.00	1.14	0.00	0.00
茅箭区	-3.74	4.62	0.27	-0.16	-0.90	-1.53	-6.20	5.74	1.56	-0.01	0.35
神农架林区	-0.48	-3.16	-0.02	0.01	3.01	-0.01	0.35	0.24	0.07	0.00	0.00
郧西县	-8.79	-8.70	0.31	-0.68	4.18	-1.84	3.72	7.92	3.57	0.03	0.27

续表

行政区	林地	草地	水域	其他	耕地	林园	工矿	城乡	交通	水利	公共服务
郧阳区	-4.51	1.31	2.18	-0.07	-7.52	-5.20	-0.68	10.16	4.10	-0.02	0.15
张湾区	-4.86	4.04	1.21	-0.22	-1.91	-3.27	1.90	1.58	1.40	0.00	0.14
竹山县	-6.29	-1.30	0.26	-0.27	-6.35	1.37	3.78	6.34	2.41	-0.04	0.09
竹溪县	-8.04	-12.38	0.77	-0.26	12.04	1.23	-0.31	3.88	2.85	0.04	0.16

2. “三生空间”用地在转移中结构进一步优化

丹江口核心水源区(湖北段)“三生空间”整体布局较为合理，空间结构优化初见成效。中心城区有序扩张，布局加快优化；偏远县区功能持续完善，生态网络格局显著提升。如表 5-9 所示，生活空间用地增加的主要集中在丹江口市、茅箭区、郧阳区以及郧西县，但对生活空间扩张产生的矛盾，流域通过对空间进行有效协调，促进以生活为主导的国土空间开发方式向“三生空间”协调发展的方式发展。如丹江口市生产用地耕地 11.92km^2 和生态用地水域 2.50km^2 增加量均是流域最大的，郧阳区生态用地中的水域 2.18km^2 和草地 1.31km^2 增加较为突出，茅箭区生态用地中的草地是流域增加最大，为 4.62km^2，郧西县生产用地中的耕地增加相对显著，为 4.18km^2。同时出现远程耕地补偿的态势，偏远县区的竹溪县耕地最为显著，为 12.04km^2，神农架林区和房县增加 3.01km^2 和 1.36km^2。此外，为减少中心城区生产空间对生态环境造成的破坏和影响，丹江口市 5.39km^2、茅箭区 6.20km^2 和郧阳区 0.68km^2 的核心城区去工业化和远程异地郧西县 3.72km^2、竹山县 3.78km^2 和房县 1.25km^2 工业用地补充的现象。总体而言，中心城区“三生空间”持续完善提升，同时伴随远程协调的空间优化，三生用地在转移中结构进一步取得优化。

5.2.6 “三生空间”各县区趋势

1. 城镇职能定位明确，用地结构基本一致

横向对比各县市区分析结果发现：通过 2015—2020 年各县市区的林地占大部分，覆盖率高达 62.13%以上；其次是耕地和草地在各县市区所占比例较大，三类面积之和占比高达 85%以上，主导了各县市区的地表覆盖和土地利用特征，因此形成各个区域的用地类型结构相似且稳定，如图 5.5 和图 5.6 所示。从丹江口核心水源区(湖北段)县市区分析结果发现：张湾区和茅箭区是流域人口集中的区域，城镇化水平较高，所以生活空间占比相较于其他县区最大，为 6.5%~9.5%；丹江口市、郧阳区是流域产业和经济较发达的区域，对应的生产空间相较于其他区域占比最大，为 17%~18%，但生态空间占比最小为 79%~80%；房县和神农架林区是流域的生态旅游区，对应的生态空间占比最高，为 92%~97%，但生活空间最小，均不到 1%。而其他区域的 3 类功能空间的占比基本保持一致，(生态空间+生产用地)98%、生活空间 2%左右。

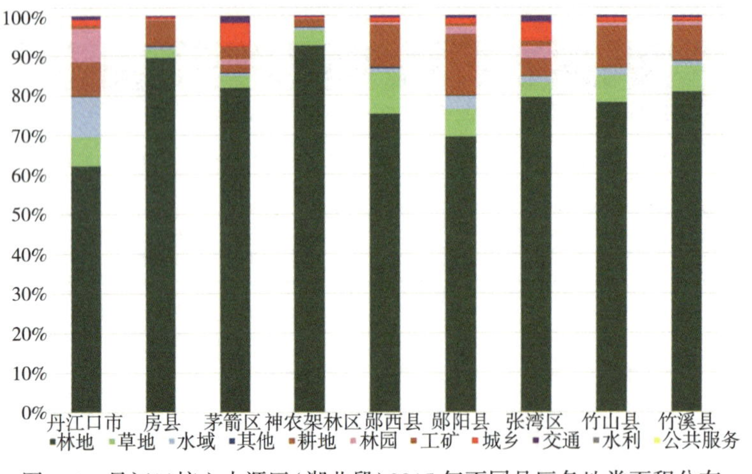

图 5.5　丹江口核心水源区(湖北段)2015 年不同县区各地类面积分布

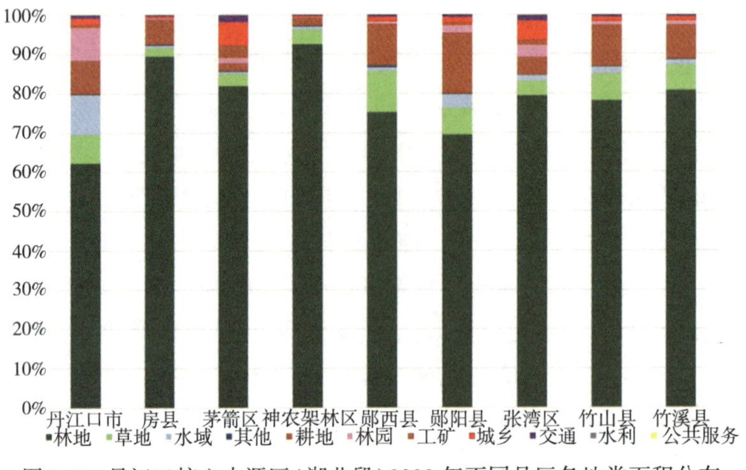

图 5.6　丹江口核心水源区(湖北段)2020 年不同县区各地类面积分布

2. 地类变化主导趋势相似，城镇职能与变化趋势协调

通过分析 2015—2020 年丹江口核心水源区(湖北段)“三生空间”的变化可以发现，林地减少、耕地与城乡用地增加主导地类变化趋势。林地生态用地减少量最大，为 56.83km^2，占总减少量面积的 58.79%。草地生态用地面积减少量其次，为 20.66km^2，占总减少量面积的 21.38%。耕地生产用地、城乡和交通生活用地呈增加趋势，增长率分别为总增加面积的 16.37%、48.94%和 23.57%。

如表 5-10 所示，丹江口市地类发生变化量最大为 57.44km^2，林地生态用地减少量较大，为 10.78km^2，同时耕地生产用地、城乡和交通生活用地增加幅度明显(11.92km^2、8.46km^2、5.67km^2)，占区域对应总地类变化量的 60%以上。竹溪县地类不仅面积大且发生变化幅度也较大(41.34km^2)，主要表现在林地和草地生态用地的显著减少(8.04km^2、

12.38km^2）和耕地的大幅度增加（12.04km^2）。郧西县地类发生变化量为40.01km^2，林地和草地生态用地不仅面积最大且出现较大幅度的下降（8.79km^2、8.70km^2），与此同时耕地生产用地和城乡生活用地呈现出相反的增加趋势（4.18km^2、7.92km^2）。郧阳区地类发生变化量为35.80km^2，林地生态用地和耕地生产用地出现下降（4.51km^2、7.52km^2），城乡生活用地面积增加最多，为10.16km^2。竹山县地类发生变化量为28.50km^2，各类型的地表覆盖面积较大，但变化幅度却较小，林地和耕地出现下降（6.29km^2、6.35km^2）的同时城乡和用地生活用地增加（6.34km^2、2.41km^2）。茅箭区地类用地增长量为25.08km^2，工矿生产用地下降显著（6.20km^2），城乡生活用地增加幅度较大（5.74km^2）。张湾区地类用地增长量为20.53km^2，林地生态用地的下降（4.86km^2）与草地生态用地的增加（4.04km^2）保持相对水平，耕地和林园生产用地的下降（1.91km^2、3.27km^2）与城乡和交通生产用地增加（1.58km^2、1.40km^2）基本一致。房县地类发生变化量为19.03km^2，林地生态用地面积最大，同时也是用地变化最大的地类减小9.34km^2。神农架林区地类发生变化量为7.03km^2，林地生态用地覆盖率最高，耕地生产用地的增加与草地生态用地的减少基本一致，为3km^{2}左右，其他地表覆盖均发生极小的变化。

表5-10　**丹江口核心水源区（湖北段）2015—2020年县区地类现状及变化情况**（单位：km^2）

区域	年份	生态空间				生产空间			生活空间			
		林地	草地	水域	其他	耕地	林园	工矿	城乡	交通	水利	公共服务
核心水源区	2015	16186.92	1463.67	579.95	48.35	2119.02	441.79	87.47	299.70	129.97	1.47	2.73
	2020	16130.08	1443.01	589.36	45.53	2134.85	426.994	85.91	347.02	152.75	1.53	3.99
变化量		-56.83	-20.66	9.41	-2.81	15.82	-14.79	-1.56	47.32	22.78	0.06	1.26
丹江口市	2015	1943.80	235.73	314.18	6.06	268.52	259.70	23.88	50.39	25.24	0.38	0.57
	2020	1933.02	229.83	316.68	5.07	280.45	254.04	18.49	58.85	30.81	0.46	0.66
变化量		-10.78	-5.90	2.50	-0.99	11.92	-5.66	-5.39	8.46	5.67	0.07	0.10
房县	2015	2195.81	56.65	11.63	5.74	160.47	5.28	0.31	13.05	6.95	0.05	0.03
	2020	2186.47	57.46	13.56	5.56	161.83	5.30	1.56	16.05	8.09	0.05	0.03
变化量		-9.34	0.82	1.93	-0.17	1.36	0.02	1.25	3.00	1.14	0.00	0.00
茅箭区	2015	438.88	17.16	2.27	1.32	11.07	6.79	16.76	32.48	9.03	0.04	0.46
	2020	435.24	21.78	2.54	1.16	10.17	5.26	10.56	38.22	10.60	0.03	0.81
变化量		-3.74	4.62	0.27	-0.16	-0.90	-1.53	-6.20	5.74	1.56	-0.01	0.35
神农架林区	2015	312.67	13.25	2.02	0.84	6.90	0.29	0.28	1.12	0.84	0.00	0.01
	2020	312.18	10.09	2.00	0.85	9.92	0.28	0.63	1.36	0.92	0.00	0.01
变化量		-0.48	-3.16	-0.02	0.01	3.01	-0.01	0.35	0.24	0.07	0.00	0.00

续表

区域	年份	生态空间				生产空间			生活空间			
		林地	草地	水域	其他	耕地	林园	工矿	城乡	交通	水利	公共服务
郧西县	2015	2638.72	371.77	26.29	16.12	374.84	19.08	3.39	39.93	17.95	0.19	0.21
	2020	2629.93	363.07	26.60	15.44	379.02	17.24	7.11	47.85	21.53	0.22	0.49
变化量		-8.79	-8.70	0.31	-0.68	4.18	-1.84	3.72	7.92	3.57	0.03	0.27
郧阳区	2015	2659.68	271.53	123.34	5.90	594.05	72.15	23.00	55.85	25.69	0.29	0.44
	2020	2655.27	272.83	125.52	5.83	586.52	67.05	22.32	66.01	29.79	0.27	0.60
变化量		-4.51	1.31	2.18	-0.07	-7.52	-5.20	-0.68	10.16	4.10	-0.02	0.15
张湾区	2015	522.24	25.48	8.68	0.71	29.93	19.51	8.37	32.48	10.17	0.07	0.48
	2020	517.38	29.52	9.89	0.49	28.01	16.24	10.27	34.06	11.57	0.07	0.62
变化量		-4.86	4.04	1.21	-0.22	-1.91	-3.27	1.90	1.58	1.40	0.00	0.14
竹山县	2015	2808.12	251.85	57.50	4.33	381.48	27.58	5.53	42.43	18.82	0.34	0.36
	2020	2801.83	250.55	57.76	4.06	375.23	28.95	9.32	48.76	21.23	0.30	0.45
变化量		-6.29	-1.30	0.26	-0.27	-6.35	1.37	3.78	6.34	2.41	-0.04	0.09
竹溪县	2015	2667.00	220.26	34.05	7.33	291.75	31.40	5.96	31.98	15.37	0.11	0.17
	2020	2658.97	207.88	34.82	7.08	303.79	32.63	5.65	35.86	18.22	0.15	0.33
变化量		-8.04	-12.38	0.77	-0.26	12.04	1.23	-0.31	3.88	2.85	0.04	0.16

5.2.7 “三生空间”总体转移状况

1. “三生空间”转移关系清晰，转移量有限

统计分析2015年和2020年两期数据，并利用土地利用转移矩阵计算区域内地类间互相转换的情况，如表5-11所示。发现2015—2020年丹江口核心水源区(湖北段)“三生空间”土地利用转移的显著关系为：生产空间大量转为生态空间，部分转为生活空间；生态空间部分转为生产空间，少部分转为生活空间；生活空间少部分转为生产空间和生态空间。2015—2020年，分别有61.15km^2和109.57km^2生产空间转为生活空间和生态空间，共占生产空间总面积的6.45%，同时有152.12km^2和47.56km^2的生态空间转为生产空间和生态空间，而生活空间仅有18.07km^2和19.26km^2转为生产空间和生态空间，这说明丹江口核心水源区(湖北段)生产空间和生态空间的空间位移相对明显。

表 5-11　**丹江口核心水源区(湖北段)2015—2020 年三生空间转移情况**　(单位：km^2)

类型	生产空间	生活空间	生态空间	2015 年总计	净变化量
生产空间	2476.75	61.15	109.57	2647.46	-0.52
生活空间	18.07	396.48	19.26	433.816	71.37
生态空间	152.12	47.56	18071.24	18270.92	-70.86
2020 年总计	2646.95	505.29	18200.07	21352.2	

2. 用地类型转移良性发展，耕地得到有效保护

从二级地表覆盖类型进一步分析，将 2015 年和 2020 年丹江口核心水源区(湖北段)的地表覆盖类型图层进行 GIS 叠置分析生成覆盖类型面积转移矩阵和转化方向，如表 5-12 和表 5-13 所示。林地、草地和耕地互转较大，但城乡、交通增加明显，同时耕地保护效果显著。

(1)耕地变化最为剧烈 242.84km^2。2020 年的耕地面积中有 2004.81km^2 是在 2015 年的基础上未发生变化。在转出部分中主要有三个方向：26.19km^2 转为林地，是响应了国家的退耕还林政策；26.21km^2 转出为城乡建设用地，显然耕地紧邻建设用地，是城乡建设用地的主要来源；还有 21.69km^2 转为草地，很有可能是外出打工的农民增多，许多耕地撂荒。同时，耕地面积新增的部分超过转出增加 15.82km^2，最主要的来源是从林地和草地转入的 53.62km^2 和 44.01km^2，很有可能是国家实施耕地“占补平衡”政策驱动补充的；还有城乡建设用地转入的 10.23km^2，是对非法建设占用的整治，确保耕地保有量不减少。

(2)林地变化程度与耕地接近 228.02km^2。在 2015 年的林地面积中有 16037.18km^2 到 2020 年没发生变化。在转出部分中主要有四个方向：44.01km^2 转为耕地，是由树木被过多砍伐后的荒地开垦而来；34.72km^2 转为草地，很有可能是树木砍伐后一直闲置或不适宜耕作而生成草地；24.16km^2 由于矿产资源的开发和企业引进的发展转为工矿用地；17.80km^2 的林地由于城市扩展的需要转为城乡建设用地。在新增部分中最主要的来源是耕地转入的 26.19km^2，同样是由于退耕还林政策；还有其他草地和林园用地转入的 21.77km^2 和 24.31km^2，是由其他用地开发补充的。

(3)城乡建设用地变化约为耕地和林地变化量的一半 111.01km^2。在 2015 年的建筑用地中有 264.80km^2 到 2020 年没发生变化。在转出部分中主要是 10.23km^2 转为耕地，是对非法占用耕地的整治；10km^2 转为草地，可能是对工矿复垦的修复治理。在新增部分中最主要的来源是林地转入的 17.80km^2 和耕地转入的 26.21km^2，均是由于人口增多而导致建设用地需求增多，有部分耕地、林地被占用来建设房屋。

(4)水域变化虽然较小，但整体呈增加趋势。在 2015 年的水域面积中有 546.94km^2 到 2020 年未发生变化。转出部分很小主要有两个方向：0.84km^2 转为草地，在水域干涸后自然转为草地；0.49km^2 转为其他耕地，水域干涸后被用来耕作。在新增部分中最主要的来源是耕地和草地转入的 3.92km^2 和 3.40km^2，主要由于河流水量大而漫到附近的耕地

和草地。

(5)草地变化也较为显著，为 214.13km^2。在 2015 年的草地中有 1345.82km^2 到 2020 年没发生变化。在转出部分中主要有三个方向：53.62km^2 转为耕地、21.77km^2 转为林地、14.87km^2 转为城乡建设用地。新增部分中最主要来源是林地转入的 34.72km^2，还有耕地和工矿用地转入的 21.69km^2 和 21.78km^2。

表 5-12　　**丹江口核心水源区(湖北段)2015—2020 年不同地类转移情况**

(面积单位：km^2)

"三生空间"	类型	生态空间				生产空间			生活空间			
		林地	草地	水域	其他	耕地	林园	工矿	城乡	交通	水利	公共服务
生态空间	林地	16037.18	34.72	2.27	1.13	44.01	8.97	24.16	17.80	9.21	0.04	0.11
	草地	21.77	1345.82	3.40	0.34	53.62	9.57	9.64	14.87	3.74	0.17	0.26
	水域	0.28	0.84	576.94	0.14	0.49	0.01	0.59	0.38	0.13	0.07	0.00
	其他	0.51	1.44	1.07	43.49	0.40	0.07	0.55	0.47	0.30	0.02	0.00
生产空间	耕地	26.19	21.69	3.92	0.19	2004.81	17.48	10.73	26.21	6.77	0.03	0.33
	林园	24.31	4.70	0.18	0.02	15.58	389.26	2.97	3.40	1.33	0.00	0.03
	工矿	5.87	21.78	0.72	0.04	4.13	0.69	31.19	17.91	4.78	0.03	0.33
生活空间	城乡	5.50	10.00	0.58	0.07	10.23	0.81	5.48	264.80	1.57	0.04	0.56
	交通	1.16	1.37	0.10	0.08	0.81	0.13	0.56	0.83	124.88	0.01	0.01
	水利	0.00	0.17	0.10	0.00	0.01	0.00	0.00	0.05	0.01	1.12	0.00
	公共服务	0.04	0.04	0.00	0.00	0.02	0.00	0.02	0.23	0.00	0.00	2.37

表 5-13　　**丹江口核心水源区(湖北段)2015—2020 年各地类变化情况**　(面积单位：km^2)

用地类型	新增部分	转出部分	总变量	净变量
林地	85.61	142.41	228.02	-56.8
草地	96.76	117.37	214.13	-20.61
水域	12.34	2.93	15.27	9.41
其他	2.01	4.83	6.84	-2.82
耕地	129.3	113.54	242.84	15.76
林园	37.72	52.51	90.23	-14.79
工矿	54.72	56.29	111.01	-1.57
城乡	82.15	34.85	117	47.3

续表

用地类型	新增部分	转出部分	总变量	净变量
交通	27.84	5.05	32.89	22.79
水利	0.41	0.35	0.76	0.06
公共服务	1.63	0.36	1.99	1.27

3. 城市类型与地类转移量相关，转移量存在较大差异

为定量反映和说明不同各县市区人类活动对不同土地利用类型的影响，计算了2015—2020年丹江口核心水源区(湖北段)各县市区地类变化情况。

(1)丹江口市和郧阳区区域地表覆盖转移变化最剧烈，200km^{2}以上，如表5-14所示。林地、耕地、草地交变量约为50km^2，城乡用地的交变量约为24km^2，是整个研究区域地表覆盖变化最为显著的。从表5-15和表5-16可以发现耕地是约10km^{2}林地、约6km^{2}草地和约5km^{2}林园转出的主要接收者；林地是约3km^{2}草地、约5km^{2}林园和约9km^{2}耕地的主要接收者；草地是约6km^{2}林地和约5km^{2}耕地的主要接收者；城乡用地主要来源为约3km^{2}林地、约3km^{2}草地、约3km^{2}耕地和约4km^{2}工矿用地。

表5-14 **丹江口核心水源区(湖北段)不同县区2015—2020年地类面积变化** (单位：km^2)

丹江口市	林地	草地	水域	其他	耕地	林园	工矿	城乡	交通	水利	公共服务	总变量
净变量	3.75	-4.63	-0.27	0.16	0.90	1.53	6.19	-5.73	-1.56	0.01	-0.35	273.14
交变量	58.62	53.36	4.37	1.41	56.32	43.95	26.97	20.00	7.56	0.21	0.36	
郧阳区	林地	草地	水域	其他	耕地	林园	工矿	城乡	交通	水利	公共服务	总变量
净变量	-4.54	1.31	2.17	-0.06	-7.53	-5.09	-0.68	10.17	4.11	-0.02	0.16	204.13
交变量	44.44	35.95	3.62	0.64	50.89	14.13	24.05	24.14	5.89	0.14	0.25	
房县	林地	草地	水域	其他	耕地	林园	工矿	城乡	交通	水利	公共服务	总变量
净变量	-15.54	-2.90	2.09	-0.43	2.80	-0.02	4.75	6.87	2.36	-0.03	0.05	131.14
交变量	31.88	23.12	2.95	1.99	36.20	4.64	9.27	16.50	4.20	0.22	0.16	
竹山县	林地	草地	水域	其他	耕地	林园	工矿	城乡	交通	水利	公共服务	总变量
净变量	-6.31	-1.30	0.26	-0.27	-6.33	1.37	3.79	6.33	2.41	-0.04	0.09	110.06
交变量	20.78	22.43	1.12	0.46	30.92	5.34	9.70	14.64	4.20	0.26	0.21	
郧西县	林地	草地	水域	其他	耕地	林园	工矿	城乡	交通	水利	公共服务	总变量
净变量	-8.81	-8.72	0.31	-0.68	4.23	-1.84	3.72	7.91	3.57	0.03	0.27	112.16
交变量	22.29	24.65	0.73	1.37	32.23	6.15	6.21	13.79	4.36	0.07	0.31	

续表

丹江口市	林地	草地	水域	其他	耕地	林园	工矿	城乡	交通	水利	公共服务	总变量
茅箭区	林地	草地	水域	其他	耕地	林园	工矿	城乡	交通	水利	公共服务	总变量
净变量	-3.75	4.63	0.27	-0.16	-0.90	-1.53	-6.19	5.73	1.56	-0.01	0.35	65.84
交变量	12.14	13.23	0.44	0.20	3.56	2.22	18.79	12.38	2.43	0.01	0.42	
张湾区	林地	草地	水域	其他	耕地	林园	工矿	城乡	交通	水利	公共服务	总变量
净变量	-4.86	4.05	1.21	-0.22	-1.91	-3.26	1.90	1.57	1.39	0.00	0.13	78.30
交变量	17.04	16.15	1.53	0.22	7.00	6.53	14.82	12.47	2.29	0.02	0.23	
竹溪县	林地	草地	水域	其他	耕地	林园	工矿	城乡	交通	水利	公共服务	总变量
净变量	-8.04	-12.38	0.77	-0.25	12.06	1.21	-0.31	3.88	2.85	0.04	0.16	73.70
交变量	13.17	11.52	0.94	0.30	26.58	5.56	3.93	7.96	3.51	0.04	0.18	
神农架林区	林地	草地	水域	其他	耕地	林园	工矿	城乡	交通	水利	公共服务	总变量
净变量	-0.48	-3.16	-0.03	0.01	3.01	-0.01	0.35	0.24	0.07	0.00	0.00	9.83
交变量	0.71	3.83	0.06	0.05	3.67	0.02	0.68	0.67	0.15	0.00	0.00	

表 5-15　**丹江口核心水源区(湖北段)丹江口市 2015—2020 年地类转移情况**

(面积单位：km^2)

"三生空间"	类型	生态空间				生产空间			生活空间			
		林地	草地	水域	其他	耕地	林园	工矿	城乡	交通	水利	公共服务
生态空间	林地	1908.95	8.74	0.47	0.07	10.67	5.64	4.41	2.88	1.80	0.00	0.01
	草地	5.42	206.06	1.09	0.04	11.94	6.26	1.67	2.36	0.77	0.05	0.02
	水域	0.18	0.29	313.23	0.02	0.10	0.01	0.20	0.07	0.03	0.03	
	其他	0.15	0.56	0.07	4.84	0.12	0.06	0.04	0.12	0.09		
生产空间	耕地	4.86	3.73	1.18	0.01	246.28	6.07	2.04	3.22	1.02	0.00	0.04
	林园	10.10	2.55	0.11	0.00	8.10	234.87	1.71	1.44	0.80	0.00	0.01
	工矿	1.94	5.86	0.34	0.01	1.63	0.57	7.69	3.95	1.83	0.02	0.05
生活空间	城乡	1.09	1.65	0.14	0.02	1.41	0.44	0.61	44.63	0.28	0.03	0.10
	交通	0.18	0.26	0.03	0.02	0.16	0.07	0.11	0.13	24.19	0.00	0.00
	水利		0.06	0.00					0.00	0.00	0.32	
	公共服务	0.02	0.03	0.00	0.00	0.00			0.07	0.00	0.00	0.44

表 5-16　　　丹江口核心水源区（湖北段）郧阳区 2015—2020 年地类转移情况

（面积单位：km^2）

"三生空间"	类型	生态空间				生产空间			生活空间			
		林地	草地	水域	其他	耕地	林园	工矿	城乡	交通	水利	公共服务
生态空间	林地	2635.20	5.62	0.31	0.11	8.07	0.67	4.52	3.76	1.41	0.01	0.01
	草地	2.63	254.22	0.73	0.13	6.68	0.53	2.56	3.38	0.62	0.02	0.05
	水域	0.02	0.19	122.61	0.02	0.17	0.00	0.16	0.12	0.03	0.01	
	其他	0.05	0.06	0.03	5.54	0.03		0.13	0.02	0.03	0.00	
生产空间	耕地	9.23	5.22	1.37	0.03	564.86	3.10	2.99	5.93	1.40	0.01	0.04
	林园	4.94	0.93	0.02		2.62	62.52	0.31	0.62	0.16	0.00	
	工矿	1.78	4.52	0.20		1.58	0.07	10.63	3.12	1.03	0.01	0.06
生活空间	城乡	1.15	1.89	0.22	0.00	2.34	0.13	0.89	48.84	0.32	0.00	0.05
	交通	0.15	0.27	0.01	0.00	0.17	0.02	0.12	0.14	24.79	0.00	0.00
	水利	0.00	0.02	0.01		0.00			0.04	0.01	0.21	
	公共服务	0.00	0.01			0.01		0.01	0.03	0.00		0.39

（2）房县、竹山县和郧西县的地类变化相对中等，约为 120km^2，如表 5-14 所示。林地、草地的交变量约为 22km^2，耕地的交变量约为 32km^2，城乡用地的交变量约为 13km^2，地类变化情况在整个区域处于中等地位。从表 5-17、表 5-18 和表 5-19 可以发现，林地的主要转入类型主要来自约 2.5km^2 草地和约 3km^2 耕地；草地主要来源为约 4km^2 林地；耕地主要是约 8km^2 林地、约 6km^2 草地和约 2km^2 城乡用地的转入；城乡用地主要是约 4km^2 耕地，但房县的城乡用地也有约 3km^2 来自林地的转入。

表 5-17　　　丹江口核心水源区（湖北段）房县 2015—2020 年地类转移情况

（面积单位：km^2）

"三生空间"	类型	生态空间				生产空间			生活空间			
		林地	草地	水域	其他	耕地	林园	工矿	城乡	交通	水利	公共服务
生态空间	林地	3959.54	4.60	1.15	0.52	9.04	0.33	3.15	3.43	1.46	0.00	0.02
	草地	2.42	184.60	0.20	0.07	7.14	0.15	1.05	1.45	0.44	0.06	0.03
	水域	0.04	0.08	67.20	0.06	0.06	0.00	0.07	0.07	0.01	0.02	0.00
	其他	0.13	0.29	0.46	7.30	0.06	0.00	0.10	0.09	0.08	0.00	0.00

续表

“三生空间”	类型	生态空间				生产空间			生活空间			
		林地	草地	水域	其他	耕地	林园	工矿	城乡	交通	水利	公共服务
生产空间	耕地	3.47	3.35	0.45	0.06	334.74	1.80	1.89	4.73	0.92	0.00	0.02
	林园	1.03	0.13	0.01	0.01	0.60	14.56	0.14	0.38	0.04	0.00	0.00
	工矿	0.23	0.37	0.01	0.02	0.10	0.00	1.22	1.33	0.19	0.00	0.00
生活空间	城乡	0.63	0.99	0.13	0.02	2.35	0.02	0.52	30.32	0.13	0.00	0.03
	交通	0.21	0.24	0.04	0.02	0.14	0.00	0.09	0.17	18.01	0.00	0.00
	水利	0.00	0.06	0.07	0.00	0.00	0.00	0.00	0.00	0.00	0.15	0.00
	公共服务	0.01	0.00	0.00	0.00	0.00	0.00	0.00	0.04	0.00	0.00	0.23

表 5-18 **丹江口核心水源区(湖北段)竹山县 2015—2020 年地类转移情况** (单位：km^2)

“三生空间”	类型	生态空间				生产空间			生活空间			
		林地	草地	水域	其他	耕地	林园	工矿	城乡	交通	水利	公共服务
生态空间	林地	2794.54	3.30	0.02	0.04	4.29	0.18	2.85	1.83	1.03	0.00	0.01
	草地	2.51	240.01	0.13	0.01	5.64	0.31	1.00	1.66	0.51	0.06	0.03
	水域	0.03	0.13	57.05	0.01	0.05	0.00	0.05	0.11	0.02	0.02	0.00
	其他	0.09	0.13	0.06	3.98	0.01	0.00	0.01	0.03	0.03	0.00	0.00
生产空间	耕地	2.69	4.71	0.32	0.02	362.80	2.84	1.90	4.92	1.18	0.01	0.04
	林园	0.85	0.12	0.00	0.00	0.41	25.60	0.17	0.36	0.07	0.00	0.01
	工矿	0.35	0.74	0.01	0.00	0.13	0.00	2.57	1.41	0.32	0.00	0.00
生活空间	城乡	0.55	1.05	0.07	0.01	1.60	0.02	0.66	38.26	0.15	0.00	0.05
	交通	0.17	0.32	0.00	0.01	0.16	0.00	0.10	0.13	17.94	0.00	0.00
	水利	0.00	0.07	0.07	0.00	0.00	0.00	0.00	0.00	0.00	0.19	0.00
	公共服务	0.01	0.00	0.00	0.00	0.01	0.00	0.00	0.04	0.00	0.00	0.31

表 5-19 **丹江口核心水源区(湖北段)郧西县 2015—2020 年地类转移情况** (单位：km^2)

"三生空间"	类型	生态空间				生产空间			生活空间			
		林地	草地	水域	其他	耕地	林园	工矿	城乡	交通	水利	公共服务
生态空间	林地	2622.94	3.53	0.05	0.19	4.83	0.42	2.22	2.65	1.63	0.01	0.02
	草地	1.92	355.08	0.09	0.06	9.57	0.52	0.89	2.79	0.78	0.02	0.05
	水域	0.01	0.07	25.92	0.02	0.04	0.00	0.04	0.03	0.01	0.00	0.00
	其他	0.07	0.20	0.17	15.08	0.10	0.00	0.24	0.18	0.06	0.01	0.00
生产空间	耕地	2.85	3.04	0.17	0.04	360.83	1.19	1.15	4.25	1.20	0.00	0.11
	林园	1.13	0.19	0.00	0.01	2.27	15.09	0.03	0.31	0.05	0.00	0.00
	工矿	0.13	0.23	0.01	0.00	0.15	0.00	2.15	0.56	0.11	0.00	0.04
生活空间	城乡	0.52	0.63	0.03	0.01	1.18	0.01	0.36	37.00	0.14	0.01	0.06
	交通	0.11	0.07	0.00	0.02	0.09	0.01	0.04	0.05	17.56	0.00	0.00
	水利	0.00	0.01	0.00	0.00	0.00	0.00	0.00	0.01	0.00	0.16	0.00
	公共服务	0.00	0.00	0.00	0.00	0.00	0.00	0.00	0.02	0.00	0.00	0.19

(3)竹溪县、张湾区和茅箭区的地类相对较小，约为 70km^2，如表 5-14 所示。约 14km^2 林地和约 13km^2 草地的交变量在这些区域是相对较大的；耕地交变量只在竹溪县突出，约为 26.58km^2，但张湾区和茅箭区的约 12km^2 城乡用地和约 15km^2 工矿用地变化较为显著。从表 5-20、表 5-21 和表 5-22 可以发现，张湾区和茅箭区的林地和草地转入变化较小，林地主要来源为约 2km^2 林园；草地的转入来自约 2km^2 林地、约 3km^2 工矿用地。竹溪县的林地来自约 6km^2 草地、约 3km^2 耕地和林园，草地转入来自约 6km^2 林地、约 2km^2 耕地和工矿。

表 5-20 **丹江口核心水源区(湖北段)竹溪县 2015—2020 年地类转移情况** (单位：km^2)

"三生空间"	类型	生态空间				生产空间			生活空间			
		林地	草地	水域	其他	耕地	林园	工矿	城乡	交通	水利	公共服务
生态空间	林地	2645.41	5.84	0.12	0.19	9.24	1.07	2.00	1.40	1.35	0.01	0.01
	草地	6.53	196.35	0.13	0.04	13.46	1.68	0.69	0.87	0.46	0.02	0.02
	水域	0.01	0.04	33.88	0.01	0.05	0.00	0.02	0.01	0.02	0.00	
	其他	0.04	0.18	0.14	6.77	0.09	0.00	0.03	0.03	0.04	0.00	

续表

“三生空间”	类型	生态空间				生产空间			生活空间			
		林地	草地	水域	其他	耕地	林园	工矿	城乡	交通	水利	公共服务
生产空间	耕地	3.10	2.03	0.44	0.02	277.20	2.63	0.90	4.14	1.17	0.01	0.06
	林园	2.28	0.35	0.02	0.00	1.35	27.04	0.06	0.18	0.09		0.00
	工矿	0.43	1.83	0.05	0.01	0.42	0.04	1.73	1.20	0.23	0.00	0.03
生活空间	城乡	0.61	1.08	0.04	0.00	1.85	0.11	0.19	27.91	0.15	0.00	0.05
	交通	0.18	0.15	0.01	0.02	0.12	0.02	0.04	0.11	14.71	0.00	0.00
	水利		0.00			0.00		0.00	0.00	0.00	0.11	
	公共服务		0.00			0.00			0.02	0.00		0.15

表 5-21　**丹江口核心水源区(湖北段)张湾区 2015—2020 年地类转移情况**　(单位：km^2)

“三生空间”	类型	生态空间				生产空间			生活空间			
		林地	草地	水域	其他	耕地	林园	工矿	城乡	交通	水利	公共服务
生态空间	林地	511.29	2.99	0.13		1.00	0.59	3.97	1.46	0.78	0.00	0.03
	草地	0.81	19.41	0.92		0.58	0.12	1.45	1.91	0.22	0.00	0.04
	水域	0.01	0.06	8.53		0.01	0.00	0.06	0.01	0.00		0.00
	其他	0.01	0.07	0.14	0.49	0.00		0.00	0.00	0.00		
生产空间	耕地	0.90	0.86	0.08		25.47	0.83	0.81	0.71	0.25		0.01
	林园	3.34	0.38	0.02		0.38	14.61	0.44	0.25	0.09		0.00
	工矿	0.34	3.06	0.08		0.13	0.00	1.90	2.56	0.25	0.00	0.03
生活空间	城乡	0.54	2.57	0.01		0.41	0.08	1.55	27.03	0.23		0.07
	交通	0.12	0.12	0.00	0.00	0.03	0.01	0.08	0.08	9.74	0.00	0.00
	水利		0.00	0.01					0.00		0.06	
	公共服务	0.00	0.00			0.00		0.01	0.03	0.00		0.43

表 5-22　　丹江口核心水源区(湖北段)茅箭区 2015—2020 年地类转移情况　(单位：km²)

"三生空间"	类型	生态空间				生产空间			生活空间			
		林地	草地	水域	其他	耕地	林园	工矿	城乡	交通	水利	公共服务
生态空间	林地	430.89	1.90	0.03	0.01	0.49	0.11	3.31	1.66	0.41	0.00	0.01
	草地	0.85	12.86	0.20	0.00	0.37	0.11	1.00	1.52	0.23	0.00	0.04
	水域	0.01	0.03	2.19		0.01		0.02	0.01	0.01	0.00	
	其他	0.02	0.07	0.07	1.14	0.01		0.00	0.00	0.00		
生产空间	耕地	0.45	0.41	0.01	0.00	8.84	0.11	0.51	0.63	0.08	0.00	0.02
	林园	1.11	0.13	0.01	0.00	0.18	4.91	0.24	0.16	0.05	0.00	0.01
	工矿	0.87	5.47	0.02		0.08	0.00	4.26	4.93	0.98		0.13
生活空间	城乡	0.75	0.81	0.01		0.18	0.01	1.17	29.16	0.23	0.00	0.18
	交通	0.13	0.11	0.00	0.00	0.01	0.00	0.06	0.11	8.61		0.00
	水利		0.00	0.00					0.01		0.03	
	公共服务	0.01							0.02			0.43

(4)神农架林区地类的转移幅度轻微，约为 10km²，如表 5-14 所示，只有耕地的交变量较大，为 3.67km²，且是正向增加。从表 5-23 来看，耕地的转入主要来源于 3.2km² 草地。

表 5-23　　丹江口核心水源区(湖北段)神农架林区 2015—2020 年地类转移情况　(单位：km²)

"三生空间"	类型	生态空间				生产空间			生活空间			
		林地	草地	水域	其他	耕地	林园	工矿	城乡	交通	水利	公共服务
生态空间	林地	311.99	0.18		0.02	0.10	0.00	0.13	0.12	0.04		
	草地	0.04	9.74	0.01	0.00	3.16		0.19	0.08	0.02		
	水域	0.00	0.00	1.99		0.04		0.00				
	其他	0.00	0.00		0.82				0.01	0.00		
生产空间	耕地	0.02	0.06			6.58	0.00	0.14	0.10	0.00		
	林园	0.00				0.00	0.28	0.01	0.00	0.00		
	工矿	0.00	0.01	0.00	0.00			0.12	0.13	0.02		
生活空间	城乡	0.03	0.08	0.01	0.01	0.04		0.03	0.89	0.02		0.00
	交通	0.01	0.01	0.00	0.00	0.00	0.00	0.01	0.01	0.80		
	水利										0.00	
	公共服务											0.01

5.2.8 “三生空间”变化影响

1. 生产生活用空间有所扩张，生态空间受到挤压

由表5-24可知，1km岸线内三生用地总面积为7728.01km²，以生态用地为主稳定在83%左右，生产空间次之13%左右，生活空间最小3%左右。2015—2020年用地类型变化趋势是生产生活用空间有所扩张，生态空间受到挤压：林地减小幅度最大，为21.01km²；耕地、草地和林园的减少面积为6km²左右；其他用地和水利用地面积减少最小，分别为2.08km²和0.06km²。而城乡用地增加幅度最大，为21.88km²；交通和水域分别增加9.61km²和7.00km²；工矿和公共服务增加面积最小，分别为2.42km²和0.75km²，如表5-25所示。

表5-24 **丹江口核心水源区(湖北段)河流1km缓冲区2015—2020年“三生空间”面积及占比**

类别	2015年		2020年		变化量
	面积(km²)	所占比例(%)	面积(km²)	所占比例(%)	面积(km²)
生态空间	6431.96	83.23%	6409.87	82.94%	-22.09
生产空间	1064.73	13.78%	1054.63	13.65%	-10.10
生活空间	231.32	2.99%	263.51	3.41%	32.19

表5-25 **丹江口核心水源区(湖北段)河流1km缓冲区2015—2020年地类变化情况**

(单位：km²)

地类	林地	草地	水域	其他	耕地	林园	工矿	城乡	交通	水利	公共服务
变化面积	-21.01	-5.99	6.99	-2.08	-6.59	-5.93	2.42	21.88	9.61	-0.06	0.75

2. 用地类型变化不利水质保护，风险因素增多

根据流域用地类型转移矩阵表和用地类型变化(表5-26)可以看出，从2015—2020年5年间用地类型交变量总量为473.19km²，占流域总面积的6.12%。用地类型人工地表化问题凸显，变化不利于水质保护，潜在污染风险因素增多。林地、草地和耕地变化剧烈，城乡和交通用地增加明显。发生变化较大的是耕地105.74km²、林地100.94km²和草地90.56km²；其次是城乡用地58.34km²、工矿用地47.30km²和林园用地36.75km²；交通、水域和其他用地较小，为15.58km²、10.59km²和5.50km²；水利用地和公共服务用地最小，为1.29km²和0.60km²。对比净变量，耕地、林地和草地不仅在面积上发生较大的数量变化100km²左右，同时也有较大比例(80%)发生了空间位置转移，且主要表现为面积的净增长20km²左右。城乡用地的总变化量58.34km²中，有37.93%发生了空间位置的

转移，整体表现为增长 21.88km²。而水域 10.59km² 和交通 15.58km² 的总变化量中，65%表现为空间位置转移。工矿用地总变化 47.30km²，虽然较大，但仅有 5.2%表现为空间位置转移。综合来看，生态空间中的林地草地和生产空间中的耕地以交变量为主，而生活空间中的城乡、交通和生产空间中的工矿用地均以净变量为主。

表 5-26　　**丹江口核心水源区(湖北段)河流 1km 缓冲区 2015—2020 年“三生空间”转移情况**　　(单位：km²)

“三生空间”	类型	生态空间				生产空间			生活空间			
		林地	草地	水域	其他	耕地	林园	工矿	城乡	交通	水利	公共服务
生态空间	林地	5301.23	15.2	1.8	0.91	17.38	2.82	10.12	8.79	3.97	0.02	0.06
	草地	10.02	518.89	2.58	0.32	18.61	3.37	4.38	6.97	1.75	0.12	0.16
	水域	0.16	0.58	461.09	0.12	0.24	0	0.33	0.21	0.1	0.06	0
	其他	0.29	1.06	1.02	35.91	0.35	0	0.42	0.4	0.23	0.02	0
生产空间	耕地	12.4	9.11	2.07	0.17	845.95	8.56	5.56	14.91	3.13	0.02	0.25
	林园	10.9	1.87	0.09	0.02	5.35	109.14	1.13	1.52	0.43	0	0.02
	工矿	2.52	8.37	0.56	0.03	1.8	0.26	9.69	6.62	2.1	0.01	0.18
生活空间	城乡	2.96	5.24	0.5	0.06	5.35	0.36	2.63	145.22	0.88	0.02	0.34
	交通	0.69	0.87	0.08	0.07	0.48	0.05	0.27	0.47	61.84	0.01	0.01
	水利	0	0.16	0.1	0	0.01	0	0	0.05	0.01	0.83	0
	公共服务	0.04	0.02	0	0	0.01	0	0.01	0.18	0	0	1.62

如表 5-25 和表 5-26 所示，2015—2020 年林地面积减小幅度较大，为 21.01km²，在此时间段内林地的总转出远大于总转入。林地转为其他用地的总面积为 60.98km²，位居 11 种地类首位，主要流入耕地 17.38km²、草地 15.20km²、工矿 10.12km² 和城乡用地 8.79km²；其他用地转为林地的面积为 39.97km²，主要来源于耕地 12.40km²、林园 10.90km² 和草地 10.02km²。由此得出，林地与耕地、草地的空间互转面积较大。

2015—2020 年草地面积减少 5.99km²，草地的转出略大于转入。草地转为其他用地的面积为 48.28km²，主要流入耕地 18.61km²、林地 10.02km²、城乡 6.97km² 和工矿用地 4.38km²；其他用地转入草地的面积为 42.29km²，主要来自林地 15.20km²、耕地 9.11km²、工矿 8.37km² 和城乡 5.24km²。

2015—2020 年耕地减少 6.59km²，耕地的转出略大于转入。耕地转为其他用地的面积为 56.13km²，主要流入林地 12.40km²、草地 9.11km²、林园 8.56km² 和城乡用地

14.91km²；其他用地转为耕地的面积为49.58km²，主要来源于草地18.61km²、林地17.38km²、林园5.35km²和城乡5.35km²。值得注意的是，在2015—2020年耕地的空间转移量为105.74，是11种地类中变化量最大的。

2015—2020年城乡用地大幅度增加21.88km²，城乡用地的转入远大于转出。城乡用地转为其他用地的面积为18.23km²，主要流入草地5.24km²、耕地5.35km²、林地2.96km²和工矿用地2.63km²；其他用地转为城乡用地的面积为40.19km²，主要来源于耕地14.91km²、林地8.78km²、草地6.97km²和工矿用地6.62km²。

2015—2020年工矿用地增加2.42km²，工矿用地的转入远大于转出。工矿用地转为其他用地的面积为22.44km²，主要流入草地8.37km²、城乡用地6.62km²、林地2.52km²和交通用地2.10km²；其他用地转为工矿用地的面积为24.86km²，主要来源于林地10.12km²、耕地5.56km²和草地4.38km²。

2015—2020年林园减少5.93km²，林园的转出远大于转入。林园转为其他用地的面积为21.34km²，主要流入林地10.90km²和耕地5.35km²；其他用地转为林园的面积为15.41km²，主要来源于耕地8.56km²、草地3.37km²和林地2.82km²。

2015—2020年交通用地增加9.61km²，交通的转入大于转出。交通用地转为其他用地的面积为2.98km²，主要流入草地0.87km²、林地0.69km²、耕地0.48km²和城乡用地0.47km²；其他用地转为交通用地的面积为12.60km²，主要来源于林地3.97km²、耕地3.13km²、工矿用地2.10km²和草地1.75km²。

2015—2020年水域增加6.99km²，水域的转入大于转出。水域转为其他用地的面积为1.80km²，主要流入草地0.58km²、工矿用地0.33km²、耕地0.24km²和城乡用地0.21km²；其他用地转为水域的面积为8.79km²，主要来源于草地2.58km²、耕地2.07km²和林地1.80km²。

而水利、公共服务和其他用地在2015—2020年变化微小，分别为-0.06km²、0.75km²和-2.08km²。这三种地类空间转移幅度也很小，影响可以忽略。

综上而言，林地、草地和耕地之间的转换较为强烈，其次是这三类用地与城乡用地和交通用地之间的转换，其他用地之间的转换强度较小。

5.3 国土空间景观变化

5.3.1 景观类型变化

1. 自然地表景观类型水平优于人工地表，但变化情况存在差异

不同景观格局指数反映不同地类的优势指标特征，自然地表景观类型水平优于人工地表，但自然地表景观类型水平有所下降，人工地表景观水平不断优化。根据6类景观格局指数显示表5-27，2015年，2020年均以林地作为优势斑块，景观格局构成无明显变化。

但值得注意的是 LPI、MPS、PLAND 和 SHAPE_AM 指数显示，林地与其他地类在这方面的指数差异较大，出现这种情况的原因与这几个指标面积的大小有关，林地面积占区域总面积的 75%，导致其他地类的面积小且差异较大，所以林地在这几个指数方面与其他地类的差异较大。

表 5-27　**2015—2020 年丹江口核心水源区(湖北段)土地利用景观类型水平指数**

年份	"三生空间"	景观类型	景观类型水平指数					
			NP	LPI	MPS	PLAND	SHAPE_AM	COHESION
2015	生态空间	林地	33214	5. 6402	16. 2472	69. 4329	26. 5537	99. 7322
		草地	112579	0. 0242	0. 5063	7. 3341	2. 813	86. 3737
		水域	15145	3. 8292	3. 0643	5. 9713	22. 2801	99. 6549
		其他	12101	0. 009	0. 3292	0. 5126	2. 7731	82. 3242
	生产空间	耕地	66493	0. 1955	1. 3623	11. 6551	5. 5719	95. 0562
		林园	10291	0. 0196	1. 275	1. 6882	2. 8432	91. 3444
		工矿	2066	0. 017	1. 5629	0. 4155	2. 6371	91. 6435
	生活空间	城乡	64724	0. 0602	0. 2536	2. 1118	3. 7697	88. 4667
		交通	80777	0. 0211	0. 0808	0. 8393	3. 4397	77. 3135
		水利	290	0. 0017	0. 3989	0. 0149	2. 1412	82. 3133
		公共服务	346	0. 0005	0. 5458	0. 0243	1. 4059	76. 8108
2020	生态空间	林地	34064	5. 3754	15. 781	69. 1657	23. 8199	99. 697
		草地	112356	0. 0243	0. 5018	7. 2547	2. 7545	85. 9792
		水域	15141	3. 8735	3. 1113	6. 0612	22. 4907	99. 6594
		其他	11691	0. 0091	0. 323	0. 4859	2. 722	81. 7136
	生产空间	耕地	66109	0. 0997	1. 3605	11. 5727	5. 0027	94. 4691
		林园	8895	0. 0286	1. 4074	1. 6107	2. 9269	91. 8007
		工矿	3052	0. 0118	1. 1367	0. 4464	2. 5161	89. 2015
	生活空间	城乡	64707	0. 0293	0. 2873	2. 3921	3. 5729	88. 314
		交通	90289	0. 0211	0. 0829	0. 9625	3. 4709	77. 6062
		水利	366	0. 0024	0. 3003	0. 0141	2. 3564	80. 3912
		公共服务	478	0. 0005	0. 5536	0. 034	1. 3832	76. 9658

1)景观破碎度增加

NP 指数斑块数量，反映景观破碎度。人工地表斑块数量变化显著且优化配置，自然地表斑块数量基本不变。从景观类型斑块数目变化来看，水利和公共服务用地虽斑块面积最小，但增加幅度却最大，其斑块数目从 416 个和 478 个增加到 585 个和 691 个，增加了近 40%，景观破碎度上浮剧烈；工矿用地斑块数量增加 986 个，但相邻工矿景观之间距离较远，使其景观破碎度变化相对较大；林园、耕地和其他用地的变化则与之相反，斑块数目逐年减少，景观破碎度随之降低；城乡用地的斑块数目与其面积变化相反，虽保持着稳定扩张的趋势，但小斑块之间逐渐整合，数目有所下降，景观破碎度总体呈下降趋势；交通用地面积虽然较小为 150km^2 左右，占区域总面积的 0.7%，但各期斑块数目虽均在 30 万之上，斑块数量 2015 年比 2020 年增加最多达 37400 多个，因此景观破碎度非常高；林地斑块数量增加 1900 余个，增幅位居第二，但由于林地面积在研究区域最大，同时由于面积大的斑块数量也在增加，所以景观破碎度整体呈上升趋势。对于水域而言，斑块数量和变化量均处于中等水平，所以景观破碎度没有较大的波动；草地虽斑块数目位居第二，但变化不大，所以景观破碎度变化不明显。

2)景观优势度整体下降，部分地类有所上升

LPI 指数最大斑块占同类型面积的比例，反映了景观中的优势特征。生态空间中的草地、水域这两类的指数呈增加趋势，说明生态修复效果显著，空间聚集性增强，斑块破碎度减小。生产空间中的林园 LPI 指数的增加，说明林园种植逐渐向规模集聚发展，大片种植可以减少生产成本，提高收益；耕地的减小，一方面，说明耕地种植规模连片性不强；另一方面，反映出人类开发活动对耕地的干扰较大。生活空间中的城乡建设用地的 LPI 指数出现减小趋势，反映出城镇化建设对较大规模的建设工程减少，或者是城乡建设用地扩张面积较大。

3)景观整体出现规模集聚发展，生态用地略有分散化发展

MPS 指数平均斑块面积，反映景观的破碎度。生产空间的林园斑块平均面积增加，说明在土地流转政策引导下正在发展规模性种植；工矿用地 MPS 指数的下降，有前面分析工矿用地面积呈减小趋势及中心城区外迁情况，说明工矿用地呈小规模、分散化布局。生活空间的城乡、交通和公共服务用地的斑块平均面积增加，说明城市集聚发展，公共服务配套设施加快建设。生态空间地类的斑块平均面积呈减小趋势，主要是由人类对地表覆盖的干扰度加强，景观结构破碎，斑块数量的增加导致。

4)景观形状整体趋于优化，但水域和交通趋于复杂化

从 SHAPE_AM 指数斑块形状复杂度的变化来看，水域分布通常是不规则的，使斑块形状指数明显高于其他景观类型。交通对景观格局线性切割作用通常会导致沿线斑块形状复杂化。此外，斑块形状指数下降的为林地、城乡、林园和水利用地，随经济发展的强烈需求，不断被整合开发，发展呈现集聚规模化，斑块形状指数下降。

5)景观集聚指数差距缩小，内部连通性增强

如表 5-27 所示，聚集度指数(COHESION)反映相邻斑块间的空间连接性，研究区的聚集度整体较好，且不同地类的聚集差异较小，说明空间连接性增强，空间连通性好。生活空间中的地类聚集整体小于其他空间地类的聚集性，但 2015—2020 年生活空间地类的

聚集性呈增加趋势。生态空间和生产空间的地类聚集性虽然较大，但呈现出小幅度的下降趋势。

2. 自然地表生态修复取得成效，人工地表向优发展

(1)林地各类指数较大，说明斑块面积呈极化现象分布。

林地为第一大优势斑块，面积占比为75.51%，除了斑块数量外，其他5类景观指数均是最显著的，且远高于其他地类。说明该斑块被其他斑块分割明显，斑块粒径大，景观破碎度小，是连接其他斑块的主要要素，这可能有利于林地生态和景观功能的发挥。

(2)耕地各类指数逐渐变好，说明耕地种植向集中规模化发展。

耕地作为重要生产空间之一，属于第二大优势斑块，面积占比10.00%。2015—2020年斑块数量减少908个，最大斑块占比减小2.5%，斑块平均大小增加16%，同时斑块形状指数下降64%。斑块粒径减小，密度上升，形状复杂度下降，表明整治修复后耕地破碎度得到提升，斑块结构变得复杂，斑块以块状整体集中分布，反映出土地复耕、土地流转政策取得初步成效。

(3)草地各类景观指数下降，增加了景观的服务价值。

草地斑块为第三大优势斑块，占比为6.76%，对比2015年NP值小幅上升，LPI、MPS、PLAND、SHAPE_AM指数呈现下降趋势，分别为0.002、0.008、0.096、0.119。草地覆盖面积显著提高，斑块零散呈组团式分布，丰富了植被层次、稳定了群落结构。

(4)水域各类景观指数均表现较好，说明岸线整治、连通性修复效果明显。

水域斑块为第四优势斑块，面积占比为2.76%，其显著特征是斑块聚集性最高(99.83)，斑块整体性高，空间连通性好，有利于能量和物质流动。对比2015年水域斑块数量(NP)和最大斑块占比(LPI)增加，斑块形状指数(SHAPE_AM)和斑块平均面积(MPS)小幅下降。说明密度上升，形状变规则，同时以河流、浅塘、潮沟等水域形式，有利于形成复合湿地生态净化系统。

(5)城乡、交通、公服景观指数较小，反映这些用地数量较多、布局分散，可达性较好。

城乡占比为1.62%、交通、公共服务斑块占比分别不到0.01%。城乡、交通的斑块数量(NP)显著高于其他类型，但LPI、MPS、PLAND、SHAPE_AM指数相对较低，表明该斑块与其他斑块连接性较好，边缘效应不明显，可以更好地满足居民交通、休憩和生活的需求；公共服务斑块各类指数均相对较低，表明斑块体量小巧，形状相对规则，位置分散，有利于扩大其服务半径，满足居民的日常生活需求。

5.3.2 景观水平变化

斑块集聚发展的同时，开放性、蔓延性、多样性逐步加强。如表5-28所示，从边缘密度(ED)是不同景观类型斑块进行物质能力交流不可或缺的通道，由2015年的138.20到2020年的139.97边缘密度逐渐增加，说明斑块之间的开放性逐渐增强。蔓延度指数(CONTAG)能够反映景观中不同斑块类型的聚集程度和延展趋势。蔓延度指数由2015年的65.78下降到2020年的65.37，说明景观是具有多种要素的密集格局，景观破碎度有所

提升(景观连通性降低,优势斑块逐渐不明显,景观趋于破碎化)。多样性指数方面,2015—2020年香农多样性指数(SHDI)和香农均匀度指数(SHEI)总体呈现缓慢增长趋势,均增加0.01,表明区域的景观多样指数上升,各景观类型分布趋于均匀化,比例结构趋于平稳化。

表5-28　**2015—2020年丹江口核心水源区(湖北段)土地利用景观水平指数统计表**

年份	景观水平指数			
	ED	CONTAG	SHDI	SHEI
2015	138.20	65.78	1.11	0.46
2020	139.97	65.37	1.12	0.47

第6章　生态脆弱性分析

6.1　分析方法

生态环境是人类赖以生存生活的基本环境条件，而随着近些年现代经济社会的快速城市化和工业化，植被破坏、水土流失、建设用地扩张过快等生态问题已经在一定程度上制约了区域经济社会的可持续发展。为真正实现自然资源可持续性的均衡发展，政府在明确规划开发用地与促进经济发展两大方向的决策的同时，更多地要将自然生态环境保护的需求纳入其中。生态脆弱性是指在特定的时间和空间尺度下，生态系统对外界干扰的抵抗能力以及受到影响之后的恢复能力，是生态系统原有的自然属性与人类活动共同作用的结果。对丹江口核心水源区(湖北段)进行生态脆弱性的评价，有利于全面分析水源区现阶段生态保护工作所取得的成效和存在的问题，同时针对不同等级脆弱性的不同区域提出因地制宜的措施建议，能够更有效地进行生态保护和生态恢复工作，实现可持续发展，满足生态文明建设的需求。

本章遵循科学性、可操作性、系统性和主导性的基本原则，结合生态环境的现状和存在的问题，构建了“生态敏感性-生态恢复力-生态压力度”的指标模型体系(Pressure-Ecological Sensitivity-Ecological Recovery-Ecological Pressure-Ecological Model，SRP 模型)。本次工作甄选了高程、坡度、土壤侵蚀强度、用地类型、景观破碎度、石漠化缓冲区、年均降水量、年均气温、生物丰度、归一化植被指数、水网密度、人口密度、耕地占比、路网密度、人均 GDP、露天采矿用地缓冲区。其中生态敏感性评价因子是从地形、地表和气象三个层面来进行评价的；生态恢复力则是从生态活力、植被因子和水体因子三个层面来表征的；生态压力度则是由人口活动压力、交通活动压力、经济活动压力、采矿活动压力四种压力进行评价的。

6.1.1　生态脆弱性评价指标体系

遵循生态脆弱性评价指标体系的构建原则，综合丹江口核心水源区(湖北段)生态脆弱性的主要成因和现状，构建了“生态敏感性-生态恢复力-生态压力度”的指标模型体系，选取了高程、坡度、土壤侵蚀强度、用地类型、景观破碎度、年均气温、年降水量、石漠化、露天采矿用地、生物丰度、归一化植被指数、水网密度、人口密度、农作物播种面积、路网密度、人均 GDP 等 16 个指标构建了评价指标体系，具体如表 6-1 所示。

表 6-1　　丹江口核心水源区(湖北段)生态脆弱性评价指标体系

目标层	准则层	指标层	属性
生态敏感性 Ecological Sensitivity	地形因子	高程	正向
		坡度	正向
	地表因子	土壤侵蚀强度	定性
		用地类型	定性
		景观破碎度	正向
		石漠化	定性
	气象因子	年均降水量	负向
		年均气温	负向
生态恢复力 Ecological Recovery	生态活力	生物丰度	正向
	植被因子	归一化植被指数	负向
	水体因子	水网密度	负向
生态压力度 Ecological Pressure	人口活动压力	人口密度	正向
		耕地占比	正向
	交通活动压力	路网密度	正向
	经济活动压力	人均 GDP	正向
	采矿活动压力	露天采矿用地	定性

6.1.2　生态敏感性分析

从地形因子、气象因子、地表因子三方面选取指标。气象因子中，选择 2015 年和 2020 年项目区各市县区年均气温、年均降水量。地形因子中，选取高程和坡度作为指示地形因素的评价指标。地表因子中，选取景观破碎度指标来反映用地类型的变化，土壤侵蚀强度指标反映工作区水土流失特征，石漠化范围反映土地退化特征。

1. 地形因子提取

根据项目区数字高程模型(DEM)，依托 ArcGIS 软件 Spatial Analyst 模块的 Slope 工具，分别计算坡度。并利用重分类功能分别对坡度、高程进行重分类，得到地形因子的分类成果。其中，依据《土壤侵蚀潜在危险度评级标准》(SL 190—2007)，将坡度划分为 6 个等级：0~5°为平坡、5°~8°为缓坡、8°~15°为斜坡、15°~25°为陡坡、25°~35°为急坡、35°~90°为险坡。

高程划分为 5 个等级：0~100m、100~200m、200~500m、500~1000m、>1000m。

2. 气象因子提取

结合各区县气象站点位置数据，可以获取 8 个气象样本点的年均降水量和年均气温数据，分别对 8 个气象样本点的年均降水量和年均气温数据进行插值处理，即可得到项目区域范围内的年均降水量和年均气温的分布情况。

3. 地表因子提取

地表因子主要包括土壤侵蚀强度、用地类型、景观破碎度和石漠化范围。将 2015 年地理国情普查数据、2020 年地理国情监测数据转换成对应的用地类型：耕地、林地、草地、水域、建设用地和未利用地六大类(见表 6-2)，统计其斑块数量、面积，导入 Fragstats4. 2 计算景观破碎指数。

表 6-2　**地理国情分类转至用地类型分类标准**

地理国情分类标准		用地类别对应关系		
代码	名　称	编码	用地名称	六大类
0120	种植土地-水田	1	耕地	耕地
0110	种植土地-旱地			
0131	种植土地-果园-乔灌果园	2	园地	林地
0132	种植土地-果园-藤本果园			
0140	种植土地-茶园			
0180	种植土地-花圃			
0150	种植土地-桑园			
0191	种植土地-其他经济苗木-其他乔灌经济苗木			
0192	种植土地-其他经济苗木-其他藤本经济苗木			
0193	种植土地-其他经济苗木-其他草本经济苗木			
0311	林草覆盖-乔木林-阔叶林	3	林地	
0312	林草覆盖-乔木林-针叶林			
0313	林草覆盖-乔木林-针阔混交林			
0340	林草覆盖-竹林			
0321	林草覆盖-灌木林-阔叶灌木林			
0322	林草覆盖-灌木林-针叶灌木林			
0323	林草覆盖-灌木林-针阔混交灌木林			
0360	林草覆盖-绿化林地			
0170	林草覆盖-苗圃			
0330	林草覆盖-乔灌混合林			
0370	林草覆盖-人工幼林			
0350	林草覆盖-疏林			

续表

地理国情分类标准		用地类别对应关系		
代码	名　称	编码	用地名称	六大类
0391	林草覆盖-天然草被-高覆盖度草被	4	草地	草地
0392	林草覆盖-天然草被-中覆盖度草被			
0393	林草覆盖-天然草被-低覆盖度草被			
03A1	林草覆盖-人工草被-人工牧草			
03A2	林草覆盖-人工草被-绿化草被			
03A4	林草覆盖-人工草被-护坡灌草			
03A9	林草覆盖-人工草被-其他人工草被			
03B1	林草覆盖-其他草被-荒地草被			
03B2	林草覆盖-其他草被-工地草被			
0821	人工堆掘地-堆弃物-尾矿堆弃物	6	工矿仓储用地	建设用地
0814	人工堆掘地-露天采掘场-露天采石场			
0811	人工堆掘地-露天采掘场-露天煤矿采掘场			
0812	人工堆掘地-露天采掘场-露天铁矿采掘场			
0819	人工堆掘地-露天采掘场-其他采掘场			
0712	构筑物-硬化地表-露天体育场	8	公共管理与公共服务用地	
0711	构筑物-硬化地表-广场			
0601	除铁路以外的其他道路	10	交通运输用地	
0610	铁路			
0714	构筑物-硬化地表-停机坪与跑道			
1001	除水渠以外的其他水域	11	水域及水利设施用地	水域
1010	水渠			
0721	构筑物-水工设施-堤坝			建设用地
0831	人工堆掘地-建筑工地-拆迁待建工地	12	其他土地	建设用地
0832	人工堆掘地-建筑工地-房屋建筑工地			
0833	人工堆掘地-建筑工地-道路建筑工地			
0839	人工堆掘地-建筑工地-其他建筑工地			
0940	荒漠与裸露地-砾石地表			未利用地
0920	荒漠与裸露地-泥土地表			
0930	荒漠与裸露地-沙质地表			
0950	荒漠与裸露地-岩石地表			
0716	构筑物-硬化地表-场院			耕地
0750	构筑物-温室、大棚			
0718	构筑物-硬化地表-碾压踩踏地表			

续表

地理国情分类标准		用地类别对应关系		
代码	名　称	编码	用地名称	六大类
0544	房屋建筑(区)-多层及以上独立房屋建筑-超高层独立房屋建筑	20	城镇村及工矿用地	建设用地
0511	房屋建筑(区)-多层及以上房屋建筑区-高密度多层及以上房屋建筑区			
0512	房屋建筑(区)-多层及以上房屋建筑区-低密度多层及以上房屋建筑区			
0521	房屋建筑(区)-低矮房屋建筑区-高密度低矮房屋建筑区			
0522	房屋建筑(区)-低矮房屋建筑区-低密度低矮房屋建筑区			
0530	房屋建筑(区)-废弃房屋建筑区			
0540	房屋建筑(区)-多层及以上独立房屋建筑			
0541	房屋建筑(区)-多层及以上独立房屋建筑-多层独立房屋建筑			
0542	房屋建筑(区)-多层及以上独立房屋建筑-中高层独立房屋建筑			
0543	房屋建筑(区)-多层及以上独立房屋建筑-高层独立房屋建筑			
0550	房屋建筑(区)-低矮独立房屋建筑			
0739	构筑物-城墙			
0770	构筑物-工业设施			
0761	构筑物-固化池-游泳池			
0762	构筑物-固化池-污水处理池			
0763	构筑物-固化池-其他固化池			
0713	构筑物-硬化地表-露天停车场			
0717	构筑物-硬化地表-露天堆放场			
0719	构筑物-硬化地表-其他硬化地表			
0790	构筑物-其他构筑物			
0715	构筑物-硬化地表-硬化护坡			
0822	人工堆掘地-堆弃物-垃圾堆弃物			
0829	人工堆掘地-堆弃物-其他堆弃物			
0890	人工堆掘地-其他人工堆掘地			

(1)土壤侵蚀强度：根据中国科学院资源环境科学数据中心获取土壤侵蚀强度数据。根据《土壤侵蚀分类分级标准》的总体要求，项目区土壤侵蚀强度分为微度、轻度、中度、强度、极强度五个等级。

(2)用地类型：项目区用地类型分为林地、水域、草地、耕地、建设用地、未利用土地六大类。

(3)景观破碎指数：根据项目区六类用地类型，参照上述公式(5-6)，计算各用地类型的斑块破碎程度，范围为[0，1]。

(4)石漠化范围：根据2015年和2020年地理国情监测数据分别提取各市县区石漠化范围界线，建立100m、200m、300m、500m缓冲区。

6.1.3 生态恢复力分析

依据生物丰度指标来反映生态活力状况，选取生态活力、植被因子、水体因子三个指标来反映植被的生长状况和生态恢复能力，即对工作区环境变化的抗干扰能力和缓冲能力。

1. 生态活力

根据2015年和2020年项目区用地类型数据，分别统计各市县区耕地、林地、草地、水域、建设用地和未利用地的面积和行政区面积，计算生物丰度。

生物丰度可以有效反映一个地区物种的丰富程度，计算公式如下：

$$\text{生物丰度指数}=(0.11\times\text{耕地面积}+0.35\times\text{林地面积}+0.21\times\text{草地面积}+0.28\times\text{水域面积}+0.04\times\text{建设用地}+0.01\times\text{未利用地})/\text{区域面积} \tag{6-1}$$

2. 植被因子

通过计算归一化植被指数NDVI对区域植被覆盖度开展估算。

根据2015年和2020年Landsat8 OLI遥感数据，依托ENVI软件Band math工具，计算归一化植被指数NDVI(Normalized Difference Vegetation Index)。NDVI计算公式如下：

$$\text{NDVI}=(\text{NIR}-\text{R})/(\text{NIR}+\text{R}) \tag{6-2}$$

项目采用Landsat OLI数据作为源数据，按下式计算NDVI：

$$\text{NDVI}=(b_5-b_4)/(b_5+b_4) \tag{6-3}$$

式中，NIR、b_5是近红外波段反射率，R、b_4是红光波段反射率，NDVI取值范围在(-1，1)。

3. 水体因子——水网密度

利用2015年和2020年地理国情数据中的水域矢量数据和基于DEM数据提取的水网，运用ArcGIS中的线密度分析工具，计算每个输出栅格像元邻域内的线状要素的密度，得到丹江口核心水源区(湖北段)流域内水网密度栅格数据的分布情况。

6.1.4 生态压力度分析

生态压力评价旨在评价人类活动和经济活动对生态环境带来的压力。本项目选取人口密度、农作物耕地占比指标来反映人为活动强度对生态环境的影响。交通活动压力和经济活动压力是生态脆弱性的潜在因子，反映了工作区经济发展水平，并在一定程度上反映出政府对生态建设和生态保护的资金投入情况。

1. 人类活动压力

利用 2015 年和 2020 年项目区各市县区总人口和农作物耕种面积数据，计算人口密度、耕地占比。

1）人口密度

统计年鉴中记录的人口数据即为常住人口数据，因此人口数据的空间化可以基于居民建筑物来进行。首先根据地理国情数据中的居民建筑物数据，能够获取到居民建筑物投影到地面的占地面积以及建筑物的楼层数，由于一栋建筑物能够承载的居民人数与其占地面积和楼层数量有关，因此建立有效居住面积的概念，如式：

$$\mathrm{Area}Ef_j = \mathrm{Area}Cv_j \times \mathrm{Floor}_j \tag{6-4}$$

式中，j 表示第 j 栋居民建筑物；$\mathrm{Area}Ef_j$ 表示第 j 栋居民建筑物的有效居住面积；$\mathrm{Area}Cv_j$ 表示第 j 栋居民建筑物投影到地面的占地面积；Floor_j 表示第 j 栋建筑物的楼层数。

得到每栋居民建筑物的有效居住面积后，在 ArcGIS 中利用工作区范围内各市县区的行政边界数据，按市县区为单位统计出每个市县区的总有效居住面积。按照如式(6-5)，计算每栋居民建筑物的有效居住面积在整个区县内总有效居住面积中的占比：

$$\mathrm{Area}EfD_{jk} = \mathrm{Area}Ef_{jk}/\mathrm{SumArea}Ef_k \tag{6-5}$$

式中，j 表示第 j 栋居民建筑物；k 表示第 k 个行政区，共有 9 个行政区；$\mathrm{Area}EfD_{jk}$ 表示第 k 个行政区中第 j 栋居民建筑物的有效居住面积占其所在行政区内总有效居住面积的比例；$\mathrm{Area}Ef_{jk}$ 表示第 k 个行政区中第 j 栋居民建筑物的有效居住面积；$\mathrm{SumArea}Ef_k$ 表示第 k 个行政区内总有效居住面积。

进一步将市县区总人数按照有效居住面积占比进行分配，得到每栋居民建筑物的居民人数，公式如下：

$$\mathrm{PeoNum}_{jk} = \mathrm{Area}EfD_{jk} \times \mathrm{Num}_k \tag{6-6}$$

式中，j 表示第 j 栋居民建筑物；k 表示第 k 个行政区，共有 9 个行政区；PeoNum_{jk} 表示第 k 个行政区第 j 栋建筑物中的人口数量；$\mathrm{Area}EfD_{jk}$ 表示第 k 个行政区中第 j 栋居民建筑物的有效居住面积占其所在行政区内总有效居住面积的比例；Num_k 表示第 k 个行政区域的总人数。最终得到区域范围内每栋居民建筑物内的人口数量。

在 ArcGIS 软件中，利用已经建立的最佳的地理格网，对每个单元格中建筑物内的人口数量进行统计，得到每个单元格范围内的总人口数量。根据式(6-7)即可计算出每个单元格所对应的人口密度：

$$\mathrm{PD}_i = N_i/\mathrm{Area}_i \tag{6-7}$$

式中，i 表示第 i 个单元格；PD_i 表示第 i 个单元格对应的人口密度；N_i 表示第 i 个的单元格内的人口总数；Area_i 表示每个单元格的面积。由此即可计算出每个单元格的人口密度，进而将格网按照人口密度数据转换为栅格数据。

2）农作物耕地占比

将 2015 年和 2020 年地理国情数据中的耕地矢量数据提取出，按照在 ArcGIS 中创建的地理格网对耕地矢量数据进行切割，利用几何计算器计算每一块被切割的耕地的面积，进行统计即可得到每个格网中耕地的总面积，如式：

$$FD_i = AreaF_i / Area_i \tag{6-8}$$

式中，i 表示第 i 个单元格，FD_i 表示第 i 个单元格所对应的耕地占比，$Area_i F_i$ 表示第 i 个单元格内耕地总面积，$Area_i$ 表示每个单元格的面积。即可计算出每一个单元格内的耕地占比，最后将格网按照耕地占比转换为栅格数据。

2. 交通活动压力——路网密度

交通活动压力主要通过提取路网密度来实现。将 2015 年和 2020 年地理国情数据中的道路矢量提取出，按照在 ArcGIS 中创建的最佳地理格网对路网矢量数据进行切割，利用几何计算器计算每一段被切割的道路的长度，进行统计即可得到每个格网中道路的总长度，根据公式：

$$MD_i = D_i / Area_i \tag{6-9}$$

式中，i 表示第 i 个单元格，MD_i 表示第 i 个单元格所对应的道路密度，D_i 表示第 i 个单元格内道路的总长度，$Area_i$ 表示每个单元格的面积。即可计算出项目区范围内每个地理格网中每一个单元格所对应的道路密度，最后将格网按照道路密度数据转换为栅格数据。

3. 经济活动压力

经济活动压力通过对人均 GDP 的空间化来实现。从统计年鉴中可以得到每一个市县区的人均 GDP 数据，由于每一个区域的 GDP 国内生产总值是由人民创造的，人口数量多的区域能够创造的经济价值就更高，因此可以在人口数量分布的基础上来进行 GDP 数据的空间化。如下式所示：

$$GDP_{jk} = PeoNum_{jk} \times GDPper_k \tag{6-10}$$

式中，j 表示第 j 栋居民建筑物；k 表示第 k 个行政区，共有 9 个行政区；GDP_{jk} 表示第 k 个行政区第 j 栋建筑物中的人口所拥有的 GDP 总值；$PeoNum_{jk}$ 表示第 k 个行政区第 j 栋建筑物中的人口数量；$GDPper_k$ 表示第 k 个行政区的人均 GDP。

由此可以计算出每栋建筑物中的人口拥有的 GDP 总值，通过已经建立的地理格网，对每个单元格中建筑物内的 GDP 进行统计，得到每个单元格范围内的 GDP，最后将格网按照 GDP 数据转换为栅格数据，即可得到 GDP 数据空间分布情况。

4. 采矿活动压力

采矿活动压力主要通过统计项目区露天采矿面积来体现。根据 2015 年和 2020 年地理国情监测数据分别提取各市县区露天采矿用地界线，建立 100m、200m、300m、500m 缓冲区。

6.1.5 生态脆弱性评价

1. 数据标准化

对上述 16 个评价指标在数量级和量纲按照一定的标准进行标准化处理。借助 ArcGIS 软件 Fuzzy membership 工具将原始指标进行标准化处理，以统一指标量纲。由于评价指标与生态脆弱性关系有正负两种，其计算方法也不同。数据标准化计算公式如下：

$$X' = \frac{X_i - X_{\min}}{X_{\max} - X_{\min}} \times 10 \tag{6-11}$$

$$X' = \frac{X_{\max} - X_i}{X_{\max} - X_{\min}} \times 10 \tag{6-12}$$

式中，X'为第 i 个指标的标准化值，X_i 表示第 i 个指标的初始值，$X_{\max}$、$X_{\min}$分别表示第 i 个指标的最大值和最小值。其中，定量正向指标包括：坡度、高程、农作物耕地占比、人口密度、路网密度、土壤侵蚀强度、用地类型、景观破碎度指数、人均 GDP。定量负向指标包括：年平均降水、年平均温度、水网密度、归一化植被指数、生物丰度。当指标因子与生态脆弱环境呈正相关时使用公式(5-19)；当指标因子与生态脆弱环境呈负相关时使用公式(5-20)。

各评价指标分级拟分为 0~10 级进行评价。对于定性指标，根据指标内部不同类别的要素对生态脆弱性产生的不同程度的影响，对指标内部不同类别的要素进行分级赋值，赋值范围应与极差法标准化相同，为 0~10，如表 6-3 所示：

表 6-3　**定性指标分等级赋值标准**

评价指标	标准化赋值				
	2	4	6	8	10
土壤侵蚀强度	微度侵蚀	轻度侵蚀	重度侵蚀	强度侵蚀	极强度侵蚀
用地类型	林地、水域	草地	耕地	建设用地	未利用土地
石漠化	500m	300m	200m	100m	0m
露天采矿用地	500m	300m	200m	100m	0m

2. 生态脆弱性评价

选用空间主成分分析法评价，将原来具有一定相关性的 16 个指标数据(见表 6-1)转换成不相关的各主成分，根据各主成分的贡献率分别赋予不同权重，最终计算获得生态脆弱性指数。该过程在 SPSS 软件下完成。其过程如下：

(1)标准化处理原始数据得到标准化矩阵，以避免量纲对数据的影响；

(2)构建指标原始数据的相关系数矩阵，该矩阵为样本相关矩阵，是总体相关矩阵的估计；

(3)计算相关系数矩阵的特征值和对应的特征向量；

(4)对特征向量进行线性组合然后输出主成分。

3. 数据贡献率计算

在本次研究中使用空间主成分分析法来计算 16 项指标的贡献率，然后选取累计贡献率大于 85%的几项作为综合评价的主成分。

主成分分析计算公式如下：

$$F_i = a_{1i}X_1 + a_{2i}X_2 + \cdots + a_{16i}X_{16} \tag{6-13}$$

式中，F_i 表示第 i 个主成分；a_{ni}表示第 1~16 个主成分因子相对应的特征向量；X_1 为高程；X_2 为坡度；X_3 为年均气温；X_4为年均降水量；X_5为用地类型；X_6 为土壤侵蚀强度；X_7为景观破碎度；X_8为人口密度；X_9为耕地占比；X_{10}为路网密度；X_{11}为石漠化范围；X_{12}为露天采矿用地；X_{13}为生物丰度；X_{14}为归一化植被指数；X_{15}为人均 GDP；X_{16}为水网密度。标准化处理各指标后进行叠加运算，以获得每个主成分的特征值和贡献率，并根据累加贡献率筛选大于 85%的几个主成分进行特征向量分析。

4. 生态脆弱评价模型

生态脆弱评价模型如式(6-14)至式(6-17)。

$$\mathrm{ES} = \sum_{i=1}^{n} W_i \times A_i \tag{6-14}$$

$$\mathrm{EEI} = \sum_{i=1}^{n} W_i \times B_i \tag{6-15}$$

$$\mathrm{EPI} = \sum_{i=1}^{n} W_i \times C_i \tag{6-16}$$

$$\mathrm{EVI} = W_i \times ES + W_2 \times EEI + W_3 \times EPI \tag{6-17}$$

式中，ES、EEI、EPI、EVI 分别为生态敏感性、生态恢复力、生态压力指数及生态脆弱性指数，A_i、B_i、C_i 分别为生态敏感性、生态恢复力及生态压力指标要素，W_1、W_2、W_3 为生态敏感性、生态恢复力及生态压力度权重值。

5. 生态脆弱性分级

根据上述得到的生态脆弱性指数，将生态脆弱性指数进行标准化处理，计算公式如下：

$$\mathrm{SI}_i = \frac{\mathrm{EVI}_i - \mathrm{EVI}_{\min}}{\mathrm{EVI}_{\max} - \mathrm{EVI}_{\min}} \tag{6-18}$$

式中，$\mathrm{EVI}_{\max}$、$\mathrm{EVI}_{\min}$为生态脆弱性指数的最大值和最小值。本项目综合丹江口核心水源区(湖北段)自然环境和生态脆弱度的表现特征，基于自然断点法将生态脆弱度指数从低到高划分为五级：微度脆弱(0.2 以下)、轻度脆弱(0.2~0.4)、中度脆弱(0.4~0.6)、重度脆弱(0.6~0.8)、极度脆弱(0.8~1.0)，各个等级的标准汇总于表 6-4 之中。得到 2015 年、2020 年丹江口核心水源区(湖北段)生态脆弱性强度空间分布成果，通过对不同时期各个脆弱程度的面积占总面积的百分比加以统计整理，以便更清楚分析生态脆弱性的总体空间分布情况。

表 6-4　**生态脆弱性分级标准及特征**

脆弱度指数	脆弱度分级	生态环境特征
0.8~1	极度脆弱区	生态抵抗能力相对较弱，具有较高的敏感性特征，自身恢复能力也很弱，加上一般的自然灾害等引起严重的生态环境问题。生态的自我恢复功能严重受损，难以得到及时的恢复，恶化的生态环境反过来也将影响人类正常的生活和经济发展。

续表

脆弱度指数	脆弱度分级	生态环境特征
0.6~0.8	重度脆弱区	有些地方的生态环境表现出比较高的敏感度和产生较大的压力，与此同时生态的可恢复性变得很差，相对于压力低的地方表现出明显的生态环境问题，潜在的环境威胁对整体的恢复产生巨大的阻力，一般恢复能力较弱，无法承载过多的人类活动。
0.4~0.6	中度脆弱区	生态环境的敏感度比较低，生态的自我恢复能力处于中等水平，在相对应的情况下面临的干扰也不是很大，易于产生相应的生态问题，具有极强的自我恢复能力，只要及时治理就能够很快恢复到原先的状态。
0.2~0.4	轻度脆弱区	生态环境的敏感度较低，生态的自我恢复能力较强，与此同时，可以有效地抵抗外来的压力，即使有内部压力的变化也相对较小，存在一定潜在的威胁可能会导致相对应的承载力过高，可以有效支撑较多人的活动。
0.2 以下	微度脆弱区	相应的生态系统没有明显的脆弱因子出现，具有应对外部环境变化的较强的抵抗力，同样具有较强的自我恢复能力，可以承受较大的压力，适合人类进行相应的资源开发和相应的生产和经济活动。

6. 生态脆弱性综合指数

使用定量的生态脆弱性综合性指数(EVSI)能够更加直观全面地反映项目区生态环境质量，而对项目区生态脆弱度变化趋势可根据变化率进行描述，得到丹江口核心水源区(湖北段)生态脆弱性综合指数和变化率成果。计算公式如下：

$$\mathrm{EVSI} = \sum_{i=1}^{n} P_j \times \frac{A_i}{S} \tag{6-19}$$

$$R = \frac{\sum_{i=1}^{n} p_i \times A_{im} - \sum_{i=1}^{n} p_i \times A_{in}}{S \times T} \tag{6-20}$$

式中，EVSI 表示生态脆弱性综合指数；P_i 表示脆弱性等级值，A_i 表示第 i 脆弱等级面积；S 表示区域总面积；n 表示脆弱性等级总数。EVSI 值越大，表明区域脆弱性越严重，EVSI 值越小，表明区域生态环境越好。

R 为综合指数变化率；A_{im} 和 A_{in} 分别为 m，n 时，第 i 类脆弱性面积。若 $R<0$，则生态环境呈恢复趋势；若 $R>0$，则生态环境呈恶化趋势，不容乐观。

6.2　生态敏感性分析

6.2.1　高程和坡度分析

地形因子中包括高程和坡度两个指标，这两个指标都是通过 DEM 数据在 ArcGIS 中提取得到，因此，从分布情况上来说，2015 年与 2020 年的分布情况是一致的(见图 6.1 和图 6.2)。

高程反映了区域地势的分布情况，整体上地势呈现南高北低、西南高东北低。地势高低悬殊，最高为2953m，最低为88m。南部的神农架林区多为山区，地势较高，北部的汉江沿线地区地势较低，地貌峡谷和盆地相间。高程因子与生态敏感性成正比，高程越大，生态越敏感，同时也会越脆弱。根据划分的等级来看(见表6-5)，占比最大的高程分布区间在500~1000m达到45.24%，而低于100m的区域占比仅为0.05%基本上可以忽略不计。其次是地势较高的>1000m的地区占比达到了22.15%。

垂直高度 h 和水平方向的距离 l 的比叫做坡度，是地表单元的陡缓程度。研究区内坡度整体较陡，特别是南部山区分布较多的区域，而北部汉江流过的丹江口市区地势较为平缓。这里将坡度划分为6个等级(见表6-5)：0°~5°为平坡、5°~8°为缓坡、8°~15°为斜坡、15°~25°为陡坡、25°~35°为急坡、35°~90°为险坡。大部分区域是大于15°的陡坡、急坡和险坡，占比达到82.55%；而小于8°的平坡和缓坡占比仅为7.56%，不超过10%。坡度与生态敏感性同样成正比，因此区域内的坡度敏感性也是比较高的。

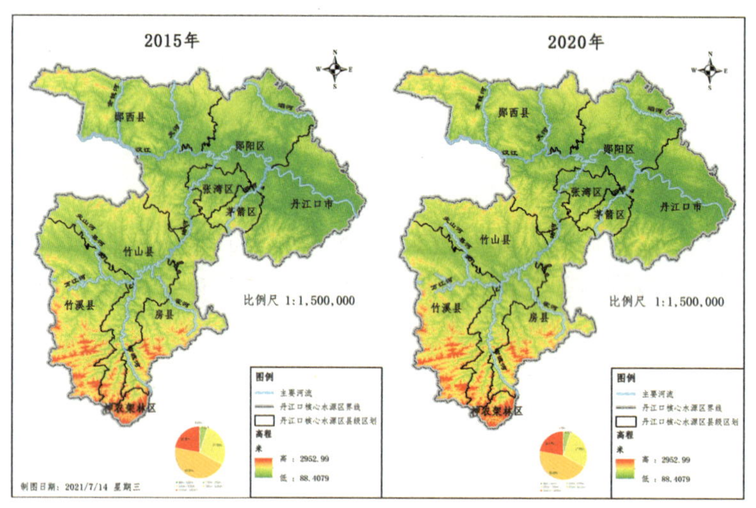

图6.1 丹江口核心水源区(湖北段)高程因子分布情况图

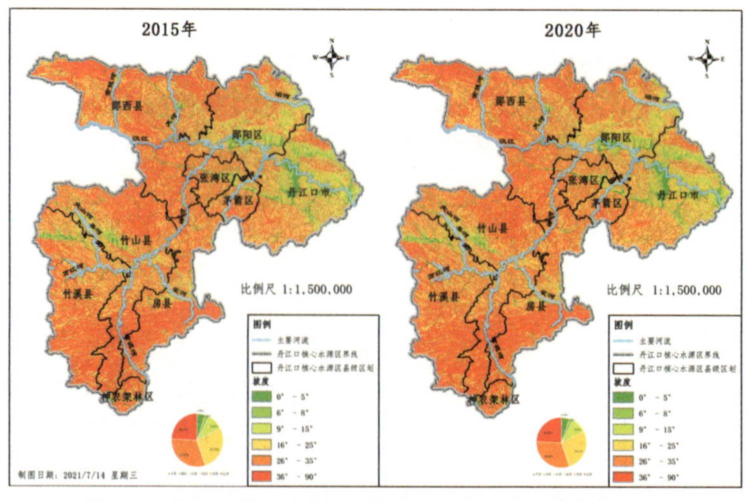

图6.2 丹江口核心水源区(湖北段)坡度因子分布情况图

表 6-5　　**高程因子等级划分统计表**

评价因子	原始值	新值	敏感性等级	占比(%)
高程	88～100m	2	极低度敏感	0.05%
	100～200m	4	低度敏感	4.91%
	200～500m	6	中度敏感	27.65%
	500～1000m	8	高度敏感	45.24%
	1000～2953m	10	极高度敏感	22.15%
汇总				**100.00%**
评价因子	原始值	新值	坡度等级	占比(%)
坡度	0～5°	2	平坡	4.98%
	5°～8°		缓坡	2.58%
	8°～15°	4	斜坡	9.90%
	15°～25°	6	陡坡	27.37%
	25°～35°	8	急坡	30.87%
	35°～90°	10	险坡	24.31%
汇总				**100.00%**

6.2.2　土壤侵蚀强度分析

土壤侵蚀强度可以定量地衡量区域内土壤侵蚀数量的多少和侵蚀的强烈程度，数据来源于国家地球系统科学数据共享平台，分为微度、轻度、中度、强度、极强度五个等级。侵蚀越强烈，土质越疏松，水土流失越严重，同时导致生态越脆弱。如图6.3所

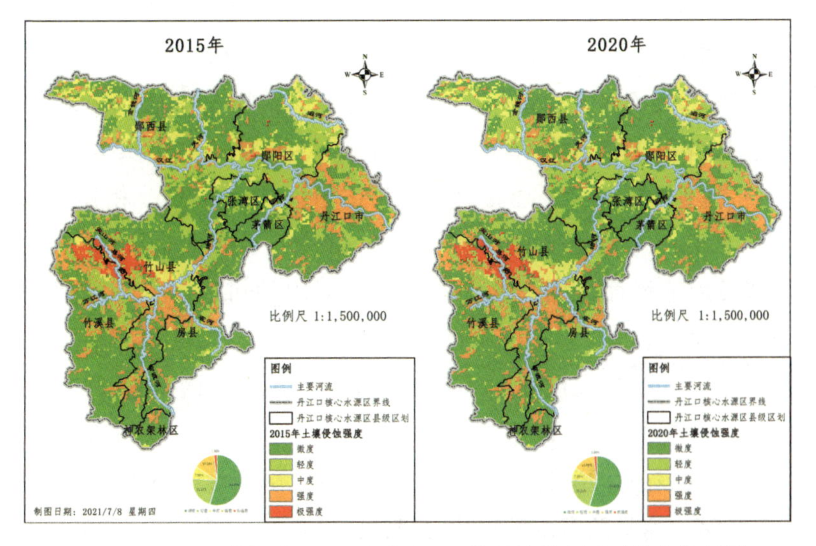

图 6.3　丹江口核心水源区(湖北段)土壤侵蚀强度因子分布情况图

示，极强度侵蚀的地方集中在竹山县的尖山河流过的区域，强度侵蚀则分布在丹江口市和竹山县中部，郧阳区中部和郧西县西部则有部分的中度侵蚀区存在。从等级划分及占比统计表(见表 6-6)来看研究区内整体侵蚀强度较低，对生态敏感性影响较小，微度侵蚀地区超过研究区面积的一半以上，占比达到 54.81%。轻度侵蚀地区占比也达到了 21.21%，而极强度侵蚀的区域仅为 1.90%，占比十分小。

表 6-6　　土壤侵蚀强度等级划分统计表

评价因子	原始值	新值	侵蚀强度	占比(%)
土壤侵蚀强度	11	2	微度	54.81%
	12	4	轻度	21.21%
	13	6	中度	7.99%
	14	8	强度	14.09%
	15	10	极强度	1.90%
汇总				**100.00%**

6.2.3 用地类型分析

用地类型是一个定性的指标，主要分为六个类别：林地、水域、草地、耕地、建设用地和未利用土地，按照对脆弱性的影响程度，定性分为五个等级，如表 6-7 所示。林地和水域敏感性等级最低；草地敏感性较低；耕地敏感性中等；建设用地敏感性较高；未利用土地的敏感性等级最高。

2015 年和 2020 年的用地类型差距并不大，都是以林地占比为主，2015 年林地占比达到 77.96%，而 2020 年下降了 0.34 个百分点，占比 77.62%。同时草地 2020 年的占比为 6.66%，相对 2015 年也下降了 0.11 个百分点。而中等敏感以上的耕地、建设用地和未利用土地 2020 年占比都有所升高，其中 2015 年耕地占比 9.78%，2020 年提升 0.22 个百分点，占比 10.00%；建设用地 2020 年占比 2.72%，相比 2015 年上升了 0.21 个百分点；未利用土地的变化幅度仅为 0.02 个百分点。这说明 2015—2020 年经济发展带来的建设用地增加是明显的，同时水源区内的耕地也有一定的开垦，这就导致了林草覆盖的减少。

从因子分布情况图来看(见图 6.4)，敏感性等级较高的建设用地和未利用土地主要分布在张湾区和茅箭区交界处，这部分是人口密集分布的区域，与我们的认知相符；其次，中等敏感的耕地则分布在竹溪县北部与竹山县交界处、郧西县中部西部大范围区域和郧阳区的中部和北部地区；房县的东南部和神农架林区则是林草覆盖较好的县区。

表 6-7　　　　　　　　　　**用地类型因子等级划分统计表**

评价因子	原始值	新值	2015 年占比(%)	2020 年占比(%)
用地类型	林地	2	77.96%	77.62%
	水域		2.74%	2.78%
	草地	4	6.77%	6.66%
	耕地	6	9.78%	10.00%
	建设用地	8	2.51%	2.72%
	未利用土地	10	0.24%	0.22%
汇总			**100.00%**	**100.00%**

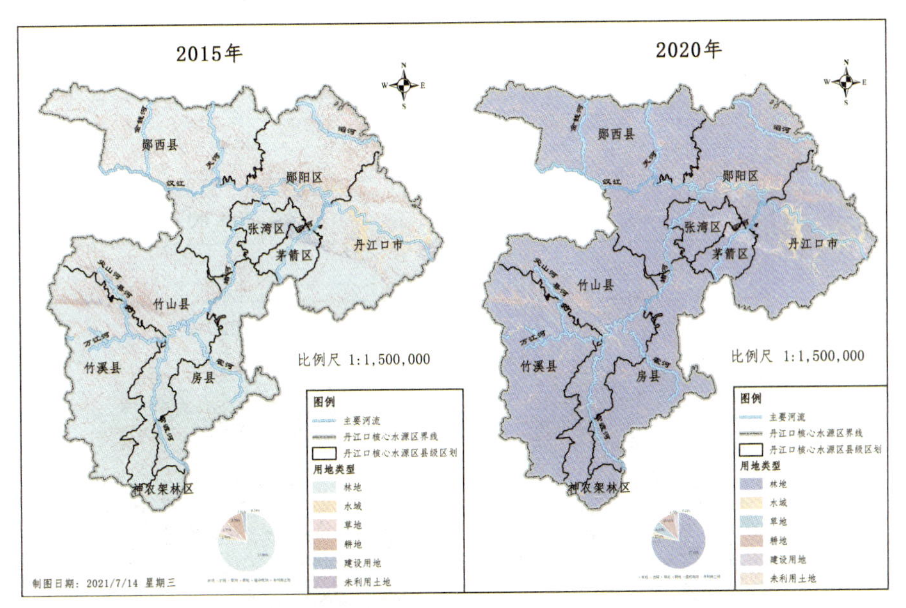

图 6.4　丹江口核心水源区(湖北段)用地类型因子分布情况图

6.2.4　景观破碎指数分析

景观破碎指数用于反映各用地类型的斑块破碎程度，它是一个正向指标，六个大的用地类型对应计算出来得到相应的景观破碎指数，2015 年和 2020 年的破碎指数都在 0~7，一般来说，值越大，图斑也就越破碎，生态脆弱性也就越高。根据表 6-8，对比两年的结果，都是林地、水域、耕地、草地、未利用土地、建设用地对应的指数值依次增大，而且两年的值差异并不大。但是总的来说除了耕地和建设用地对应的景观破碎指数值是 2020 年小于 2015 年之外，其他的用地类型对应的景观破碎指数都是 2020 年较大。从所占的比例来看，两年占比最大的仍然是破碎指数最小的林地，且都达到了 77%以上；占比最小的未利用土地 2015 年景观破碎指数为 3.723295，比例为 0.23%，2020 年指数值为

3.828191，比例仅为0.21%。

纵观整个研究区的分布情况，如图6.5所示，景观破碎指数的分布与六个用地类型是对应一致的，破碎度比较大的区域主要集中在张湾区与茅箭区交界、竹溪县北部与竹山县交界处。结合之前的土壤侵蚀强度分布来看，这两个地方的土壤侵蚀也是比较严重的，说明土壤侵蚀度在一定程度上可能会影响景观破碎度，导致图斑更加破碎。

表6-8　　景观破碎指数等级划分统计表

评价因子	用地类型	2015年破碎指数值	2020年破碎指数值	2015年占比(%)	2020年占比(%)
景观破碎指数	林地	0.040081	0.041056	77.84%	77.51%
	水域	0.408513	0.408831	2.72%	2.76%
	耕地	0.796375	0.785335	9.83%	9.99%
	草地	1.973943	2.002404	6.85%	6.76%
	未利用土地	3.723295	3.828191	0.23%	0.21%
	建设用地	6.276686	6.081006	2.54%	2.77%
汇总				**100.00%**	**100.00%**

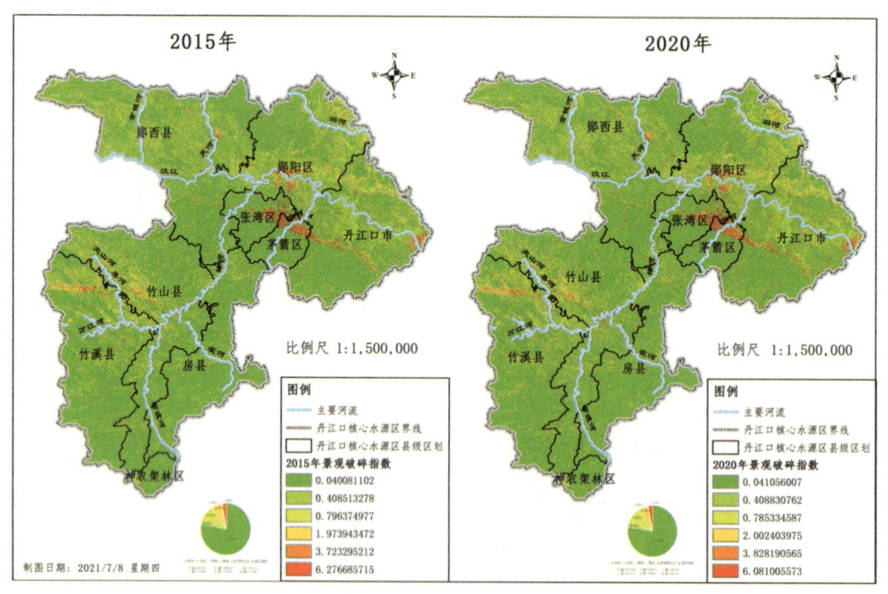

图6.5　丹江口核心水源区(湖北段)景观破碎指数分布情况图

6.2.5　石漠化缓冲区分析

石漠化区域是通过用地类型中的未利用土地进一步细分提取出来，在研究区内占比十分小。从水源区总体分布情况上来看(见图6.6)，主要的石漠化区域集中在郧西县西北部、丹江口市南部以及竹溪县的西部地区。其中 2015 年占比 0.23%，而 2020 年占比 0.21%，2020 年石漠化区域相比 2015 年要更小，在石漠化的治理上有一定的成效。

石漠化缓冲区是一个定性的指标，按照从近到远敏感性依次降低分为五个等级，如表 6-9 所示，距离越远对生态脆弱性的影响越小。由于两年的石漠化区变化不大，因此缓冲区的结果变化差异也不大。>500m 的缓冲区被视为无影响区域，两年都达到了 85%以上，说明整体的石漠化缓冲区敏感性不是很高，并不是导致生态脆弱性的主导因素，但是从变化的角度来说，治理成效还有待提高。

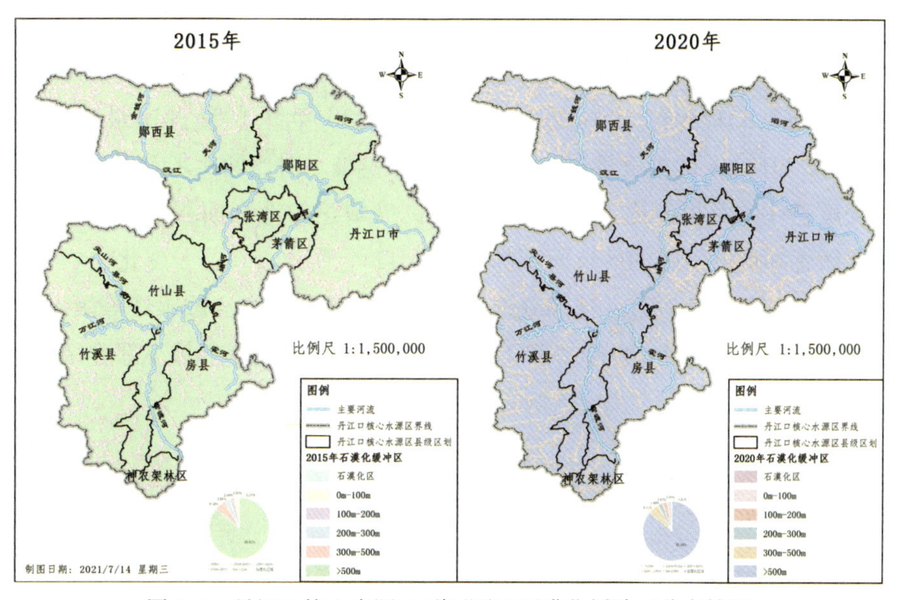

图 6.6　丹江口核心水源区（湖北段）石漠化缓冲区分布情况

表 6-9　**石漠化缓冲区等级划分及占比**

评价因子	缓冲区等级	新值	敏感性等级	2015 年占比(%)	2020 年占比(%)
石漠化缓冲区	>500m	0	无影响	85.62%	85.89%
	300~500m	2	极低度敏感	6.08%	6.01%
	200~300m	4	低度敏感	2.85%	2.80%
	100~200m	6	中度敏感	2.68%	2.63%
	0~100m	8	高度敏感	2.55%	2.47%
	石漠化区域	10	极高度敏感	0.23%	0.21%
汇总				**100.00%**	**100.00%**

6.2.6 年均降水量分析

降水量是个负向指标，降水量越大，生态敏感性越低。整体上，丹江口核心水源区(湖北段)的年均降水量是有所提升的。2015 年的年均降水量为 500~900mm，而 2020 年为 700~1030mm。从分布情况来看(见图 6.7)，两年分布情况差距不大，总体上呈现西南高北部低的趋势，降水量较大的区域集中在西南部竹溪县和竹山县，西北部的郧西县和郧阳区部分降雨量偏低。其中，2020 年郧西县的西部降雨量明显减小，而东部的丹江口市、张湾区和茅箭区则是明显升高。

用反距离权重方法插值过后，按照自然断点法将降水量分为五个等级，如表 6-10 所示，总体来说 2020 年的降水量敏感性是低于 2015 年的。2015 年降水量占比最大的区间在 607.1107~663.3317mm，占比达到 32.52%，2020 年降水量占比最大的区间是在 827.4064~872.7018mm 的中度敏感，占比达到 31.34%。对比两年来看，水源区的极高度敏感和高度敏感性区面积占比下降了，特别是高度敏感的地区面积下降了 17.71 个百分点；而中度敏感和低度敏感的区域面积都上升了 12 个百分点。这一变化主要集中在中部的张湾区、茅箭区和丹江口市，这部分地区由于降水量的升高，敏感性等级由原 2015 年的高度和极高度下降到 2020 年的中度和低度，甚至丹江口市的东部小部分区域是极低度敏感。

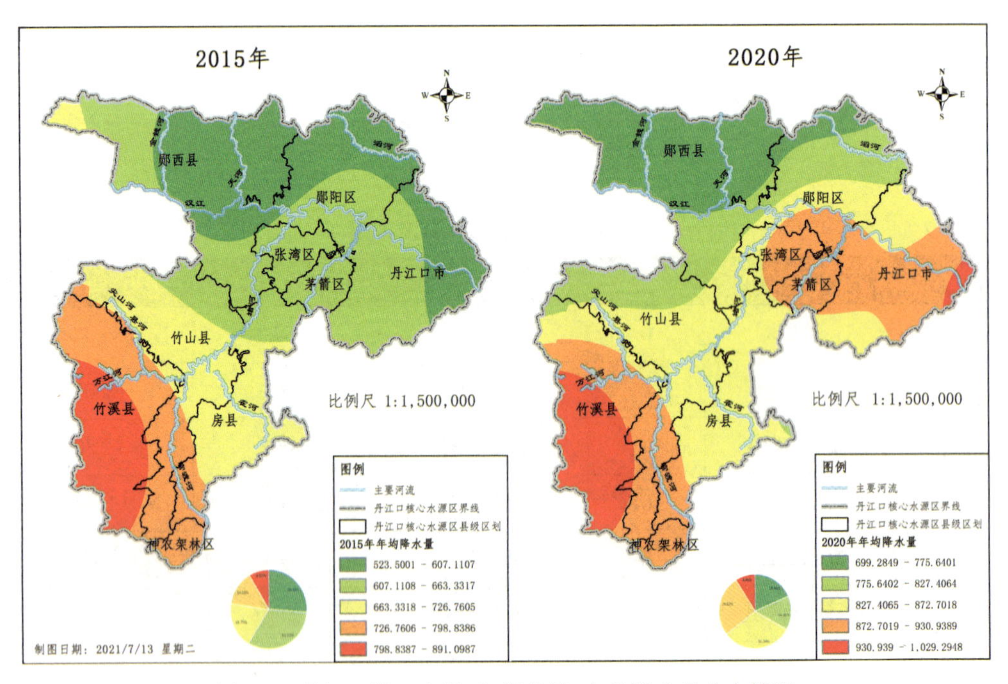

图 6.7 丹江口核心水源区(湖北段)年均降水量分布情况

表 6-10　　年均降水量等级划分及占比

评价因子	降水量(mm)	标准化值	敏感性等级	占比(%)
年均降水量(2015 年)	523.5001~607.1107	0~2.4706	极高度敏感	26.30%
	607.1107~663.3317	2.4707~4.4314	高度敏感	32.52%
	663.3317~726.7605	4.4315~6.2569	中度敏感	18.75%
	726.7605~798.8386	6.257~7.6863	低度敏感	14.13%
	798.8386~891.0987	7.6864~10	极低度敏感	8.30%
汇总				**100.00%**
年均降水量(2020 年)	699.2849~775.6401	0~2.9412	极高度敏感	18.46%
	775.6401~827.4064	2.9413~4.7059	高度敏感	14.81%
	827.4064~872.7018	4.706~6.0784	中度敏感	31.34%
	872.7018~930.9389	6.0785~7.6471	低度敏感	26.52%
	930.9389~1029.2948	7.6472~-10	极低度敏感	8.86%
汇总				**100.00%**

6.2.7　年均气温分析

年均气温和年均降水量一样，也是个负向指标，气温越低，生态环境越敏感。整体上，丹江口核心水源区(湖北段)的年均降气温变化不大，都在 12~16℃。从分布情况来看(见图 6.8)，两年分布趋势一致，总体上呈现西南低东北高。气温较低的区域在西南部的竹山县呈半环状分布，东北部丹江口市、郧阳区、茅箭区和张湾区气温最高。两年的差异主要在于 2020 年郧西县东部部分地区气温有所降低。

同样，用反距离权重方法插值过后，按照自然断点法将气温分为五个等级，如表 6-11 所示，总体来说 2020 年的气温敏感性略低于 2015 年。2015 年占比最高的是 15.273~16.027℃的极低度敏感区，比例为 44.27%；2020 年则是 15.1274~15.6397℃的低度敏感区，比例为 32.15%。对比两年的情况来看，2020 年除了气温极低敏感的区域占比在下降，其余敏感性等级区域均在上升，且 2020 年极低度敏感区占比 29.57%，相比 2015 年下降了 14.7 个百分点，下降幅度也较大。从上述分布情况的分析来看，这一变化主要就是在郧西县的东部地区，气温下降，导致敏感性上升。

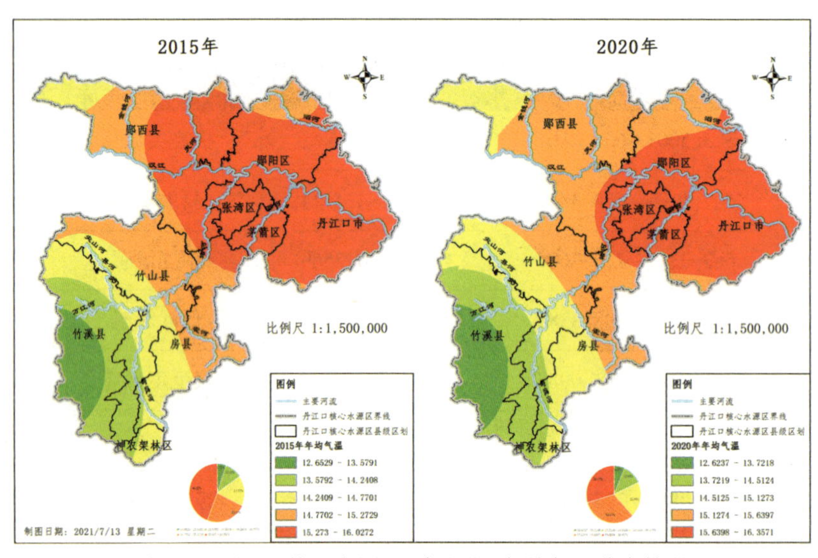

图 6.8　丹江口核心水源区(湖北段)年均气温分布情况

表 6-11　**年均气温等级划分及占比**

评价因子	气温(单位:℃)	标准化值	敏感性等级	占比(%)
年均气温(2015年)	12.6529~13.5791	0~2.1961	极高度敏感	5.25%
	13.5792~14.2408	2.1962~3.6863	高度敏感	10.11%
	14.2409~14.7701	3.6864~5.2549	中度敏感	17.00%
	14.7702~15.2729	5.255~7.2157	低度敏感	23.37%
	15.273~16.0272	7.2158~10	极低度敏感	44.27%
汇总				**100.00%**
年均气温(2020年)	12.6237~13.7218	0~1.8824	极高度敏感	6.35%
	13.7219~14.5124	1.8825~3.2549	高度敏感	11.65%
	14.5125~15.1273	3.255~4.902	中度敏感	20.29%
	15.1274~15.6397	4.9021~7.0196	低度敏感	32.15%
	15.6398~16.3571	7.0197~10	极低度敏感	29.57%
汇总				**100.00%**

6.3　生态恢复力分析

生态恢复从三个因子方面来表征：生态活力、植被因子和水体因子，分别对应具体的指标是生物丰度、归一化植被指数和水网密度。这三个指标都是负向指标，也就是说指标值越大，对应生态恢复力越强，从而生态脆弱性就越弱。从生态恢复的角度来说，选取的这三个指标反映的是生态系统自身的恢复能力，与人为活动相关性较小，可以看作生态系统的固有属性。针对其中反映出来的问题，我们可以在生态保护上提出相应的治理意见。

6.3.1　生物丰度分析

生物丰度是按照乡镇行政区划来进行计算的，两年生物丰度值都是集中在 0.1~0.35，且各个乡镇的变化不大，其中有郧阳区南部、东北个别乡镇和丹江口市东部的个别乡镇生物丰度有所增加。并且有超过 50%的乡镇生物丰度是大于 0.3 的，只有极个别的乡镇生物丰度值小于 0.15，2015 年占比只有 0.05%，2020 年占比也只有 0.02%（见图 6.9）。

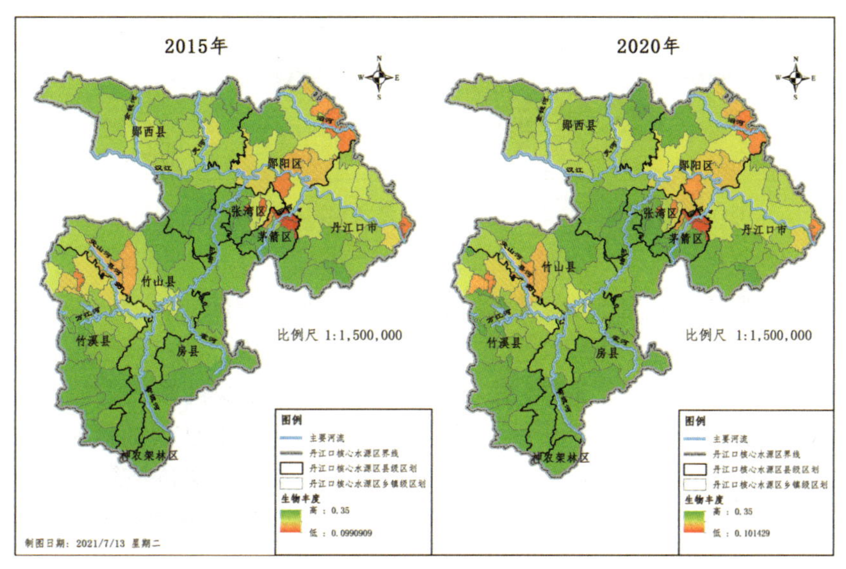

图 6.9　丹江口核心水源区（湖北段）生物丰度因子分布情况

6.3.2　归一化植被指数分析

归一化植被指数是检测植被生长状态、植被覆盖度和消除部分辐射误差的主要因素，它是一个综合指标，不仅能反映植被覆盖的情况，还能反映植被的长势情况。从图 6.10 分布情况上来看，2020 年的 NDVI 因子分布明显好于 2015 年，特别是在竹溪县与竹山县南部交界处，大片的植被指数低于 0 的区域转变为了植被指数大于 0 甚至接近 1，说明这一部分地区的植被质量修复较好。但是同时在丹江口市区及张湾区和茅箭区这样社会经济发展比较迅速的地区，植被长势情况是变差的，也正由于经济人口发展的缘故，需要更大力度的生态保护与修复。其他的诸如郧西县、房县和神农架林区都是植被恢复力较强的区域，对比用地类型来分析，这部分地区的林草覆盖也是比较好的，人口、经济、交通的压力也远小于其他县区。

6.3.3　水网密度分析

水网密度也是生态恢复力的一种体现，水网密度越大，代表流域内的水系越发育，生

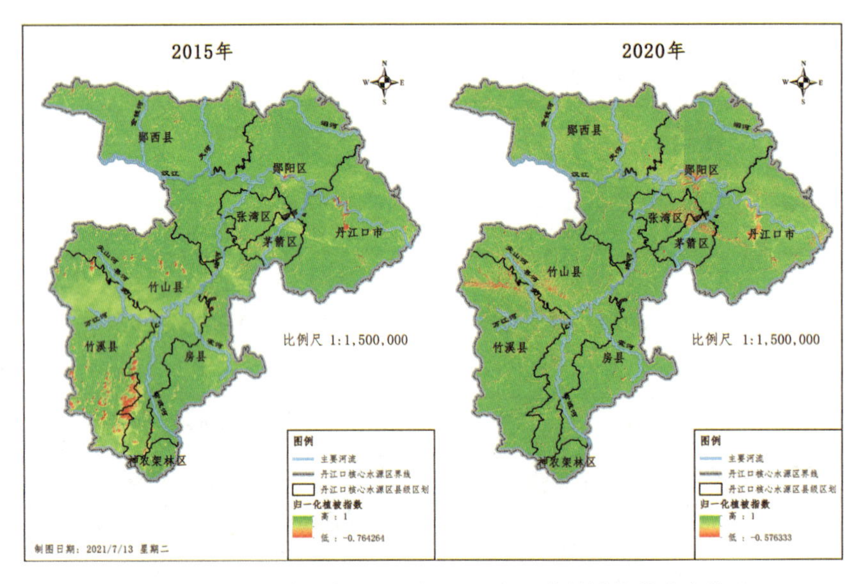

图 6.10　丹江口核心水源区(湖北段)归一化植被指数分布情况

态环境的恢复力越好，则生态脆弱性越弱，是一个负向指标。从分布情况来说(见图6.11)，丹江口核心水源区(湖北段)水网密度恢复力条件偏低，两年极低度恢复区域占比都接近90%。从等级占比统计来看(见表6-12)，2015年极高度恢复力的区域占比仅有0.54%，而2020年虽然有所上升但也仅有0.70%；极低恢复力的区域2015年占比89.60%，2020年占比下降0.18个百分点，为88.88%；此外，高度恢复力区域2020年也相对2015年上升了0.45个百分点。由此可知研究区内两年水网密度恢复力的差距变化不大，且整体恢复力有待提高。

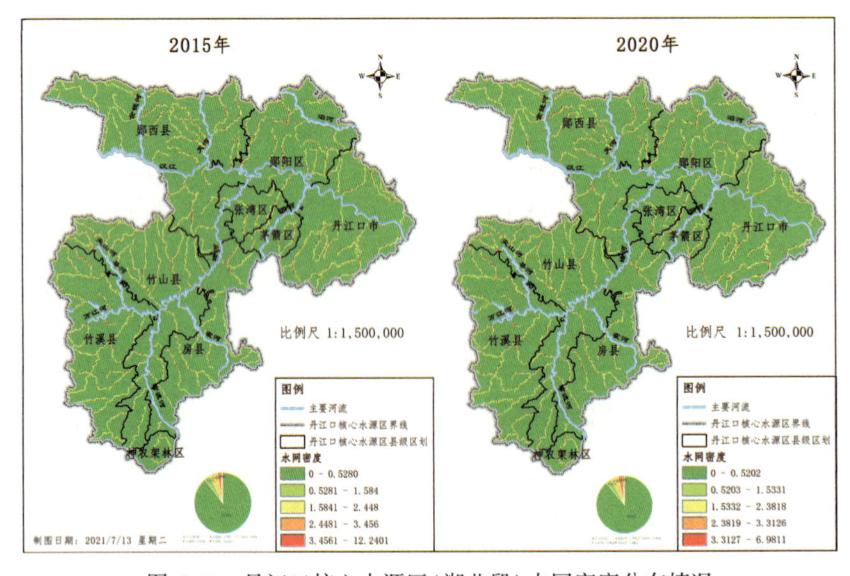

图 6.11　丹江口核心水源区(湖北段)水网密度分布情况

表 6-12　**水网密度等级划分及占比**

评价因子	水网密度值	标准化值	恢复力等级	占比(%)
水网密度（2015 年）	0～0.5280	0.0000～7.1373	极低度恢复力	89.06%
	0.5281～1.584	7.1374～7.9608	低度恢复力	3.40%
	1.5841～2.448	7.9609～8.6667	中度恢复力	4.86%
	2.4481～3.456	8.6668～9.5294	高度恢复力	2.13%
	3.4561～12.2401	9.5295～10	极高度恢复力	0.54%
汇总				**100.00%**
水网密度（2020 年）	0～0.5202	0.0000～5.2157	极低度恢复力	88.88%
	0.5203～1.5331	5.2158～6.549	低度恢复力	3.24%
	1.5332～2.3818	6.5491～7.7647	中度恢复力	4.60%
	1.5332～2.3818	7.7648～9.2157	高度恢复力	2.58%
	3.3127～6.9811	9.2158～10	极高度恢复力	0.70%
汇总				**100.00%**

6.4　生态压力度分析

生态压力从四个方面来进行表征，人口活动压力、交通活动压力、经济活动压力和采矿活动压力，其中人口活动压力又包括两个方面：人口密度和耕地占比。交通活动压力通过路网密度来进行表征，而人均 GDP 则可以用来反映经济活动压力，露天采矿用地缓冲区可以表征采矿活动的压力。这些生态压力指标大多是与人类活动息息相关的，分析生态压力可以更好地反映出人类活动对生态脆弱性的影响，进而针对人为因素提出改进政策和建议。

6.4.1　人口密度分析

人口密度是指单位面积上的人口数量，它大概可以揭示人口分布的情况。根据统计年鉴来看，2015 年的常住人口为 344.94 万人，2020 年有所增加为 347.41 万人。两个年度的常住人口数差距不到 3 万。而 2015 年人口密度的最大值达到 1.5 人/m^2，2020 年却只有 0.06 人/m^2，说明 2020 年人口的分布更加扩散，五年之前分布更加聚集。从等级划分上来看，如表 6-13 所示，人口密度中等压力及其以上的区域占整个研究区面积的比例很小，三个等级所占比例之和两年都不超过 1%，其中 2015 年占比为 0.57%，2020 年占比 0.58%，两年的变化幅度非常小。

表 6-13　**人口密度等级划分及占比**

评价因子	人口密度(人/m²)	标准化值	压力度等级	占比(%)
人口密度(2015 年)	0~0. 0424	0~0. 2745	极低度压力	97. 94%
	0. 0425~0. 1816	0. 2745~1. 1765	低度压力	1. 48%
	0. 1817~0. 4236	1. 1765~2. 6275	中度压力	0. 39%
	0. 4237~0. 7928	2. 6275~4. 7843	高度压力	0. 16%
	0. 7929~1. 5432	4. 7843~10	极高度压力	0. 02%
汇总				**100. 00%**
人口密度(2020 年)	0~0. 0018	0~0. 2745	极低度压力	97. 91%
	0. 0019~0. 0075	0. 2745~1. 1765	低度压力	1. 52%
	0. 0076~0. 0168	1. 1765~2. 6275	中度压力	0. 40%
	0. 0169~0. 0307	2. 6275~4. 7843	高度压力	0. 15%
	0. 0308~0. 0641	4. 7843~10	极高度压力	0. 03%
汇总				**100. 00%**

在空间上具体如图 6. 12 所示，人口分布的特点五年之间没有什么明显的变化，都是以高度集中的形式分布在张湾区与茅箭区交界处，这表明水源区内的人口分布是高度集中的，要注意合理调整人口及经济重心的分布，适当向周围城市转移，以减轻局部地区的高度压力。

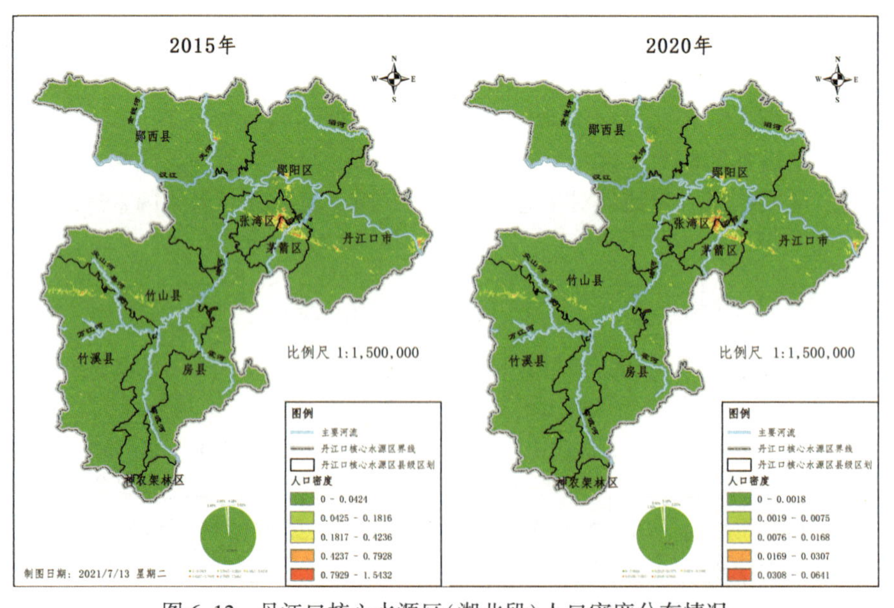

图 6. 12　丹江口核心水源区(湖北段)人口密度分布情况

6.4.2　耕作占比分析

耕作占比这里是指网格单元内，耕地面积占单元总面积的比例。2015 年和 2020 年耕作占比的空间分布情况相似，如图 6.13 所示，高占比区域主要集中在郧阳区中部、丹江口市北部、竹山县西部与竹溪县北部交界，同时几个区域也是人口相对分布较密集的区域，而像研究区南部的神农架林区和房县都是耕作占比很低的区域，它们的林草覆盖都是较高的。这些分布情况也可以从地表覆盖类型中得到证实。

从表 6-14 等级划分统计表来看，2020 年的中度压力区占比升高较为明显，从 2015 年的 12.62%上升到 2020 年的 13.00%。而低度压力的区域占比下降也较为明显，2015 年占比为 22.28%，2020 年下降了 0.44 个百分点，占比为 21.84%。这说明耕地占比的压力 2020 年是有所升高的，虽然水源区内超过一半的区域是耕地极低压力区，但是退耕还林治理工作的成效还不够明显，要积极加强退耕还林还草工作的进行。

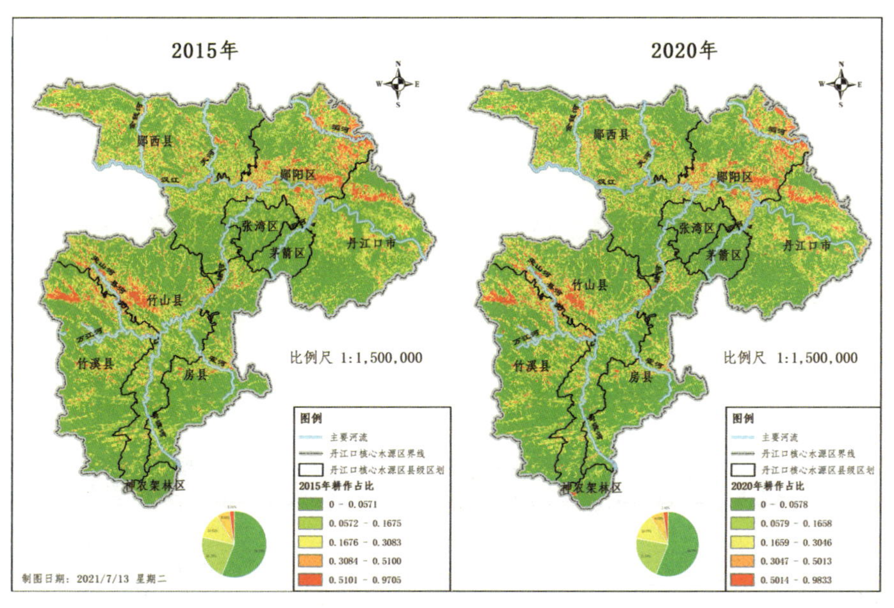

图 6.13　丹江口核心水源区(湖北段)耕作占比分布情况

表 6-14　**耕作占比等级划分**

评价因子	原始值	标准化值	压力度等级	占比(%)
耕作占比(2015 年)	0~0.0571	0~0.5882	极低度压力	56.19%
	0.0572~0.1675	0.5883~1.7255	低度压力	22.28%
	0.1676~0.3083	1.7256~3.1765	中度压力	12.62%
	0.3084~0.5100	3.1766~5.2549	高度压力	6.56%
	0.5101~0.9705	5.255~10	极高度压力	2.36%
汇总				**100.00%**

续表

评价因子	原始值	标准化值	压力度等级	占比(%)
耕作占比(2020年)	0~0.0578	0~0.5882	极低度压力	56.04%
	0.0579~0.1658	0.5883~1.6863	低度压力	21.84%
	0.1659~0.3046	1.6864~3.098	中度压力	13.00%
	0.3047~0.5013	3.0981~5.098	高度压力	6.69%
	0.5014~0.9833	5.0981~10	极高度压力	2.42%
汇总				**100.00%**

6.4.3 路网密度分析

路网密度是单位面积路网的长度，它也是一个正向指标，密度越大，交通活动的压力也就越大，从而对生态也会产生一定的压力。如表6-15所示，两年的路网密度在最大值上有所差别，2015年路网密度最大是14.67km/km^2，而2020年则是16.74km/km^2，说明这五年之间道路的发展比较迅速。2015年路网密度在0~0.92km/km^{2}的极低压力区域占比达到66.00%，而路网密度在5.98~14.67km/km^{2}的极高压力区域占比仅为1.94%。2020年路网密度在0~0.98km/km^{2}的极低压力区域占比达到62.74%，相比2015年降低了3.26%，在6.499~16.74km/km^{2}的极高度压力区域占比仅为1.83%，也有所减少，说明整体上2020年的路网压力还是略大于2015年的。如图6.14所示，密度较高的区域分布与人口分布和耕地分布都是比较相似的，这些人类活动密集区域交通也是十分便利的，生态压力也会更大。

表6-15 **路网密度等级划分**

评价因子	密度值(km/km^2)	标准化值	压力度等级	占比(%)
路网密度(2015年)	0~0.9204	0~0.6275	极低度压力	66.00%
	0.9205~2.4161	0.6276~1.6471	低度压力	15.32%
	2.4162~3.9117	1.6472~2.6667	中度压力	11.04%
	3.9118~5.9826	2.6668~4.0784	高度压力	5.70%
	5.9827~14.6689	4.0785~10	极高度压力	1.94%
汇总				**100.00%**
路网密度(2020年)	0~0.9847	0~0.5882	极低度压力	62.74%
	0.9848~2.6258	0.5883~1.5686	低度压力	18.11%
	2.6259~4.267	1.5687~2.549	中度压力	11.25%
	4.2671~6.4989	2.5491~3.8824	高度压力	6.06%
	6.499~16.7396	3.8825~10	极高度压力	1.83%
汇总				**100.00%**

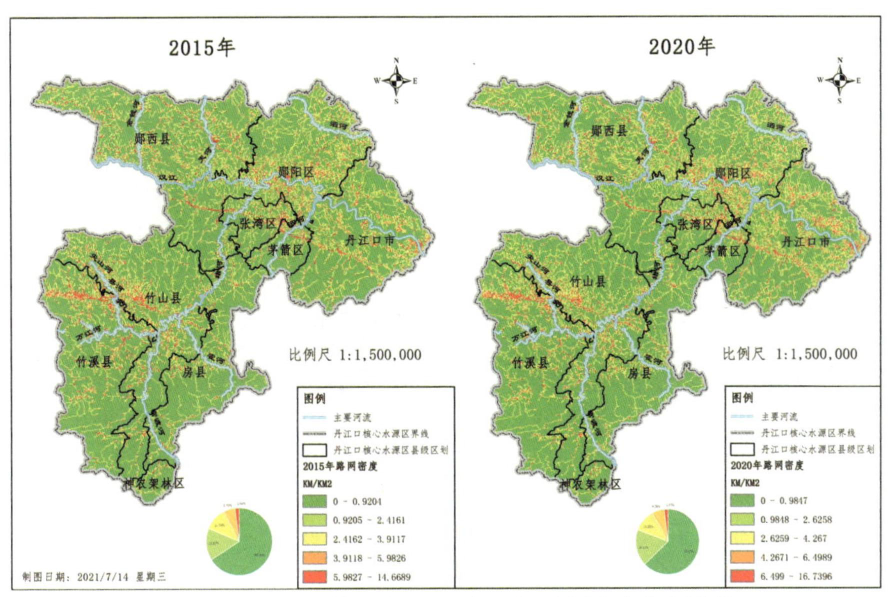

图 6.14　丹江口核心水源区(湖北段)路网密度分布情况

6.4.4　人均 GDP 分析

人均 GDP 即人均国内生产总值，是一个宏观的经济指标，反映出经济活动对生态的压力。人均 GDP 是基于人口密度求取的，因此分布情况与人口密度类似。如图 6.15 所示，人口密度分布高度集中，只在张湾区和茅箭区交界处较大。且水源区内超过 99%的

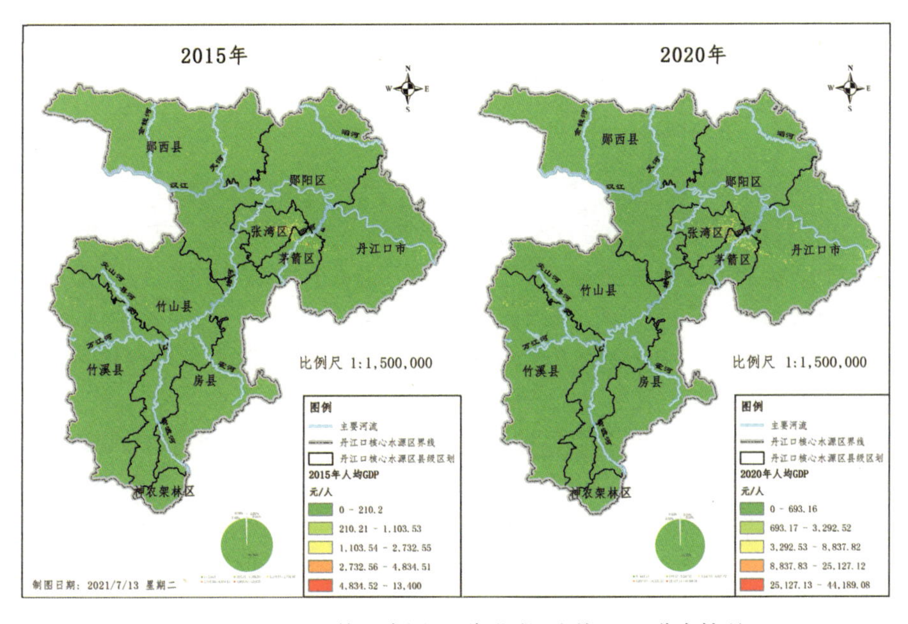

图 6.15　丹江口核心水源区(湖北段)人均 GDP 分布情况

区域都被划分为极低度压力区，说明水源区内整体的经济压力度并不高。对比两年的等级划分来看(见表6-16)，2020年的人均GDP的值整体上大于2015年：2020年最大值达到了44189元/人，而2015年只有13400元/人；2020年人均GDP大于3293元/人以上的区域占比有0.13%，而2015年在1104元/人以上的占比仅有0.09%。这也反映出水源区人们的经济水平有很大的提升，但同时对生态环境的压力也同样是有所增大的。总而言之，虽然水源区内的经济压力不大，但是水源区的经济发展不平衡的现象较为严重，要注重适当转移经济重心，减缓局部发展地区的压力的同时实现区域的全面发展。

表6-16　　**人均GDP等级划分及占比**

评价因子	人均GDP(元/人)	标准化值	压力度等级	占比(%)
人均GDP(2015年)	0~210.2	0~0.1569	极低度压力	99.46%
	210.21~1103.53	0.1570~0.8235	低度压力	0.46%
	1103.54~2732.55	0.8236~2.0392	中度压力	0.06%
	2732.56~4834.51	2.0393~3.6078	高度压力	0.02%
	4834.52~13400	3.6079~10	极高度压力	0.01%
汇总				**100.00%**
人均GDP(2020年)	0~693.16	0~0.1569	极低度压力	99.32%
	693.17~3292.52	0.1570~0.7451	低度压力	0.53%
	3292.53~8837.82	0.7452~2.0000	中度压力	0.11%
	8837.83~25127.12	2.0001~5.6863	高度压力	0.03%
	25127.13~44189.08	5.6864~10	极高度压力	0.00%
汇总				**100.00%**

6.4.5　露天采矿缓冲区分析

露天采矿缓冲区等级的划分与石漠化缓冲区类似，从距离露天采矿区的距离由近到远依次分为六个等级，缓冲区距离越近，人类采矿活动带来的压力影响越大，距离超过500m的视为无影响区域。具体如表6-17所示，2015年露天采矿区占区域总面积的0.13%，2020年占比为0.12%，下降了0.01个百分点，说明针对采矿用地治理是有成效的；2015年无影响的区域占比为94.57%，2020年占比为95.18%，增加将近0.6个百分点。所以总体来说2020年的露天采矿缓冲区因子对生态压力是更小的。从分布情况图(见图6.16)来看，丹江口核心水源区(湖北段)的露天采矿区主要在丹江口市中部、郧阳区中部分布较为密集，其次竹溪县北部也有部分矿区分布，而房县和神农架林区采矿区分布较少。

从丹江口核心水源区库区的河流岸线5km缓冲区范围来看，2015年露天采矿用地面积为8.25km^2，2020年为5.69km^2，五年间减少了2.56km^2，这说明丹江口市中部集中分布的这些矿区治理情况良好。这对丹江口市的生态脆弱性影响较大，是使丹江口市中部脆弱性降低的主导因素之一。

表 6-17　　　　　　　　**露天采矿缓冲区等级划分及占比**

评价因子	缓冲区等级	标准化值	压力度等级	2015 年占比	2020 年占比
露天采矿缓冲区	>500m	0	无影响	94.57%	95.18%
	300～500m	2	极低度压力	2.70%	2.44%
	200～300m	4	低度压力	1.09%	0.96%
	100～200m	6	中度压力	0.87%	0.75%
	0～100m	8	高度压力	0.64%	0.55%
	露天采矿区	10	极高度压力	0.13%	0.12%
汇总				**100.00%**	**100.00%**

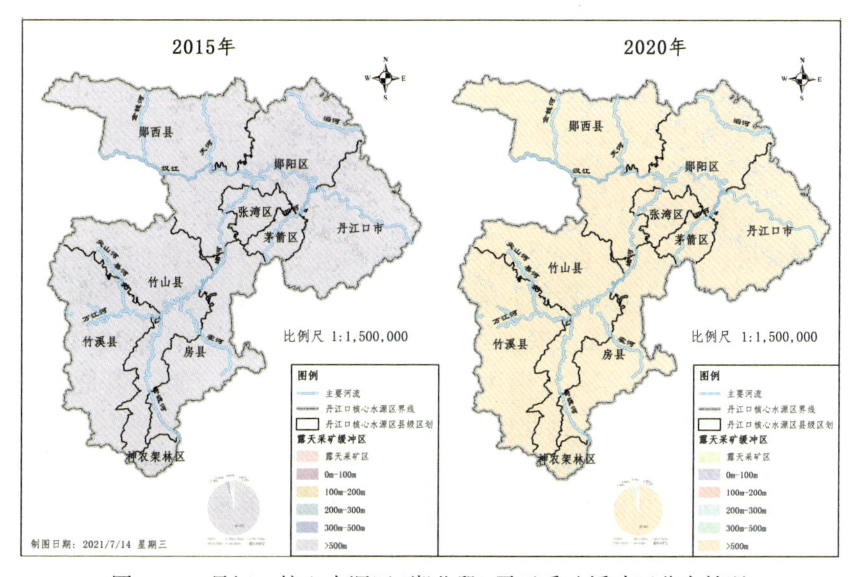

图 6.16　丹江口核心水源区(湖北段)露天采矿缓冲区分布情况

6.5　生态脆弱性状况及变化分析

6.5.1　生态敏感性

生态敏感性总共包括高程、坡度、土壤侵蚀强度、用地类型、景观破碎指数、石漠化缓冲区、年均降水量以及年均气温在内的八个指标因子。根据 GIS 加权叠加的方法，综合计算得到生态敏感性的评价值，标准化过后按照等间距划分等级及占比如表 6-18 所示。

表 6-18　　生态敏感性等级划分及占比统计表

水源区生态敏感性分析	敏感性值	标准化值	等级	占比
生态敏感性（2015 年）	2. 1763～3. 3319	0～0. 2	敏感性极低	66. 20%
	3. 3319～4. 4875	0. 2～0. 4	敏感性较低	24. 39%
	4. 4875～5. 6431	0. 4～0. 6	敏感性中等	8. 45%
	5. 6431～6. 7988	0. 6～0. 8	敏感性较高	0. 79%
	6. 7988～7. 9544	0. 8～1	敏感性极高	0. 17%
汇总				**100. 00%**
生态敏感性（2020 年）	1. 0474～2. 2719	0～0. 2	敏感性极低	31. 53%
	2. 2719～3. 4965	0. 2～0. 4	敏感性较低	60. 31%
	3. 4965～4. 7210	0. 4～0. 6	敏感性中等	6. 34%
	4. 7210～5. 9456	0. 6～0. 8	敏感性较高	1. 69%
	5. 9456～7. 1702	0. 8～1	敏感性极高	0. 13%
汇总				**100. 00%**

首先从敏感性值来看，2015 年生态敏感性值为 2. 1763～7. 9544，而 2020 年的值有所降低为 1. 0474～7. 1702。其次，从等级占比统计情况来看，2015 年极高度敏感区域占比 0. 17%，2020 年占比 0. 13%较低于 2015 年，但是 2015 年的敏感性极低区域占比为 66. 20%，2020 年占比只有 31. 53%；较低敏感性区域 2015 年占比 24. 39%，2020 年占比 60. 31%；也就是说，丹江口核心水源区(湖北段)内有 34. 67%的极低敏感性等级区域敏感性等级上升，这一变化主要分布在西南部的竹溪县、房县地区，主要影响因素是年均气温的分布。根据年均气温的分布来看，2020 年的气温中度敏感以上区域均分布于此，且占比达到了 40%左右；2015 年的气温中度敏感区虽然也分布于此，但是范围明显小于 2020 年，且占比仅在 30%左右，因此这一变化是导致敏感性等级变高的主要原因。

同时，生态敏感性因子中用地类型因子的权重较大，所以敏感性的分布情况也与用地类型分布情况相似。2015 年敏感性等级在中等以上的区域主要分布在中部竹山县与竹溪县交界处、西北部的郧西县，以及张湾区茅箭区交界处。2020 年分布情况也一样，中等及以上的区域更加集中分布在张湾区和茅箭区的交界处，而在郧西县西部反而以低度敏感性为主，除此之外，南部的神农架林区也以低度敏感性为主，而 2015 年则大部分区域以极低度敏感性为主。具体的分布情况如图 6. 17 所示。

6. 5. 2　生态恢复力

生态恢复力体系中一级指标包括生态活动、植被因子和水体因子。二级指标分别对应为生物丰度、归一化植被指数和水网密度，其中植被因子对应的归一化植被指数权重占比较大。

从划分的等级来看(见表 6-19)，两年生态恢复力的值都较高，特别是 2020 年的最高值达到了 8. 3422，但 2020 年最低值仅有 0. 7201，说明 2020 年水源区内的生态恢复力差异较大。

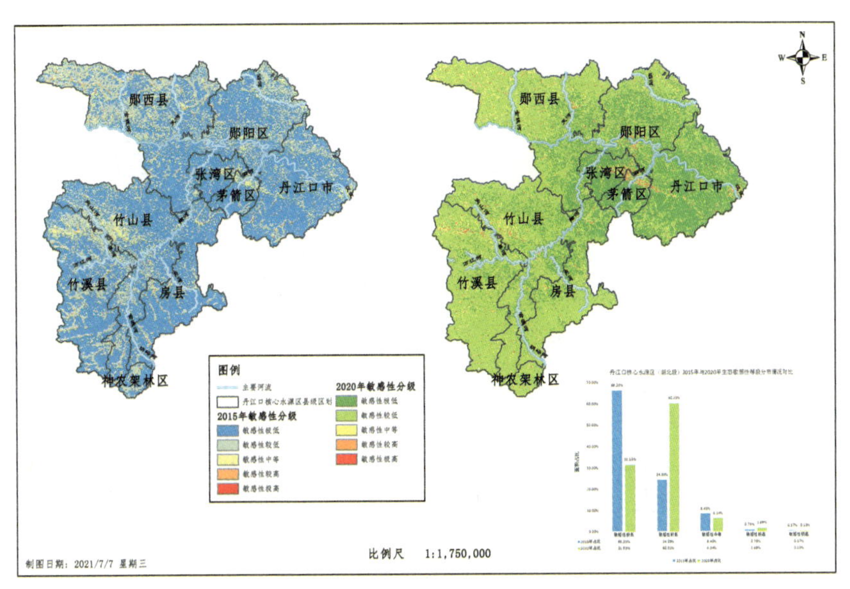

图 6.17　丹江口核心水源区(湖北段)2015 年与 2020 年生态敏感性分布对比

表 6-19　**生态恢复力等级划分及占比统计表**

水源区生态恢复力分析	恢复力值	标准化值	等级	占比
生态恢复力（2015 年）	3. 1154～4. 1445	0. 8～1	恢复力极高	3. 68%
	4. 1445～5. 1736	0. 6～0. 8	恢复力较高	93. 42%
	5. 1736～6. 2027	0. 4～0. 6	恢复力中等	2. 86%
	6. 2027～7. 2318	0. 2～0. 4	恢复力较低	0. 04%
	7. 2318～8. 2610	0～0. 2	恢复力极低	0. 00%
汇总				**100. 00%**
生态恢复力（2020 年）	0. 7201～2. 2445	0. 8～1	恢复力极高	7. 21%
	2. 2445～3. 7690	0. 6～0. 8	恢复力较高	86. 81%
	3. 7690～5. 2934	0. 4～0. 6	恢复力中等	5. 16%
	5. 2934～6. 8178	0. 2～0. 4	恢复力较低	0. 79%
	6. 8178～8. 3422	0～0. 2	恢复力极低	0. 03%
汇总				**100. 00%**

观察等级占比统计情况，2015 年没有恢复力极低的区域，而 2020 年有所升高，占比为 0. 03%；恢复力较低的区域占比 2015 年有 0. 04%，但 2020 年上升了 0. 75 个百分点，占比为 0. 79%；2015 年恢复力较高的区域占比为 93. 42%，而 2020 年下降了 6 个百分点左右占比为 86. 81%；极高恢复力的区域 2020 年占比 7. 21%上升了 4 个百分点左右。因

此，整体来说，两年的生态恢复条件都很好且差距不大，但是2020年的生态恢复力略低于2015年。

同样在加权叠加后得到生态恢复分布情况见图6.18。2015年恢复力极低的区域几乎没有，恢复力中等以下的区域主要分布在茅箭区北部、郧阳区中部和南部的竹溪县竹山县交界处。2020年的恢复力中等及以下的区域则主要集中在张湾区、茅箭区、郧阳区中部，以及竹溪县北部。其中，2015年竹溪县的恢复力中等的区域，2020年恢复力等级上升为较高，这主要受到归一化植被指数因子的影响。对比两年归一化植被指数的分布图来说，2015年时竹溪县南部的归一化植被指数值很低，而2020年该区域的NDVI值上升很多，说明这部分地区的植被长势情况监测有明显成效，且对丹江口核心水源区(湖北段)整体的生态恢复力都有一定的影响。从生物丰度上来说，生物丰度值较低的张湾区和茅箭区部分乡镇的恢复力也是很弱的。但是总体上来说，无论是2015年还是2020年，丹江口核心水源区(湖北段)整体的生态恢复力都比较强，主要受到NDVI值的影响，对于植被长势情况的监测还需要进一步加大力度。

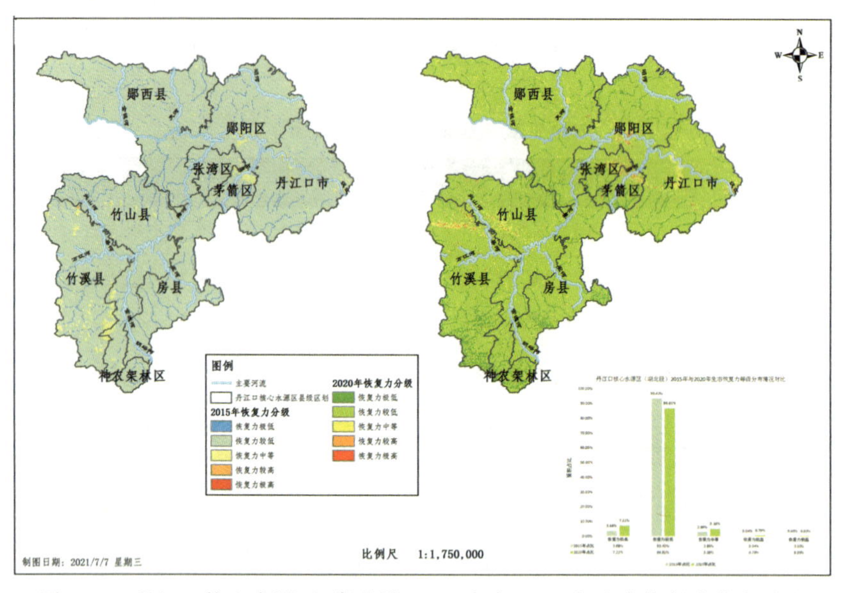

图6.18 丹江口核心水源区(湖北段)2015年与2020年生态恢复力分布对比

6.5.3 生态压力度

生态压力度的体系中包括人口活动压力、交通活动压力、经济活动压力、采矿活动压力四个一级指标，分别用人口密度、耕地占比，路网密度，人均GDP和露天采矿用地作为二级指标。

GIS加权叠加后划分的等级如表6-20所示。2015年与2020年都以极低度压力为主，其中2020年占比为97.87%，高于2015年的89.60%；而压力度较低的区域2015年占比为9.33%，2020年下降了7.26%，占比为2.07%；两年都没有极高压力度的区域分布，且 2020 年也没有压力度较高的区域分布。因此，丹江口核心水源区(湖北段)的生态压力因素控制较好。其中，极低压力区的增加主要集中在竹溪县的西北部和郧阳区北部，该变化并未有明显的影响因素，是多个因子共同作用的结果，包括人口密度分布的更加集中、耕作占比的减小，以及露天采矿用地的减少导致采矿用地的影响区域也减少。

表 6-20　　　　**生态压力度等级划分及占比统计表**

水源区生态压力度分析	压力度值	标准化值	等级	占比
生态压力度 (2015 年)	0~0. 9999	0~0. 2	压力度极低	89. 60%
	0. 9999~1. 9998	0. 2~0. 4	压力度较低	9. 33%
	1. 9998~2. 9996	0. 4~0. 6	压力度中等	1. 04%
	2. 9996~3. 9995	0. 6~0. 8	压力度较高	0. 03%
	3. 9995~4. 9994	0. 8~1	压力度极高	0. 00%
汇总				**100. 00%**
生态压力度 (2020 年)	0~1. 0355	0~0. 2	压力度极低	97. 87%
	1. 0355~2. 0710	0. 2~0. 4	压力度较低	2. 07%
	2. 0710~3. 1065	0. 4~0. 6	压力度中等	0. 05%
	3. 1065~4. 1420	0. 6~0. 8	压力度较高	0. 00%
	4. 1420~5. 1775	0. 8~1	压力度极高	0. 00%
汇总				**100. 00%**

生态压力度的具体分布如图 6. 19 所示，两年压力度都是以极低的压力为主，而中等压力度以上的区域分布比较集中，2015 年主要分布在郧阳区中部和竹溪县西部；而 2020 年集聚效应更加明显，更集中地分布在张湾区和茅箭区交界。两年分布的差距极小，且分布情况受人均 GDP 和耕地占比的影响较大。

6. 5. 4　生态脆弱性

1. 2015 年生态脆弱性状况

2015 年生态脆弱性指标体系的指标权重用层次分析法计算得到，如表 6-21 所示。根据“目标层-准则层-指标层”三层次分析法的计算得到 16 个指标：高程、坡度、土壤侵蚀强度、用地类型、景观破碎指数、石漠化缓冲区、年均降水量、年均气温、生物丰度、归一化植被指数、水网密度、人口密度、耕地占比、路网密度、人均 GDP 以及露天采矿用地，对应的权重依次为：0. 0527、0. 0132、0. 0384、0. 1988、0. 0230、0. 0889、0. 0619、0. 0619、0. 0307、0. 2148、0. 0518、0. 0141、0. 0423、0. 0128、0. 0691、0. 0255。权重最大的因子是归一化植被指数为 0. 2148，其次是用地类型权重为 0. 1988。而权重最小的是路网密度，权重值仅有 0. 0128，其次是坡度和人口密度，比重分别为 0. 0132 和 0. 0141。

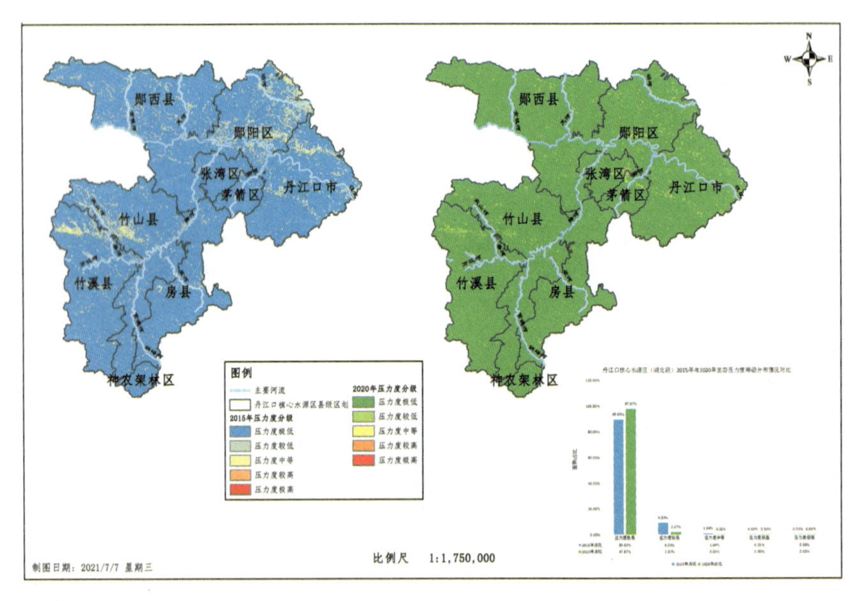

图 6.19 丹江口核心水源区(湖北段)2015 年与 2020 年生态压力度分布对比

其余的指标因子权重都为 0.02~0.1，各个指标因子的权重是高低悬殊的。

从目标层因子来说，对生态脆弱性影响最大的是生态敏感性(0.5390)，其次是生态恢复力和生态压力度，权重分别为 0.2973 和 0.1638。生态敏感性的准则层指标中权重最大的是地表因子(0.6479)，生态恢复力中权重最大的是植被因子(0.7225)，生态压力度中则是经济活动压力的权重最大(0.4217)。

表 6-21 **2015 年丹江口核心水源区(湖北段)生态脆弱性评价体系指标权重**

目标层		准则层		指标层		层次分析法权重
目标层	目标层权重	准则层	准则层权重	指标层	指标层权重	
生态敏感性	0.5390	地形因子	0.1222	高程	0.8	0.0527
				坡度	0.2	0.0132
		地表因子	0.6479	土壤侵蚀强度	0.1100	0.0384
				用地类型	0.5694	0.1988
				景观破碎指数	0.0660	0.0230
				石漠化缓冲区	0.2546	0.0889
		气象因子	0.2299	年均降水量	0.5	0.0619
				年均气温	0.5	0.0619

续表

目标层		准则层		指标层		层次分析法权重
目标层	目标层权重	准则层	准则层权重	指标层	指标层权重	
生态恢复力	0.2973	生态活力	0.1033	生物丰度	1	0.0307
		植被因子	0.7225	归一化植被指数	1	0.2148
		水体因子	0.1741	水网密度	1	0.0518
生态压力度	0.1638	人口活动压力	0.3448	人口密度	0.25	0.0141
				耕地占比	0.75	0.0423
		交通活动压力	0.0779	路网密度	1	0.0128
		经济活动压力	0.4217	人均 GDP	1	0.0691
		采矿活动压力	0.1557	露天采矿用地	1	0.0255
汇总						**1**

从分布情况来看(见表 6-22 和图 6.20)，2015 年生态脆弱性状况整体较好，超过 85%的区域是微度脆弱区和轻度脆弱区；中度脆弱区占比仅有 10.75%，重度脆弱和极度脆弱区占比分别也只有 1.30%和 0.12%。其中极度脆弱区主要分布在郧西县，但是分布较零散没有聚集特征；重度脆弱区和中度脆弱区则主要分布在尖山河和县河流经的竹山县与竹溪县交界处、汉江流经的郧阳区中部，以及张湾区和茅箭区交界处，在丹江口市也有比较零散的分布。这说明 2015 年的生态脆弱性确实受归一化植被指数的影响较大。

表 6-22　**2015 年丹江口核心水源区(湖北段)生态脆弱性分区占比情况统计表**

脆弱性等级	微度脆弱区	轻度脆弱区	中度脆弱区	重度脆弱区	极度脆弱区
区域面积占比	53.67%	34.15%	10.75%	1.30%	0.12%

竹山县与竹溪县交界处是由于用地类型的分布(此处多为以耕地为主)，导致生态敏感性较高，同时耕作占比因子带来的生态压力度也会有所增大。郧阳区中部，以及张湾区和茅箭区交界处的用地类型以建设用地为主，林草覆盖较少，建设用地的敏感性比耕地更高，建设用地多反映在经济的发展上，同样会导致人口的密集，敏感性和压力度的双重影响导致生态较脆弱。此外在竹溪县的东南部与房县交界处由于归一化植被指数值低，导致也有部分中度脆弱区分布。

从县级区划来分析(表 6-23)，生态较脆弱的区域有郧西县、郧阳区、竹山县和竹溪县。极度脆弱性占县区面积比例最大的是郧西县，占到县区面积的 0.29%，重度脆弱区占比也达到了 2.09%，且郧西县的微度脆弱性占比也是最小的，仅有 29.18%。郧西县脆弱性较大的原因是耕地占比较大，年均气温也相对其他地区较低；其次，郧阳区、竹山县

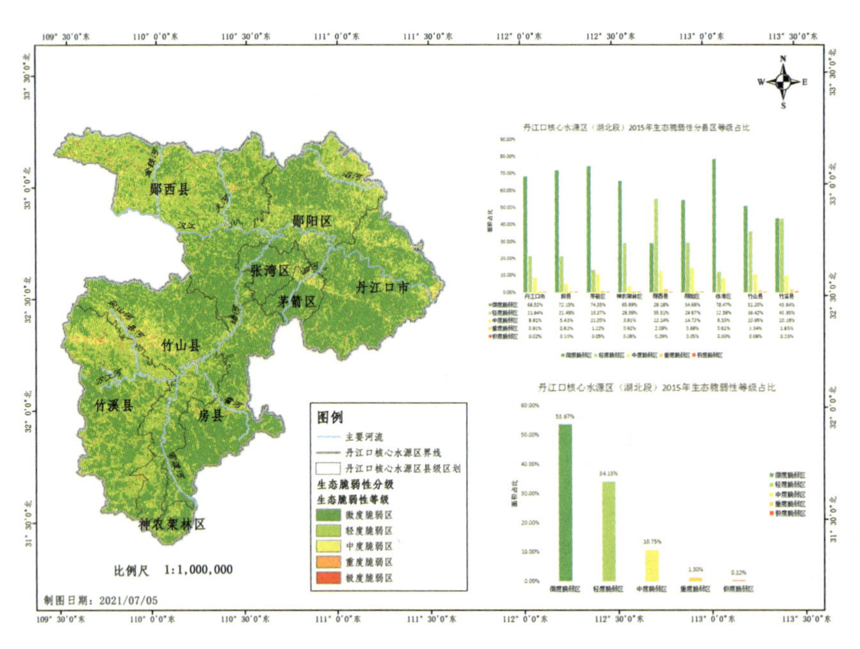

图 6.20　丹江口核心水源区(湖北段)2015 年生态脆弱性评价分布图

和竹溪县的脆弱性等级较高，表现为微度脆弱区占比仅在 50%左右，轻度脆弱占比为 30%左右，且中度脆弱区占比都达到了 10%以上。

表 6-23　　**2015 年丹江口核心水源区(湖北段)分县区脆弱性占比统计表**

县级区划	微度脆弱占比	轻度脆弱占比	中度脆弱占比	重度脆弱占比	极度脆弱占比	EVSI
丹江口市	68.52%	21.64%	8.91%	0.91%	0.02%	2.8459
房县	72.15%	21.49%	5.43%	0.82%	0.10%	2.7045
茅箭区	74.33%	13.37%	11.03%	1.22%	0.05%	2.7854
神农架林区	65.69%	29.39%	3.91%	0.92%	0.08%	2.8058
郧西县	29.18%	55.31%	13.14%	2.09%	0.29%	3.7800
郧阳区	54.68%	29.67%	14.72%	0.88%	0.05%	3.2389
张湾区	78.47%	12.38%	8.55%	0.61%	0.00%	2.6259
竹山县	51.20%	36.52%	10.95%	1.34%	0.08%	3.2538
竹溪县	43.84%	43.93%	10.18%	1.85%	0.20%	3.4125

生态环境较好的区域包括张湾区、神农架林区和房县。张湾区虽然人口密度较大，但是归一化植被指数较高，且年均气温也较高，导致生态环境并不脆弱。张湾区的微度脆弱性占县区面积的 78.47%，且无极度脆弱性占比的区域，重度脆弱占比也是最小的仅有

0.61%；其次，神农架林区、房县脆弱性较弱的原因同样是 NDVI 值较高同时林草覆盖也较高，也不是人口密集经济发展的区域。它们的微度脆弱和轻度脆弱区占比达到了 90%以上，且中度脆弱性占比都在 5%以下。茅箭区和丹江口市虽然微度脆弱区域占比也都在 65%以上，但是中度脆弱的区域都达到 10%左右。茅箭区和丹江口市年均降水量较少，且部分地区距离人口集中的地方较近，整体经济发展也强于神农架林区和房县，因此相较于神农架林区和房县来说，生态环境还是较脆弱。

通过各县区脆弱性等级统计计算得到生态脆弱性综合指数 EVSI，从这个指数值也可以看出来，值最低为 2.6259 最高为 3.7800，高低悬殊，说明各个县区的生态脆弱性差距较大。郧西县的 EVSI 值是最高的，其次就是竹溪县(3.4125)、竹山县(3.2538)和郧阳区(3.2389)；EVSI 值最低的则是张湾区仅有 2.6259，其次是房县(2.7045)。这也可以验证之前对生态脆弱性的综合评价分析。

总而言之，丹江口核心水源区(湖北段)2015 年的生态脆弱性较好，超过一半的区域为微度脆弱区，但是各个县区之间的差距较大，郧西县、郧阳区、竹山县和竹溪县的生态较为脆弱，张湾区、神农架林区和房县的生态环境较好，脆弱性受 NDVI 和用地类型影响较大。

2. 2020 年生态脆弱性状况

如表 6-24 所示，2020 年生态脆弱性指标体系中的 16 个指标因子权重分别为 0.0677、0.0226、0.0249、0.1230、0.1957、0.0542、0.0254、0.0254、0.0281、0.2194、0.0498、0.0378、0.0094、0.0133、0.0779、0.0253。其中权重最大的指标也是归一化植被指数(0.2194)，其次是景观破碎指数(0.1957)，而用地类型的权重也较高，为 0.1230；权重最低的则是耕地占比，仅为 0.094，其次才是坡度因子(0.0226)。这些指标因子权重的高低差距比 2015 年更加悬殊。从目标层来看，敏感性、恢复力和压力度的权重与 2015 年一样。生态敏感性的准则层指标中权重最大的同样是地表因子(0.7380)，生态恢复力中权重最大的是植被因子(0.7380)，生态压力度中则是经济活动压力的权重最大(0.4758)。

表 6-24　**2020 年丹江口核心水源区(湖北段)生态脆弱性评价体系指标权重**

目标层		准则层		指标层		层次分析法权重
目标层	目标层权重	准则层	准则层权重	指标层	指标层权重	
生态敏感性	0.5390	地形因子	0.1676	高程	0.75	0.0677
				坡度	0.25	0.0226
		地表因子	0.7380	土壤侵蚀强度	0.0626	0.0249
				用地类型	0.3093	0.1230
				景观破碎指数	0.4919	0.1957
				石漠化缓冲区	0.1362	0.0542
		气象因子	0.0944	年均降水量	0.5	0.0254
				年均气温	0.5	0.0254

续表

目标层		准则层		指标层		层次分析法权重
目标层	目标层权重	准则层	准则层权重	指标层	指标层权重	
生态恢复力	0.2973	生态活力	0.0944	生物丰度	1	0.0281
		植被因子	0.7380	归一化植被指数	1	0.2194
		水体因子	0.1676	水网密度	1	0.0498
生态压力度	0.1638	人口活动压力	0.2884	人口密度	0.8	0.0378
				耕地占比	0.2	0.0094
		交通活动压力	0.0813	路网密度	1	0.0133
		经济活动压力	0.4758	人均 GDP	1	0.0779
		采矿活动压力	0.1544	露天采矿用地	1	0.0253
汇总						**1**

2020 年丹江口核心水源区(湖北段)生态脆弱性也分为五个等级，微度脆弱区、轻度脆弱区、中度脆弱区、重度脆弱区，以及极度脆弱区。如表 6-25 所示，整体脆弱区同 2015 年一样都比较好，超过 93%的区域是微度脆弱和轻度脆弱区，中度脆弱区占比 4.93%，重度脆弱和极度脆弱区占比分别为 1.12%和 0.10%。其中，极度脆弱区主要集中在张湾区、茅箭区和竹溪县；中度和重度脆弱的地区同样主要分布在竹溪县与竹山县交界处，以及张湾区与茅箭区交界处；轻度脆弱区主要分布在郧西县西部、尖山河和县河流经的竹山县与竹溪县交界处，以及郧阳区中部(如图 6.21 所示)。

表 6-25　**2020 年丹江口核心水源区(湖北段)生态脆弱性分区占比情况统计表**

脆弱性等级	微度脆弱区	轻度脆弱区	中度脆弱区	重度脆弱区	极度脆弱区
区域面积占比	55.34%	38.51%	4.93%	1.12%	0.10%

2020 年的生态脆弱性同样受到 NDVI 指数的影响较大，其次景观破碎指数的影响也较大，景观破碎指数的分布与用地类型是对应的，张湾区和茅箭区用地类型以高敏感性的建设用地为主，对应的景观破碎指数是最高的，生态脆弱性自然就高。从生态压力度的角度来说，张湾区和茅箭区也是人口密集、经济发展的区域，同时还会带来交通道路的压力。因此总体来说，2020 年丹江口核心水源区(湖北段)区域内虽然可能存在一些潜在的压力因子，但总体上生态环境并不脆弱，可以承受一定的压力。

从县级区划来看(表 6-26)，生态较为脆弱的区域包括郧西县和竹溪县。郧西县虽然重度脆弱区和极度脆弱区占比很小，但是微度脆弱区的占比也很小，仅占县区面积的 30.26%，大部分是轻度占比的区域，这主要是受到景观破碎指数和年降水量的影响，郧西县的西部以草地为主，景观破碎指数值处于中等敏感性，而年均降水量也很低，导致生态敏感性较高。生态脆弱性较高的区域有房县和神农架林区，区域有超过 95%以上的区

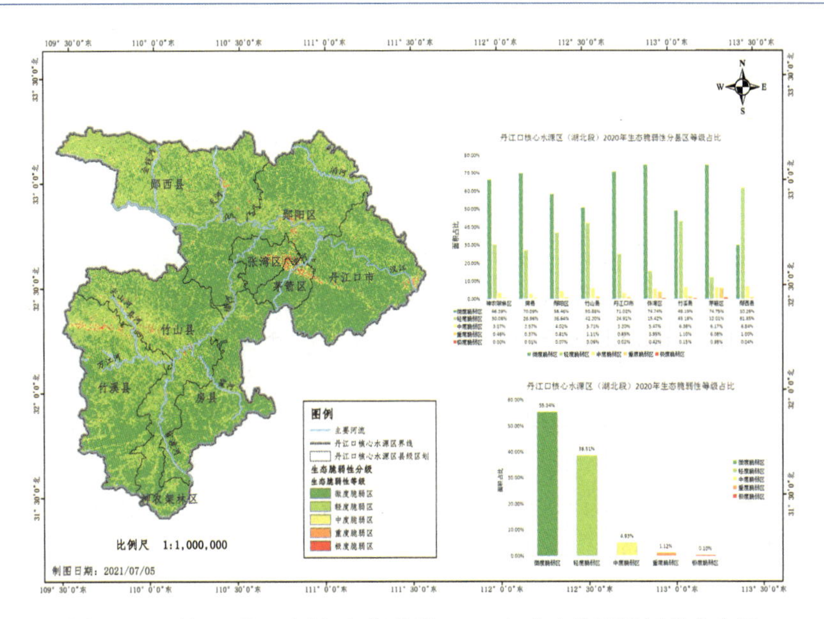

图 6.21 丹江口核心水源区(湖北段)2020 年生态脆弱性评价分布图

域为微度脆弱和轻度脆弱区，特别是神农架林区没有极度脆弱区。这两个区域远离人口密集区域，林地覆盖较多且植被的长势也很好，生态环境良好。丹江口市由于降水量较小，且露天采矿区域在此分布也较为广泛，导致也有生态较为脆弱的地区。

2020 年生态脆弱性综合指数 EVSI 值最低为 2.665，最高为 3.5741，说明各个县区的生态脆弱性差距较大。郧西县的 EVSI 值是最高的，其次就是竹溪县(3.1965)、竹山县(3.1464)；EVSI 值最低的则是房县仅有 2.665，其次是神农架林区(2.6784)和丹江口市(2.6784)。值得注意的是，张湾区和茅箭区的生态环境虽然有较多的重度和极度脆弱区，但是县区内的微度脆弱区占比都很高，为 75%左右，县区内的脆弱性两极分化较为严重，轻度和中等脆弱的区域占比是较少的。

表 6-26　**2020 年丹江口核心水源区(湖北段)分县区脆弱性占比统计表**

县级区划	微度脆弱占比	轻度脆弱占比	中度脆弱占比	重度脆弱占比	极度脆弱占比	EVSI
丹江口市	71.02%	24.91%	3.20%	0.85%	0.02%	2.6784
茅箭区	74.75%	12.01%	6.17%	6.08%	0.98%	2.9303
房县	70.09%	26.96%	2.57%	0.37%	0.01%	2.665
神农架林区	66.39%	30.08%	3.07%	0.46%	0.00%	2.7521
郧西县	30.26%	61.85%	6.84%	1.00%	0.04%	3.5741
郧阳区	58.46%	36.64%	4.02%	0.81%	0.07%	2.9475
张湾区	74.74%	15.42%	5.47%	3.95%	0.42%	2.7976
竹山县	50.88%	42.20%	5.71%	1.11%	0.09%	3.1464
竹溪县	49.19%	43.18%	6.38%	1.10%	0.15%	3.1965

3. 生态脆弱性整体变化分析

观察两年的等级划分及其占比(见表6-27)，2015年的生态是更加脆弱的：①微度脆弱区和轻度脆弱区2015年占比都小于2020年；②中度脆弱及其以上的区域占比2015年却大于2020年；③特别是中度脆弱的地区，2015年占比有10.75%而2020年仅有4.93%，下降了将近6个百分点。说明2020年的生态脆弱性确实有所改善，主要表现在中度脆弱地区的下降。其中郧阳区中部、郧西县西部和丹江口市中部的中度脆弱区减少最为明显，其中郧阳区中度脆弱区占比下降了10.70个百分点。郧阳区和郧西县都是由于生态敏感性和生态压力度有所减小，丹江口市则主要是由于生态压力度的减小。丹江口市和郧阳区的中部都是露天采矿用地分布较为密集的地方，采矿用地在一定程度上有所减少，导致露天采矿缓冲区中度压力等级的区域面积也有所减少，生态压力度降低，对生态脆弱性的影响也有所降低。郧西县西部还由于降水量的增加，导致生态敏感性减弱，进而导致生态脆弱性降低。这些原因综合起来，导致中度脆弱的区域有较大幅度的下降。

表6-27　**丹江口核心水源区(湖北段)生态脆弱性等级划分及占比统计表**

水源区脆弱性分析	标准化值	脆弱性等级	2015年占比	2020年占比
综合脆弱性	0~0.2	微度脆弱区	53.67%	55.34%
	0.2~0.4	轻度脆弱区	34.15%	38.51%
	0.4~0.6	中度脆弱区	10.75%	4.93%
	0.6~0.8	重度脆弱区	1.30%	1.12%
	0.8~1.0	极度脆弱区	0.12%	0.10%
汇总			**100.00%**	**100.00%**

从整体变化的分布来看(见表6-28和图6.22)，分布比较破碎，大部分区域是脆弱性等级不变的，占研究区域总面积的66.34%。脆弱性等级升高的区域则主要在张湾区与茅箭区交界处，其余的则分布比较零散，总共占比13.75%；脆弱性等级降低的区域主要在郧阳区中部、竹溪县南部，占比为19.91%。张湾区和茅箭区交界处等级的上升则主要是由社会经济的发展带来的，社会发展会带来一系列包括人口压力、经济压力、路网交通压力、耕地占比压力的增大，用地类型的敏感性增加，景观破碎指数的增加以及林草覆盖的减少在内的问题，这些问题综合起来，就会导致脆弱性等级的上升。此外，张湾区与茅箭区的降水量在2020年也有所降低，这也是导致脆弱性等级上升的原因之一。竹溪县南部分布有较多的等级下降区域主要受到归一化植被指数NDVI的影响，从2015年到2020年这部分区域的NDVI值上升了很多，对生态恢复力的提升有很大的影响，同时，年均降水量的增大在一定程度上减小了生态敏感性的等级，导致了脆弱性等级的下降。

总而言之，2020年丹江口核心水源区(湖北段)生态脆弱性变化幅度不大，但整体向好发展。

表 6-28　　　　　　**丹江口核心水源区(湖北段)脆弱性等级变化情况统计表**

脆弱性变化值	脆弱性等级变化	面积占比
-1	等级降低	19.91%
0	等级不变	66.34%
1	等级升高	13.75%
汇总		100.00%

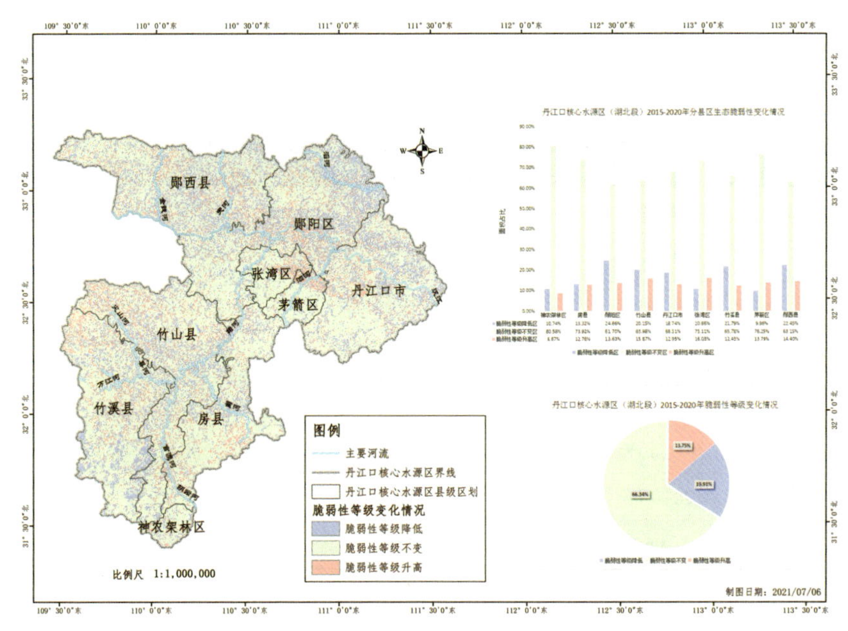

图 6.22　丹江口核心水源区(湖北段)2015—2020 年生态脆弱性变化分布情况图

4. 县区脆弱性变化分析

从县级区划来看，脆弱性等级上升区域面积大于脆弱性等级下降区域面积的县区包括张湾区和茅箭区，除了这两个县区，其他县区都是等级上升的面积小于等级下降的面积(见表 6-29)。张湾区和茅箭区脆弱性等级升高区分别占县区面积的 16.03%、13.79%，而等级下降区占比仅在 10%左右，其中 2020 年茅箭区的重度脆弱区占比上升了 4.86 个百分点，极度脆弱区占比上升 0.93 个百分点；张湾区重度脆弱区占比上升 3.34 个百分点，极度脆弱区上升 0.42 个百分点。这两个区域的生态脆弱性在一定程度上有所增加。这主要是社会经济的高速发展带来的。

郧阳区和竹溪县也是变化较大的县区之二，但是这两个区域是脆弱性等级降低区远大于等级升高区。郧阳区的等级降低区占比为 24.66%，上升区占比 13.63%；竹溪县等级降低区 21.79%，上升区占比 12.43%。根据之前的分析，郧阳区是中度脆弱区占比下降较多，主要受到露天采矿用地的影响。竹溪县则是除了微度脆弱区在上升，轻度脆弱、中度脆弱、重度脆弱和极度脆弱区占比都在下降，改善效果十分明显，这归功于归一化植被指数的改善，NDVI 值的上升使生态敏感性降低，进而脆弱型等级也会有所下降。

变化不明显的县区是神农架林区，它的脆弱型等级不变区占比为 80.58%，但还是等级降低区面积大于等级升高区，且神农架林区的生态环境本身就较为良好。其中微度脆弱区和轻度脆弱区占比都有所升高(占比分别为 0.70%，0.69%)，而中度脆弱及其以上的脆弱区面积占比都有所下降。神农架林区虽然变化幅度不大，但是生态环境有略微改善。

因此，各个县区的变化情况都不一样，有生态环境变脆弱也有生态环境改善效果明显，也有变化幅度不大的县区。同时，一般生态环境自身良好的县区改善情况也较为明显，而生态本身较为脆弱的县区则改善效果不佳，呈现两极分化的现象。

表 6-29　　**丹江口核心水源区(湖北段)分县区脆弱性等级变化情况统计表**

县级区划	脆弱性等级降低区	脆弱性等级不变区	脆弱性等级升高区	汇总
神农架林区	10.74%	80.58%	8.67%	100.00%
房县	13.32%	73.92%	12.76%	100.00%
郧阳区	24.66%	61.70%	13.63%	100.00%
竹山县	20.15%	63.98%	15.87%	100.00%
丹江口市	18.74%	68.31%	12.95%	100.00%
张湾区	10.86%	73.11%	16.03%	100.00%
竹溪县	21.79%	65.78%	12.43%	100.00%
茅箭区	9.96%	76.25%	13.79%	100.00%
郧西县	22.45%	63.15%	14.40%	100.00%

第7章　生态价值估算及分析

7.1　分析方法

将丹江口核心水源区(湖北段)流域2016年、2021年地理国情监测地表覆盖监测数据成果按照地理国情与土地利用分类对照表进行整合处理，使地理国情图斑获得土地利用一级分类、二级分类属性，叠加流域500m×500m格网数据，得到生态服务价值评估基础数据(见图7.1)。采用当量因子法，根据丹江口核心水源区(湖北段)流域的生态背景，选择植被覆盖度对全国平均当量系数进行修正，利用面积和粮食价格进行生态服务价值核算，得到丹江口核心水源区(湖北段)流域生态服务价值估算数据。同时，进一步分析土地利用变化导致的生态服务价值转移及流失，利用土地利用数据计算人类活动强度，以人类活动强度指标与生态服务价值的空间相关性反映人类活动对生态服务价值空间分布的影响，研究人类活动对生态服务价值变化的驱动力。

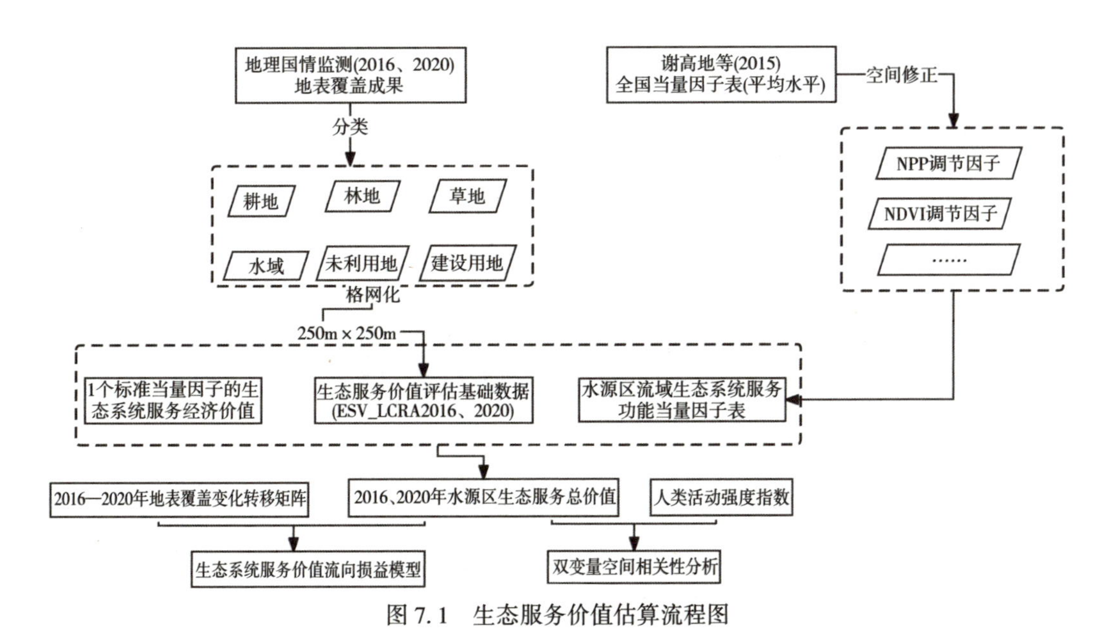

图7.1　生态服务价值估算流程图

本书采用格网法对生态服务价值进行估算。由于格网法以格网单元作为相关指标数据载体和基本分析单元，能大幅度提升研究区域生态系统服务价值的分析精度，且每个格网面积相等，使生态系统服务价值更具可比性，更能反映空间分布特征和差异。

7.1.1 生态服务价值估算方法

1. 数据说明

主要数据来源及用途如表7-1所示。

表7-1 生态服务价值估算主要数据源及用途

编号	数 据 源	主要用途
1	2016年、2021年地理国情监测数据	提取主要地表覆盖类型
2	统计年鉴、公报	提取社会经济数据，单位面积生态价值计算
3	2016年、2021年Landsat8卫星影像数据	计算NDVI及FVC
4	谢高地当量因子表	生态价值估算

2. 当量因子修订

绿色植被覆盖是生态系统服务的主要来源之一，植被的特征参数会影响自然界提供生态系统服务的能力。土地利用和土地覆盖(LULC)的变化对生态系统服务价值(ESV)的影响空间差异显著，生物量、NDVI及植被覆盖度之间具有高度相关性，归一化植被指数(NDVI)可以反映土地覆盖和生态环境的变化。已有研究表明归一化植被指数与生态系统服务价值存在相关性。选取植被覆盖度作为参数指标，参照植被覆盖度与NDVI的对应关系，采用式(7-5)、式(5-6)、式(5-7)可逐个单元对生态系统服务价值进行修订。由于建设用地、水域、未利用地等植被稀少，NDVI基本为负值，故只选取植被覆盖度较高的林地、农田、园地、草地生态系统服务做格网化修订。

$$\mathrm{FVC}=\frac{\mathrm{NDVI}-\mathrm{NDVI}_{\min}}{\mathrm{NDVI}_{\max}-\mathrm{NDVI}_{\min}} \tag{7-1}$$

$$F_k=\frac{f_k}{\bar{f}} \tag{7-2}$$

$$E_{ki}=E'_{ki}\times F_k \tag{7-3}$$

式中，NDVI为归一化植被指；FVC为植被覆盖度；F_k为第k个格网中的植被覆盖度修订系数；f_k为第k个评估单元的FVC平均值；$\bar{f}$为研究区FVC均值；此时，每个格网都对应一个修正系数。

E_{ki}即为修正后的第k个格网中i地类生态系统服务价值系数；E'_{ki}即修正前的生态系统服务价值系数，参考谢高地修正后的当量因子表(见表7-2)。

表 7-2 **单位面积生态系统服务价值当量表(谢高地)**

生态系统分类		供给服务			调节服务				支持服务			文化服务
一级分类	二级分类	食物生产	原料生产	水资源供给	气体调节	气候调节	净化环境	水文调节	土壤保持	维持养分循环	生物多样性	美学景观
耕地	旱地	0.85	0.40	0.02	0.67	0.36	0.10	0.27	1.03	0.12	0.13	0.06
	水田	1.36	0.09	-2.63	1.11	0.57	0.17	2.72	0.01	0.19	0.21	0.09
林地	针叶	0.22	0.52	0.27	1.70	5.07	1.49	3.34	2.06	0.16	1.88	0.82
	针阔混交	0.31	0.71	0.37	2.35	7.03	1.99	3.51	2.86	0.22	2.60	1.14
	阔叶	0.29	0.66	0.34	2.17	6.50	1.93	4.74	2.65	0.20	2.41	1.06
	灌木	0.19	0.43	0.22	1.41	4.23	1.28	3.35	1.72	0.13	1.57	0.69
草地	草原	0.10	0.14	0.08	0.51	1.34	0.44	0.98	0.62	0.05	0.56	0.25
	灌草丛	0.38	0.56	0.31	1.97	5.21	1.72	3.82	2.40	0.18	2.18	0.96
	草甸	0.22	0.33	0.18	1.14	3.02	1.00	2.21	1.39	0.11	1.27	0.56
荒漠	裸地	0.00	0.00	0.00	0.02	0.00	0.10	0.03	0.02	0.00	0.02	0.01
水域	湖泊河流	0.80	0.23	8.29	0.77	2.29	5.55	102.24	0.93	0.07	2.55	1.89
建设用地	房屋建筑(区)、铁路与道路、构筑物	0.01	0.03	0.02	0.11	0.10	0.31	0.21	0.13	0.01	0.12	0.05

3. 标准当量因子的生态系统服务价值量确定

1个标准单位生态系统生态服务价值当量因子(以下简称标准当量)是指 $1hm^2$ 全国平均产量的农田每年自然粮食产量的经济价值，以此当量为参照并结合专家知识可以确定其他生态系统服务的当量因子，其作用在于可以表征和量化不同类型生态系统对生态服务功能的潜在贡献能力。以稻谷、小麦和玉米三大主要粮食作物净利润的加权平均作为标准当量因子经济价值，分别计算2016年和2021年的粮食净利润。

4. 生态服务价值计算

考虑到尺度效应和估算精度，采用500×500米空间格网，利用ArcGIS软件Create Fishnet工具对研究区域进行格网划分。格网下生态系统服务价值(ESV)计算公式为：

$$\mathrm{ESVP}_{ki} = \frac{A_{ki}}{A_k} \times L \times F_k \times \sum_m Z_{im} \tag{7-4}$$

$$\mathrm{ESVP}_k = \sum_i \mathrm{ESVP}_{ki} \tag{7-5}$$

$$\mathrm{ESV} = \mathrm{ESVP}_k \times A_k \tag{7-6}$$

式中，ESVP_{ki} 为 k 格网中 i 地类的生态系统服务价值，A_{ki} 为 k 格网中 i 地类的面积，A_k 为 k 格网的面积(这里选取 500×500m 空间格网，即面积为 1000000m^2)；L 为十堰市一个标准当量因子的生态系统服务价值；F_k 为 k 格网的植被覆盖度修订系数。Z_{im} 即为 i 地类的第 m 项服务功能价值当量，对各项服务进行求和即为 i 地类的生态系统服务价值当量；对每个格网中的各个地类的服务价值求和即可得到该格网的生态系统服务价值 ESVP_k。ESV 为研究区总的生态系统服务价值(元)。

显然，i 为该格网中地表覆盖类型的数量，m 为 11 项服务功能包括食物生产、原材料生产、水资源供给、气体调节、气候调节、净化环境、水文调节、土壤保持、维持养分循环、生物多样性、美学景观。

5. 生态系统服务价值时空变化特征分析

根据上述修订系数及服务价值计算，借 ArcGIS 平台，采用空间格网化数据分割，将林地、草地、园地及农田生态系统服务价值利用植被覆盖度进行空间格网化修订，最终计算出每个格网修订后的生态系统服务价值，并生成 2016 年、2021 年生态系统服务价值空间格网分布图。为进一步识别丹江口核心水源区(湖北段)各区域生态系统服务价值变化的空间分异特征，利用 ArcGIS 绘制 2016 年、2021 年生态系统服务价值空间格网增减分布图。将各区县的 2016 年、2021 年的生态服务价值及其变化结果计入统计表格。

6. 人类活动强度评估模型

采用人类活动强度指数(HAI)来描述生态系统服务价值受人类活动影响的强度，具体公式为：

$$\mathrm{HAI} = \sum_{i=1}^{N} A_i P_i / \mathrm{TA} \tag{7-7}$$

式中，HAI 为人类活动强度指数；N 为土地利用类型数量；A_i 为第 i 种土地利用类型面积；P_i 为第 i 种地类所反映的人类活动强度系数；TA 为土地利用总面积。人类活动强度系数选取 Lohani 清单法、Leopold 矩阵法和 Delphi 法 3 种方法的平均值作为系数。根据表 7-3 中的地类，将地理国情地表覆盖地类与之对应，得到地表覆盖地类相应的人类活动强度系数。

表 7-3　不同土地利用类型人类活动强度系数

计算方法	耕地	灌草地	建设用地	林地	内陆坑塘	水库河流	未利用土地
Lohani	0.57	0.09	0.96	0.12	0.33	0.11	0.09
Leopold	0.61	0.07	0.94	0.14	0.34	0.09	0.05
Delphi	0.65	0.08	0.95	0.11	0.42	0.06	0.04
平均值	0.61	0.08	0.95	0.12	0.36	0.09	0.06

7. 双变量空间自相关分析

空间自相关指在地理空间区域上的某种属性与相邻近的空间区域上的同一属性之间的相关程度，即地理空间上是否存在聚集性，包括全局空间自相关和局部空间自相关，全局 Moran's I 只揭示研究区域整体的集聚类型，利用局部空间自相关聚类可分析生态系统服务价值领域之间的自相关性。

本项目利用 Geoda095i 软件中的单变量 Moran's I 分析生态系统服务价值空间特征，在 Z 检验的基础上（$p = 0.001$），绘制 LISA 集聚图。计算公式为：

$$I = Z_i \sum W_{ij} Z_j \tag{7-8}$$

式中，Z_i、Z_j 分别为格网 i、j 上标准化的观测值；W_{ij} 为空间权重(当区域 i 和 j 相邻接则为 1，否则为 0)。LISA 集聚图把区域划分为 4 类：“高-高”型、“低-低”型、“低-高”型和“高-低”型。通过对集聚图的分析，直观描述生态系统服务价值和人类活动强度时空变化的宏观尺度特征。

7.1.2　水源涵养量和水源涵养价值估算方法

本项目采用的 InVEST 模型由于数据易获取、参数率定灵活、评价结果较准确等而被广泛用于生态系统服务功能评估中。项目选择 InVEST 模型，基于气象数据、地理国情数据、土壤属性数据以及 InVEST 模型参数表(见表 7-4)等，对丹江口核心水源区(湖北段)水源涵养量进行定量估算，分析水源涵养功能的时空变化特征。

表 7-4　**Invest 模型参数表**

土地利用类型	植被蒸散系数 1000k	根系深度(mm) $RootDepth_x$	流速系数 velocity
耕地	700	300	1200
林地	900	2000	250
草地	650	500	500
建设用地	1	1	2000
未利用地	1	1	500

首先，计算产水量，产水量的计算需要植被可利用水率、土壤有效含水量、干燥指数以及年降雨量这几个参数。

(1)植被可利用水率是通过对从土壤属性数据中获取的土壤砂粒含量(%)、土壤粉粒含量(%)、土壤黏粒含量(%)、土壤有机质含量(%)四个土壤质地数据计算得到。然后结合最大土壤深度和根系深度两个参数中的较小者即可得到土壤有效含水量。得到了土壤有效含水量后结合 Zhang 系数和降水量即可得到一个无量纲参数 ω_x。

(2)再者，干燥指数 R 的计算需要已知蒸散系数、潜在蒸散量及降水量。蒸散系数从

InVEST 模型参数表可以获取，降水量则利用气象数据空间插值即可获取。潜在蒸散量计算较为麻烦，需要太阳大气顶层辐射、日最高温均值和日最低温均值的平均值、日最高温均值和日最低温均值的差值三个参数，其中太阳大气顶层辐射用气象站太阳平均总辐射除以 50%计算获得。

(3)最后，已知无量纲参数 ω_x 和燥指数 R，结合年降雨量数据即可获得研究区的产水量。

其次，水源涵养量的计算较为简单，仅需要流速系数、地形指数和土壤饱和导水率三个系数。流速系数同样是通过 InVEST 模型参数表获取，土壤饱和导水率则可以通过软件计算得到。地形指数则需要集水区栅格数量、土壤深度和百分比坡度，其中土壤深度在土壤属性数据中可以提取到，百分比坡度则是通过 DEM 数据提取出来。有了这三个系数再乘上产水量即可得到水源涵养量(WC2016、WC2021)。两年的变化量记为 WC2016_2021。

最后，水源涵养价值采用市场价值法，利用用水价格和水源涵养量来估算水源涵养的经济价值(WCV2016、WCV2021)。变化量为 WCV2016_2021。

具体流程图，如图 7.2 所示。

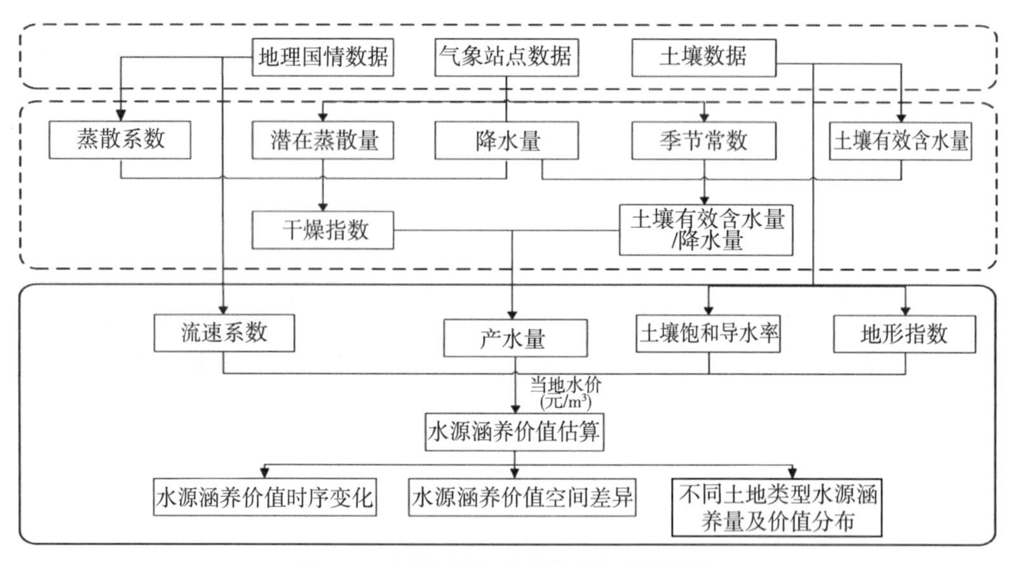

图 7.2　水源涵养量及其价值估算流程图

1. 数据说明

InVEST 水源涵养模型需要输入的参数有蒸散系数(k)，根系深度(RootDepth)，流速系数(Velocity)。蒸散系数是指一定时段内水分充分供应的农作物实际蒸散量与生长茂盛、覆盖均匀、高度一致(8～15cm)和土壤水分供应充足的开阔草地蒸散量的比值，参照联合国粮农组织(FAO)出版的《作物蒸散量-作物需水量计算指南》模型提供的参考数据以及研究区地表植被覆盖实际情况确定。流速系数表示了不同的下垫面对地表径流运动的影响。以 USDA-NRCS 提供的国家工程手册上的流速-坡度-景观表格为基准，乘以 1000 得到的。

土壤饱和导水率(K_s)采用澳大利亚威尔士大学开发的 NeuroTheta 软件计算。

除上述参数外，还需要地理国情监测、DEM 数据、土壤属性数据、长期气象数据和各政府官网的文本数据(用于获取用水价格)。其中气象数据通过中国气象数据共享网获得，土壤属性数据从中国科学院南京土壤研究所土壤科学数据中心网站获取。具体见表 7-5。

表 7-5　**水源涵养量和水源涵养价值估算主要数据来源及用途**

编号	数据名称	数据用途
1	地理国情监测数据	基础数据
2	DEM 数据	提取百分比坡度
3	土壤属性数据	计算植被可利用水率
4	气象数据	计算潜在蒸散量
5	太阳总辐射(SOL)数据	计算潜在蒸散量
6	InVEST 模型参数表	计算产水量及水源涵养量

2. 产水量估算

InVEST 年产水模型是基于水量平衡原理的一种估算方法，即年产水量等于降水量与蒸散发总量的差值，该模型可以以栅格为单元定量评价不同地块的产水量利用 InVEST 产水量模块计算，即年均降水量与年均实际蒸散量之差。计算公式为：

$$Y_{jx} = \left(1 - \frac{\mathrm{AET}_{jx}}{P_x}\right) P_x \tag{7-9}$$

式中，Y_{jx} 为第 j 种地表覆盖类型栅格 x 的产水量(mm)；AET_{jx} 为第 j 种地表覆盖类型栅格 x 的每年实际蒸散量(mm)；P_x 为栅格 x 的年降雨量(mm)。$j=1$ 为林地，$j=2$ 为草地，$j=3$ 为水域，$j=4$ 为园地，$j=5$ 为建设用地，$j=6$ 为公共用地，$j=7$ 为耕地，$j=8$ 为其他用地。

$$\frac{\mathrm{AET}_{jx}}{P_x} = \frac{1 + \omega_x R_{jx}}{1 + \omega_x R_{jx} + \frac{1}{R_{jx}}} \tag{7-10}$$

式中，R_{jx} 为第 j 种地表覆盖类型栅格 x 的干燥指数，是潜在蒸散与降水量的比值，计算公式为：

$$R_{jx} = \frac{k \times ET_0}{P_x} \tag{7-11}$$

式中，k 为植被蒸散系数，不同的地表覆盖类型对应的值不同，ET_0 为潜在蒸散量(mm/d)，是指假设平坦地面被特定矮秆绿色植物全部遮蔽，同时土壤保持充分湿润情况下的蒸散量，采用下式计算：

$$\mathrm{ET}_0 = 0.0013 \times 0.408 \times \mathrm{RA} \times (T_{\mathrm{avg}} + 17) \times (\mathrm{TD} - 0.0123P)^{0.76} \tag{7-12}$$

式中，RA 是太阳大气顶层辐射($\mathrm{MJ \cdot m^{-2}/d}$)，太阳大气顶层辐射用气象站太阳平均总辐射除以 50%计算获得(假设大气层顶的太阳辐射是 100%。那么太阳辐射通过大气后发生散射、吸收和反射，向上散射占 4%，大气吸收占 21%，云量吸收占 3%，云量反射占 23%，共约损失 50%)；T_{avg} 是日最高温均值和日最低温均值的平均值(℃)；TD 是日最高温均值和日最低温均值的差值(℃)。

ω_x 为植物年需水量与降水量的比值，是无量纲参数，计算公式为：

$$\omega_x = Z\frac{AWC_x}{P_x} \tag{7-13}$$

式中，Z 为 Zhang 系数，表示降雨分布和深度，是表征降水季节性特征的一个常数，其值在 1~10，降水主要集中在冬季时，其值接近于 10，降水主要集中在夏季或季节分布较均匀时，其值接近于 1，默认值是 9.433；AWC_x 为栅格 x 的土壤有效含水量(mm)。

$$AWC_x = MIN(MaxSoilDepth_x,\ RootDepth_x) \times PAWC_x \tag{7-14}$$

$$\begin{aligned}PAWC_x = & 54.509-0.132\times Sand\%-0.003\times(Sand\%)^2-0.055\times Silt\%-0.006\times(Silt\%)^2 \\ & -0.738\times Clay\%+0.007\times(Clay\%)^2-2.688\times OM\%+0.501\times(OM\%)^2\end{aligned} \tag{7-15}$$

式中，$MaxSoilDepth_x$ 为最大土壤厚度(mm)；$RootDepth_x$ 为根系深度(mm)，$PAWC_{jx}$ 为植被可利用水率，无量纲，取值为 0~1，根据土壤质地计算得到；Sand 为土壤砂粒含量(%)；Silt 为土壤粉粒含量(%)；Clay 为土壤黏粒含量(%)；OM 为土壤有机质含量(%)。

3. 水源涵量估算

在 InVEST 模型中计算得到产水量的基础上，结合流域地形指数、地表流速系数和土壤饱和导水率计算栅格尺度的水源涵养量。计算公式如下：

$$WC = \min\left(1,\ \frac{249}{velocity}\right) \times \min\left(1,\ \frac{0.9 \times TI}{3}\right) \times \min\left(1,\ \frac{K_s}{300}\right) \times Y_x \tag{7-16}$$

$$TI = \lg\frac{Drainagearea}{SoilDepth \times PercentSlope} \tag{7-17}$$

式中，WC 为水源涵养量(mm)；velocity 为流速系数，不同的地表覆盖类型对应不同的值；TI 为地形指数，由(7-16)计算得到；K_s 为土壤饱和导水率(mm/d)，根据土壤的黏粒、粉粒和沙粒含量通过 Neuro Theta 软件预测得到；Drainagearea 为集水区栅格数量，无量纲；SoilDepth 土壤深度(mm)；PercentSlope 为百分比坡度。

4. 水源涵养服务价值估算

水源涵养服务价值主要体现在水源供给服务价值，故这里选取市场价值法，即利用用水价格来评估水源涵养量的经济价值。计算公式为：

$$E = \alpha \times WC_x \times 100 \times A_x \tag{7-18}$$

式中，E 为水源涵养服务价值(元)；α 为用水价格(元/m^3)；WC_x 为栅格 x 的水源涵养总量(mm)；A_x 为栅格 x 的面积(mm^2)；

5. 结果分析

按照上述方法计算总产水量和水源涵养及其服务价值的变化量，同时制作 2016 年及

2021 年两年的水源产水量及水源涵养价值的空间分布及其变化栅格图。结合气候因素的变化和地表覆盖变化进行分析，对水源涵养服务价值响应进行分析。

7.1.3　固碳释氧量和固碳释氧价值估算方法

陆地生态系统所提供的固碳释氧服务是人类生存与现代文明得以维系和发展的基础，它是指陆地生态系统中的绿色植被通过光合作用吸收空气中的 CO_2，生成葡萄糖等有机物质并释放出 O_2 的过程，它属于陆地生态系统的气体调节服务功能，在改善全球生态环境和维持气候平衡过程中发挥着不可替代的作用。

估算生态系统的固碳释氧服务包括估计固碳释氧量及其价值两部分内容，其中，固碳释氧量指陆地生态系统固定的碳元素和释放氧气的质量（简称固碳量和释氧量）的总和，而固碳释氧价值指固定碳元素和释放氧气的生态服务价值（简称固碳价值和释氧价值）的总和。固碳释氧价值的估算除根据生态系统单位面积服务价值估算外，主要是先估算植被净初级生产力（Net Primary Productivity，NPP），然后根据光合作用关系计算固碳释氧价值，植被净初级生产力是固碳释氧价值估算的关键步骤之一。CASA 模型（Carnegie Ames Stanford Approach）是一种广泛用于植被净初级生产力的估算模型，充分考虑了环境条件以及植被本身的特征，只需要较少的资源及环境调控因子作为输入参数，就可有效地反演陆地植被 NPP。

整体的研究思路是先利用 CASA 模型获得研究区的植被 NPP，然后，根据植被光合作用合成有机物质与其吸收 CO_2 和释放 O_2 之间的关系，计算出研究区陆地生态系统的固碳量和释氧量，最后，用货币衡量生产有机物质价值的思想，采用市场价值法进一步获得生态系统的固碳和释氧价值。

具体的 CASA 模型的计算步骤如图 7.3 所示。NPP 的计算需要两个参数，光合有效辐射和光能转化率。

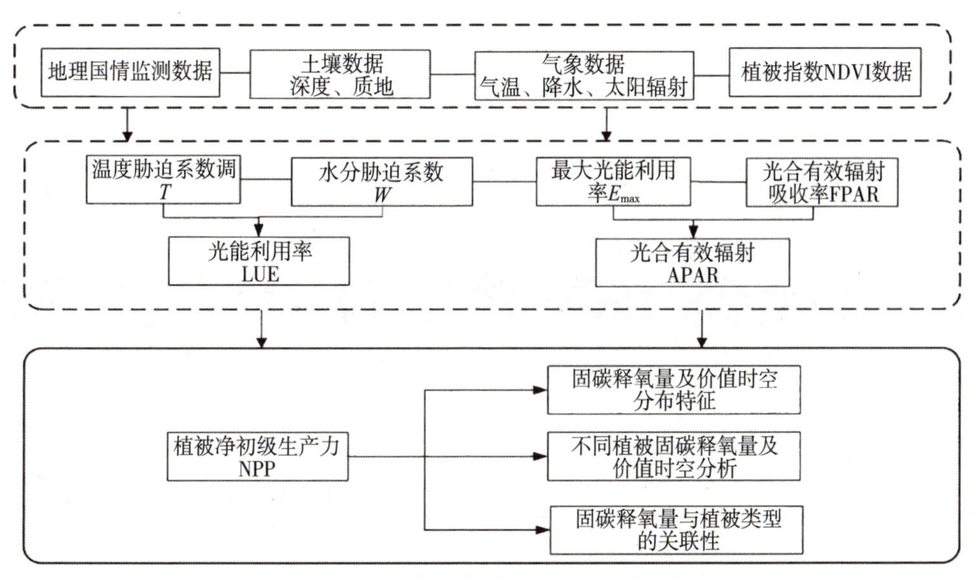

图 7.3　CASA 模型估算固碳释氧技术流程图

(1)首先，光合有效辐射的求取相对来说较为简单，利用太阳辐射总能量、有效辐射的吸收比例以及一个常数 r(取 0.5)相乘即可。太阳辐射总能量通过 DEM 数据模拟计算可以得到。植被对入射的光合有效辐射的吸收比例通过比值植被指数得到，比值植被指数是通过归一化植被指数 NDVI 计算得到的。

(2)光能转化率的求取则较为复杂。它需要四个参数——水分胁迫系数、最大光能利用率以及两个温度胁迫系数。不同植被类型对应的最大光能利用率不同，如表 7-6 所示。温度胁迫系数则是根据 NDVI 值最大的一个月的月平均气温求取。水分胁迫系数的计算需要估计蒸散量和可能蒸散量两个系数，而这两个系数的求取需要净辐射量、年降水量以及局地可能蒸散量，其中净辐射量是通过年降水量和局地可能蒸散量求取的，局地蒸散量是利用月均气温通过复杂的公式计算得到。

表 7-6　　**不同植被类型的最大光能利用率**

植被类型	ε_{max}(模拟值)
针叶林	0.389
阔叶林	0.985
针阔混交林	0.728
灌丛	0.429
草地	0.542
旱地	0.468
水田	0.385
裸地	0.217
建设用地	0.196

1. 数据说明

本书需要的主要数据及其来源见表 7-7。

表 7-7　　**固碳释氧量和固碳释氧价值估算主要数据来源及用途**

编号	数据名称	数据用途
1	地理国情监测数据	对应不同的最大光能利用率
2	气象站点数据	求取局地可能蒸散量以及净辐射量
3	遥感影像数据	计算归一化植被指数 NDVI
4	DEM 数据	模拟计算太阳总辐射量

地表覆盖类型主要影响光能利用率。将地表覆盖类型与表 7-7 中指标类型进行对应，

得到水源区不同土地利用类型的最大光能利用率。植被光能利用率栅格化为 500m 分辨率的栅格。

气象站点数据包括当年 12 个月的月均温、年降水量、年蒸发量。对气象站点数据，进行克里金插值得到分辨率为 500m 的栅格数据。

NDVI 数据根据 Landsat 8 卫星影像数据计算得到。

太阳总辐射通过 ArcGIS 软件的 Solar Radiation 模块进行模拟该模块输入 DEM 数据在 ArcToolbox 中点击[Spatial Analyst 工具]->[太阳辐射]->[太阳辐射区域]，调用太阳辐射区域工具能够根据研究区纬度、月份和地形去模拟研究区太阳总辐射，栅格分辨率为 500m。

2. CASA 模型估算 NPP

CASA 模型属于参数模型，即光能利用率模型。CASA 模型中 NPP 主要由植被所吸收的光合有效辐射(APAR)和光能利用率 ε 两个变量来确定，其估算公式为：

$$\mathrm{NPP}(x,\ t) = \mathrm{APAR}(x,\ t) \times \varepsilon(x,\ t) \tag{7-19}$$

式中，$\mathrm{APAR}(x,\ t)$ 为 t 月在像元 x 处植被吸收的光合有效辐射($\mathrm{MJ \cdot m^{-2}}$)；$\varepsilon(x,\ t)$ 为 t 月在像元 x 处的光能转化率($\mathrm{gC \cdot MJ^{-1}}$)。

1)APAR 光合有效辐射

太阳辐射能是植物进行光合作用的能量来源，其中能被植物有效吸收并进行光合作用的部分叫光合有效辐射(Photosynthetically Active Radiation，PAR)，其波长范围在 0.38～0.78μm。光合有效辐射一般占太阳总辐射的 50%左右。其中，通过光合作用，并最终能固定为植物有机质的这部分光能叫植被吸收光合有效辐射(Absorbed Photosynthetically Active Radiation，APAR)，太阳总辐射的大小和植物本身的生理生态特征共同决定了 APAR 的大小。

$$\mathrm{APAR}(x,\ t) = \mathrm{SOL}(x,\ t) \times \mathrm{FPAR}(x,\ t) \times r \tag{7-20}$$

式中，$\mathrm{SOL}(x,\ t)$ 为 t 月在像元 x 处的太阳总辐射量($\mathrm{MJ \cdot m^{-2}}$)；$\mathrm{FPAR}(x,\ t)$ 为 t 月在像元 x 处植被层对入射的光合有效辐射的吸收比例；r 为植被所能利用的太阳辐射占太阳总辐射的比例，在此取值 0.5。

$$\mathrm{FPAR}(x,\ t) = \frac{(\mathrm{SR} - \mathrm{SR}_{t,\ \min})(\mathrm{FPAR}_{\max} - \mathrm{FPAR}_{\min})}{(\mathrm{SR}_{t,\ \max} - \mathrm{SR}_{t,\ \min})} \tag{7-21}$$

$$\mathrm{SR}(x,\ t) = \frac{1 + \mathrm{NDVI}(x,\ t)}{1 - \mathrm{NDVI}(x,\ t)} \tag{7-22}$$

式中，$\mathrm{FPAR}_{\max} = 0.950$，$\mathrm{FPAR}_{\min} = 0.001$，且 $\mathrm{FPAR}_{\max}$ 和 $\mathrm{FPAR}_{\min}$ 不随植被类型变化而变化；$\mathrm{SR}(x,\ t)$ 为比值植被指数；$\mathrm{SR}_{t,\ \min}$ 为最小比值植被指数；$\mathrm{SR}_{t,\ \max}$ 为最大比值植被指数；$\mathrm{NDVI}(x,\ t)$ 为归一化植被指数。

2) ε 光能转化率

光能利用率是指植被把所吸收的入射光合有效辐射(APAR)转化为有机碳的比率(gC/MJ)。光能利用率因不同植被类型及不同的生态环境而差异很大，包括气温、水分、土壤、营养、疾病、个体发育、基因差异和植被维持与生长的不同能量分配等影响因子。光利用率主要受温度和水分的影响，其计算公式为：

$$\varepsilon(x, t) = T_{\varepsilon1}(x, t) \times T_{\varepsilon2}(x, t) \times W_{\varepsilon}(x, t) \times \varepsilon_{max} \tag{7-23}$$

式中，$T_{\varepsilon1}(x, t)$ 和 $T_{\varepsilon2}(x, t)$ 反映温度的影响，为温度胁迫系数；$W_{\varepsilon}(x, t)$ 反映水分条件的影响，为水分胁迫系数；ε_{max} 为理想条件下的最大光能转化率。根据朱文泉等的研究结果，不同植被类型最大光能利用率表 7-8。

$T_{\varepsilon1}(x, t)$ 的计算公式为：

$$T_{\varepsilon1}(x, t) = 0.8 + 0.02T_{opt}(x) - 0.0005[T_{opt}(x)]^2 \tag{7-24}$$

式中，$T_{opt}(x)$ 为某一区一年内 NDVI 值达到最高时月份的平均气温，认为此温度为植被生长的最适温度。当某一月平均温度≤-10℃时，$T_{\varepsilon1}$ 取 0，认为光合生产力为零。

$T_{\varepsilon2}(x, t)$ 的计算公式为：

$$T_{\varepsilon2}(x,t) = \frac{1.184}{\{1+\exp[0.2(T_{opt}(x)-10-T(x,t))]\} \times \{1+\exp[0.3(-T_{opt}(x)-10+T(x,t))]\}} \tag{7-25}$$

式中，若月平均气温 $T(x, t)$ 比最适温 $T_{opt}(x)$ 高 10℃或低 13℃时，该月 $T_{\varepsilon2}(x, t)$ 值为最适温度 $T_{opt}(x)$ 时 $T_{\varepsilon2}(x, t)$ 的一半。

$W_{\varepsilon}(x, t)$ 的计算公式为：

$$W_{\varepsilon}(x, t) = 0.5 + 0.5 \times EET(x, t)/PET(x, t) \tag{7-26}$$

式中，$EET(x, t)$ 为 t 月在像元 x 处的区域估计蒸散量(mm)；$PET(x, t)$ 为 t 月在像元 x 处的区域可能蒸散量(mm)。

当该年降水量 $PPT(x,t) \geqslant PET(x,t)$ 时，$EET(x,t) = PET(x,t)$，即 $W_{\varepsilon}(x,t) = 1$。

当该年降水量 $PPT(x,t) < PET(x,t)$ 时,用以下公式计算 $EET(x,t)$ 和 $PET(x,t)$：

$$EET(x, t) = \frac{PPT(x, t) \times Rn(x, t) \times [PPT^2(x, t) + Rn^2(x, t) + PPT(x, t) \times Rn(x, t)]}{[PPT(x, t) \times Rn(x, t)] \times [PPT^2(x, t) + Rn^2(x, t)]} \tag{7-27}$$

$$PET(x, t) = 0.5 \times [Ep(x, t) + EET(x, t)] \tag{7-28}$$

式中，$PPT(x, t)$ 为像元 x 处的年降水量(mm)；$Rn(x, t)$ 为像元 x 处的净辐射量($mm \times mon^{-1}$)；$Ep(x, t)$ 为局地可能蒸散量(mm)。计算模型如下：

$$Rn(x, t) = [Ep(x, t) \times PPT(x, t)]^{0.5} \times \{0.369 + 0.598 \times [Ep(x, t)/PPT(x, t)]^{0.5}\} \tag{7-29}$$

$$Ep(x, t) = 16 \times [10 \times T(x, t)/I]^{a} \tag{7-30}$$

$$a = (0.675 I^3 - 77.1 I^2 + 17920I + 492390) \times 10^{-6} \tag{7-31}$$

$$I = \sum_{t=1}^{12} [T(x, t)/5]^{1.514} \tag{7-32}$$

3. 固碳释氧量及其价值估算

植被每生产 1.00kg 有机物质能固定 1.63kgCO_2，并释放 1.19kg 的 O_2，其化学反应方程式为：$6CO_2 + 6H_2O \rightarrow C_6H_{12}O_6 + 6O_2$，根据《森林生态系统服务功能评估规范》(LY/T 1721—2021)，植被固碳量计算公式为：

$$G_{固碳} = 1.63 \times R_{碳} \times A \times B_{年} \tag{7-33}$$

式中，$G_{固碳}$ 为植被年固碳量，单位 t/a^{-1}；$R_{碳}$ 为 CO_2 中碳的含量，为 27.27%；$B_{年}$ 为单位面积植被净初级生产力，单位为 $t \cdot hm^{-2} \cdot a^{-1}$；$A$ 为面积，单位为 hm^2。得到图层结果为 C2016、C2021，变化量记为 C2016_2021。

植被释氧量计算公式为：

$$G_{氧气} = 1.19 \times A \times B_{年} \tag{7-34}$$

式中，$G_{氧气}$ 为植被年释氧量，单位为 $t \cdot a^{-1}$；$B_{年}$ 为单位面积植被净初级生产力，单位为 $t \cdot hm^{-2} \cdot a^{-1}$；$A$ 为面积，单位为 hm^2。得到图层结果为 O2016、O2021，变化量记为 O2016_2021。

$$U_{碳} = G_{固碳} \times C_{碳} \tag{7-35}$$

$$U_{氧} = G_{氧气} \times C_{氧} \tag{7-36}$$

式中，$U_{碳}$ 为植被年固碳价值量，单位元/a；$G_{固碳}$ 为植被年固碳量，单位 $t \cdot a^{-1}$；$C_{碳}$ 为固碳价格，单位元/吨。采用国际上通用的瑞典碳税法来估计固碳价值，该法规定的碳税率为 150 美元/吨，折合人民币 1200 元/吨。固碳价值量图层命名为 VC2016、VC2021，变化量为 VC2016_2021。

$U_{氧}$ 为植被年释氧价值量，单位元/a；$G_{氧气}$ 为植被年释氧量，单位 $t \cdot a^{-1}$；$C_{氧}$ 为氧气价格，单位元/吨。采用我国国家卫生部网站中 2007 年春季氧气平均价格为 1000 元/吨。固碳价值量图层命名为 VO2016、VO2021，变化量为 VO2016_2021。

4. 结果分析

在栅格单元上计算固碳释氧量及其总价值，同时对其进行可视化表达。统计各县区级的行政单元内的固碳释氧量情况，横向对比各县区的生态系统固碳释氧价值。同时，对 2016—2021 年 5 年之间的变化也进行可视化制图，并对空间分布特征的变化进行分析。结合地表覆盖类型的变化特征，分析对固碳释氧价值变化的影响，探求其驱动因素。

7.2　生态服务价值时空特征分析

7.2.1　生态服务价值总体情况

由表 7-8 可知，丹江口核心水源区(湖北段)生态服务价值持续增长，由 2016 年的 879.14 亿元增加到 2021 年的 1070.56 亿元，涨幅高达 21.78%。各地类中林地对生态服务价值贡献最大，价值量达到了 826.83 亿元，占价值总量的 77.23%，其次是水域、草地和耕地，建设用地和未利用地贡献率较低，见图 7.4。

总体来看，丹江口核心水源区(湖北段)的生态服务价值整体呈增加趋势，其中林地生态服务价值增加最大 139.42 亿元，其次是水域和草地，分别增加 34.41 亿元和 10.60 亿元，其他地类增加较小。丹江口核心水源区(湖北段)生态服务价值的增加，表明水源区生态修复与生态保护政策的实施，取得了一定的成效。

表 7-8　**2016—2021 年丹江口核心水源区(湖北段)地类生态服务价值统计表**

土地利用	2021 年生态服务价值(亿元)	贡献率	2016 年生态服务价值(亿元)	贡献率
林地	826.83	77.23%	687.41	78.19%
水域	181.76	16.98%	147.35	16.76%
草地	38.77	3.62%	28.17	3.20%
耕地	21.51	2.01%	14.95	1.70%
建设用地	1.67	0.16%	1.23	0.14%
未利用地	0.02	0.00%	0.02	0.00%
合计	1070.56	100.00%	879.14	100.00%

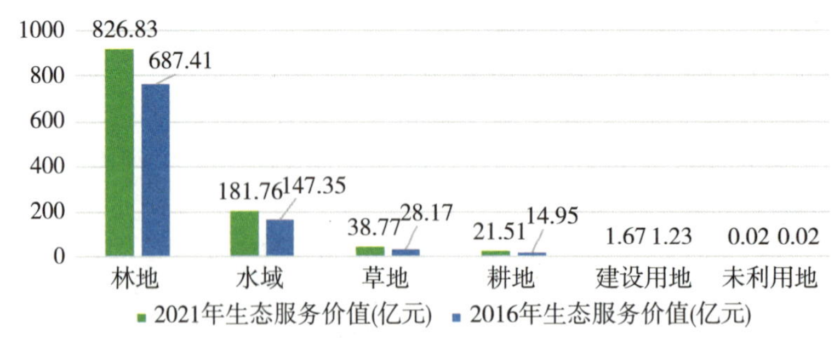

图 7.4　2016—2021 年丹江口核心水源区(湖北段)地类生态服务价值统计图

7.2.2　生态服务价值空间分布

将生态服务价值按照自然间断的方法分为五类，如图 7.5 所示。生态服务价值高的区域主要分布在丹江口水库及河流附近，价值量偏低的情况出现在东北部和中西部的耕地及建设用地集中的区域。结合图 7.6 发现，2016—2021 年水源区林地、草地的开垦，以及城镇化建设对林地草地的侵占，导致了水源区生态系统服务价值的下降。与此同时，水源区水域和草地的增加，以及植被长势的发育，使水源区生态系统服务价值也有所提高，由此可见，林地、草地和水库河流对水源区生态系统服务具有重要意义。

7.2.3　各县区生态服务价值

城镇化建设水平较高的区域，生态服务价值较低。结合图 7.7，生态服务价值由高到低依次是：丹江口市>竹溪县>郧阳区>竹山县>郧西县>房县>张湾区>茅箭区>神农架林区。如表 7-9 所示，单位公顷生态服务价值差距相对变小，但与区县生态服务价值一致。单位面积生态服务价值较小的区域主要是中心城镇，如张湾区、茅箭区和郧阳区。这些地区城镇化建设水平较高，建设用地比例较高，水域、林地、草地较少，生态服务价值较低。

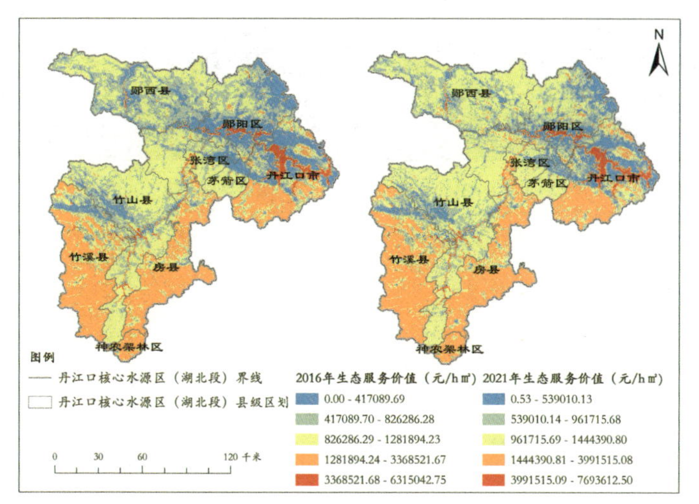

图7.5 2016—2021年丹江口核心水源区(湖北段)生态服务价值空间分布图

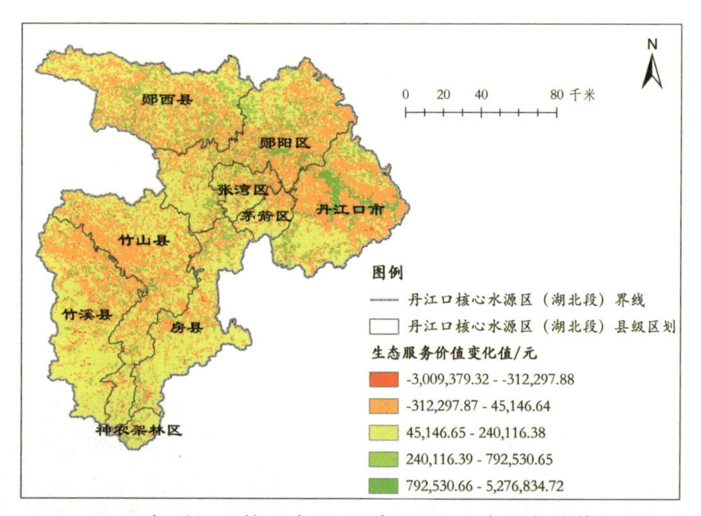

图7.6 2016—2021年丹江口核心水源区(湖北段)生态服务价值空间变化分布图

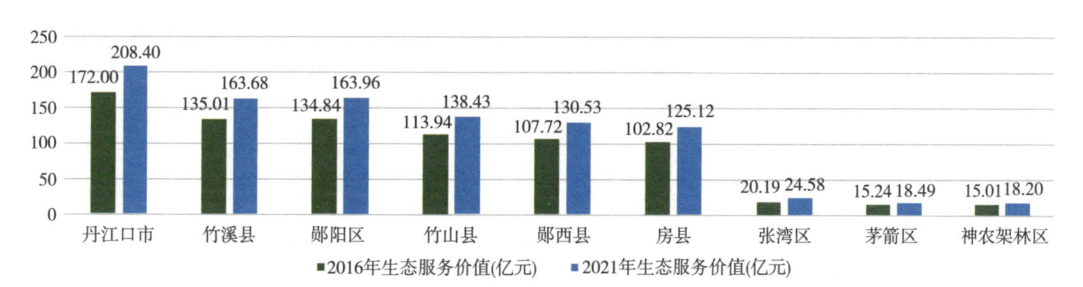

图7.7 2016—2021年丹江口核心水源区(湖北段)县区生态服务价值统计图

表 7-9　2016—2021 年丹江口核心水源区(湖北段)县区生态服务价值统计表

县(区)	2016 年			2021 年		
	总价值(亿元)	面积(hm^2)	单位面积价值(万元/hm^2)	总价值(亿元)	面积(hm^2)	单位面积价值(万元/hm^2)
丹江口市	172.09	313073.60	5.50	208.40	313073.60	6.66
茅箭区	15.24	53746.94	2.83	18.49	53746.94	3.44
房县	102.82	245761.94	4.44	125.12	245761.94	5.09
神农架林区	15.01	33929.78	4.44	18.20	33929.78	5.38
郧西县	107.72	351782.90	3.07	130.53	351782.90	3.72
郧阳区	134.84	384023.33	3.52	163.96	384023.33	4.28
张湾区	20.19	65971.11	3.07	24.58	65971.11	3.74
竹山县	113.94	360739.68	3.17	138.43	360739.68	3.85
竹溪县	135.01	331660.97	4.08	163.68	331660.97	4.95

从县区生态服务价值与国民生产总值(GDP)对比的角度来看，见表 7-10 所示，经济发展水平较好的地区生态服务价值较低，整体且小于国民生产总值，且差距逐渐拉大。具体地，茅箭区和张湾区的生态服务价值远低于国民生产总值，高达 500 亿元；其次是丹江口市和郧阳区也有 60 多亿元；其他区域均是生态服务价值高于国民生产总值，竹溪县在 76 亿元左右，竹山县、郧西县和房县在 5 亿~36 亿元。

表 7-10　2016—2021 年丹江口核心水源区(湖北段)生态服务价值与国民生产总值统计表

县区	2016 年			2021 年		
	生态服务价值(亿元)	国民生产总值(亿元)	差值(亿元)	生态服务价值(亿元)	国民生产总值(亿元)	差值(亿元)
茅箭区	15.24	312.63	-297.39	18.49	417.04	-398.55
张湾区	20.19	407.88	-387.69	24.58	537.52	-512.94
郧阳区	134.84	120.99	13.85	163.96	167.99	-4.03
郧西县	107.72	69.19	38.53	130.53	95.15	35.38
竹山县	113.94	87.37	26.56	138.43	117.12	21.31
竹溪县	135.01	70.09	64.92	163.68	87.68	76.00
房县	102.82	80.62	22.20	125.12	120.46	4.67
丹江口市	172.09	213.52	-41.43	208.40	270.07	-61.66

7.2.4　生态服务价值影响因素

2016—2021 年各县区生态服务价值均呈现增加的趋势。如表 7-11 所示，其中丹江口市、郧阳区和竹溪县的生态系统服务价值增加较大，在 28.67 亿元至 36.32 亿元之间，这些地区增加较大的原因：一方面 2016—2021 年植被长势趋于茂盛，NDVI 值有所上升；另一方面是水域增加较多，而水域的生态服务价值是较大的，每公顷生态服务价值是林地的 6 倍、草地的 10 倍、耕地的 20 倍。茅箭区、张湾区和神农架林区的生态服务价值增加相对较小，在 3.19 亿元至 4.39 亿元之间，张湾区和茅箭区的生态系统服务价值增加相对较小，从土地利用变化上来看，这些区域以建设用地为主，所以生态服务价值增加较小。其他区域增加值在 22 亿元左右。

表 7-11　**2016—2021 年丹江口核心水源区(湖北段)县区生态服务价值变化统计表**

县(区)	2016 年 总价值(亿元)	2021 年 总价值(亿元)	2016—2021 年 变化值(亿元)
丹江口市	172.09	208.4	36.31
茅箭区	15.24	18.49	3.25
房县	102.82	125.12	22.3
神农架林区	15.01	18.2	3.19
郧西县	107.72	130.53	22.81
郧阳区	134.84	163.96	29.12
张湾区	20.19	24.58	4.39
竹山县	113.94	138.43	24.49
竹溪县	135.01	163.68	28.67

7.2.5　各项生态系统价值及变化

从各项生态系统服务价值来看，如表 7-12 所示。一级服务价值中，调节服务最强，支持服务要强于供给服务，文化服务最低。在所有二级服务里，水文调节服务价值最高，维持养分循环服务价值最低。丹江口核心水源区(湖北段)2016—2021 年间生态系统服务价值整体增加，在各项生态系统服务里，也呈现出增加趋势。究其原因是水源区各项政策和保护措施的实施，促使生态系统服务有明显好转。

表 7-12　**2016—2021 年丹江口核心水源区(湖北段)不同生态系统价值统计表**

<table>
<tr><th colspan="2">生态服务价值</th><th>2016 年(亿元)</th><th>2021 年(亿元)</th><th colspan="2">差值(亿元)</th></tr>
<tr><td rowspan="3">供给服务价值</td><td>食物生产</td><td>13.93</td><td>16.97</td><td rowspan="3">11.82</td><td>3.04</td></tr>
<tr><td>原料生产</td><td>21.10</td><td>25.63</td><td>4.52</td></tr>
<tr><td>水资源供给</td><td>18.81</td><td>23.07</td><td>4.26</td></tr>
</table>

续表

生态服务价值		2016年(亿元)	2021年(亿元)	差值(亿元)	
调节服务价值	气体调节	66.72	80.92	123.54	14.21
	气候调节	189.61	229.85		40.23
	净化环境	62.33	75.73		13.39
	水文调节	250.23	305.93		55.70
支持服务价值	土壤保持	81.93	99.44	34.39	17.50
	维持养分循环	6.50	7.89		1.39
	生物多样性	72.81	88.30		15.50
文化服务价值	美学景观	32.89	39.90	7.02	7.02

7.2.6 人类活动强度变化分析

将人类活动强度依据GIS自然间断法分为五类，分析2016—2021年丹江口核心水源区(湖北段)人类活动强度空间变化。

由图7.8可知，丹江口核心水源区(湖北段)人类活动强度空间分布特征为：以较低影响强度为主；高影响强度在东北部和中西部分布；中影响和较低影响强度区域部分在高影响强度区域周围分布，另部分与较低影响强度区域呈交叉蔓延分布；高影响强度区域呈零星块状分布且主要位于建设用地集中的区域。由图7.9可知，人类活动强度变化趋势：2016—2021年较低影响强度区域呈现减少的变化趋势，下降幅度为8.76%；中影响强度区域和较高影响强度区域呈现大幅增加的变化趋势为6.50%；高影响强度区域扩张2.46%。对比地类来看，丹江口核心水源区(湖北段)人类活动强度变化原因，一方面是

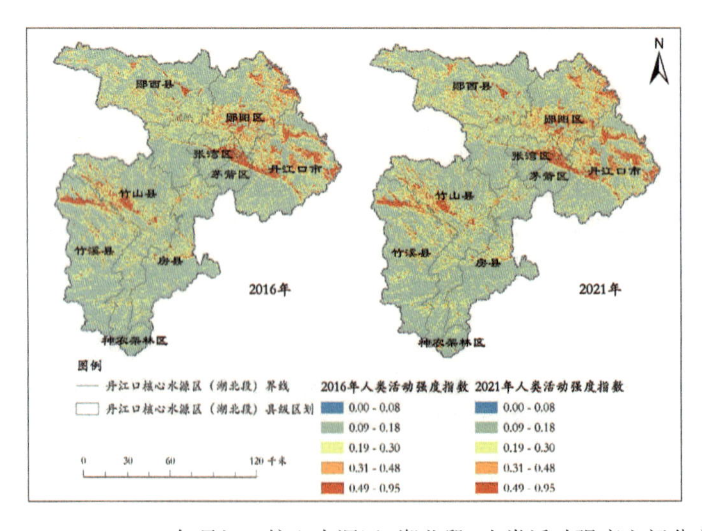

图7.8 2016—2021年丹江口核心水源区(湖北段)人类活动强度空间分布图

建设用地的增加，致使人类活动强度指数增加；另一方面是植被长势的趋好，致使人类活动强度降低。结合图 7.8 分析发现人类活动强度与生态系统服务价值在空间上的分布有一定的关联性。

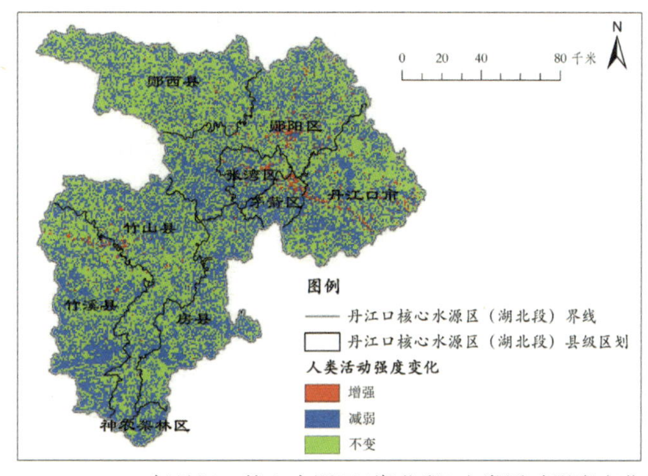

图 7.9　2016—2021 年丹江口核心水源区(湖北段)人类活动强度变化分布图

7.2.7　生态服务价值与人类活动强度空间自相关分析

1. 两者负相关性减弱，与生态价值提高和人类活动减弱有关

为进一步验证丹江口核心水源区(湖北段)生态服务价值与人类活动强度的相关性，2016 年和 2021 年丹江口库区生态系统服务价值与人类活动强度的空间自相关指数 Moran's I。2016 年和 2021 年 Moran's I 指数分别为-0.293 和-0.246，在 99.9%的置信度下两期 P 值均等于 0.001，均通过显著性检验。可以看出，两期 Moran's I 指数均小于 0，说明丹江口核心水源区(湖北段)生态服务价值与人类活动强度存在显著的负相关关系，且这种负相关关系呈现减弱的变化趋势，见图 7.10。

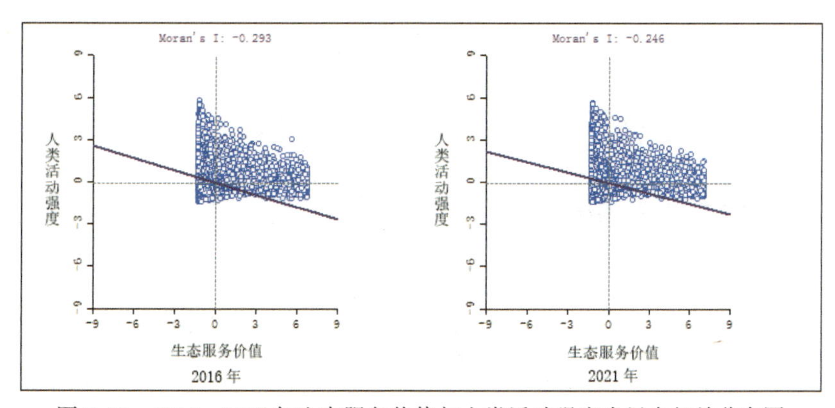

图 7.10　2016—2021 年生态服务价值与人类活动强度全局自相关分布图

2. 高低与低高聚集为主，但发展趋向平衡

在 z 检验的基础上($p=0.05$)绘制双变量局部空间自相关 LISA 聚集图(图 7.8)，可以看出，丹江口核心水源区(湖北段)生态服务价值与人类活动强度聚集形态明显，主要呈现高低与低高的聚集方式，仅在零星区域有高高与低低聚集方式的分布。结合图 7.11 和图 7.12 发现，高低聚集方式主要分布于水源区中东部和南部林地与耕地较集中区域之间，低高聚集方式主要分布于建设用地与耕地之间。2016—2021 年，高低聚集方式区域的面积逐渐减少，低高聚集方式区域面积小幅增加。这反映出 2016—2021 年丹江口核心水源区(湖北段)生态系统服务价值受人类活动负面影响的区域在不断缩小，在林地和耕地等人类活动强度较大的地区仍存在负面影响。

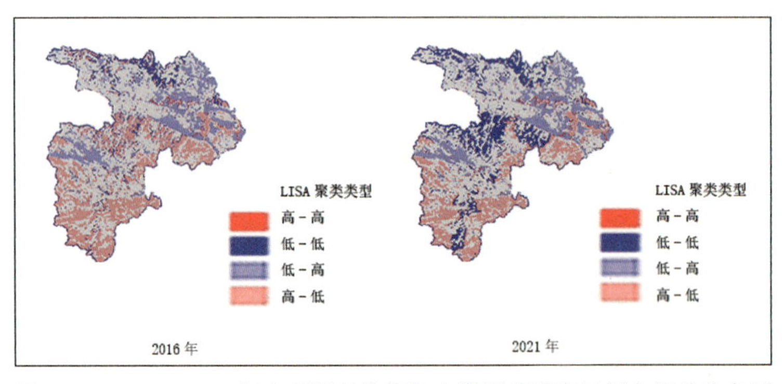

图 7.11 2016—2021 年生态服务价值与人类活动强度局部自相关分布图

在显著性水平 $P=0.05$ 的基础上对局部 Moran's I 指数进行显著性检验，绘制 LISA 显著性水平图(图 7.12)，可以看出，大部分区域的相关性较显著，高低聚集区与低高聚集区的显著性较高，且低高聚集方式的显著性水平要强于高低聚集方式，说明高人类活动强度、低生态系统服务价值的集聚方式强度有所减弱。2016—2021 年显著性水平呈增强的变化趋势，但主要是低集聚区域的增强，说明丹江口核心水源区(湖北段)人类活动对生态系统服务价值的负面影响强度在逐渐减弱。从空间来看，这种变化在中部、西北部和南部较明显。

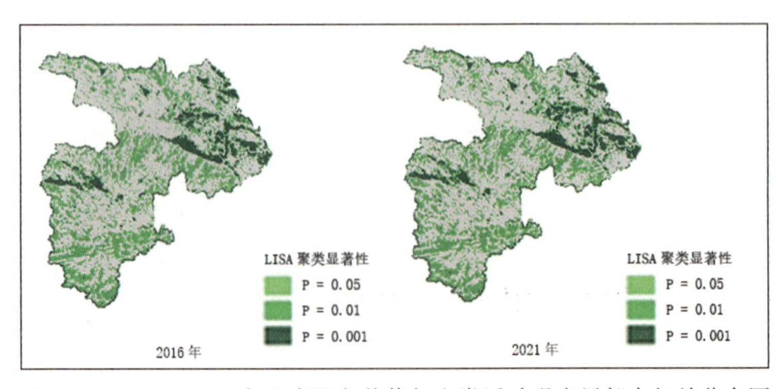

图 7.12 2016—2021 年生态服务价值与人类活动强度局部自相关分布图

7.3　水源涵养量和水源涵养价值估算

水源涵养是指生态系统通过其特有的结构与水相互作用，对降水进行截留、渗透、蓄积，并通过蒸发实现对水流、水循环的调控，是生态系统最重要的服务功能之一，其变化将直接影响区域气候、水文、植被和土壤状况等，从而对维持整个生态环境的良好发展发挥着举足轻重的作用，常被作为表征生态系统状况好坏的重要指示器。本节基于气象数据、地表覆盖数据、土壤数据等，使用 InVEST 模型和市场价值法定量地评估丹江口核心水源区(湖北段)生态系统水源涵养量及其价值，并进行其空间格局与差异分析，以期为当地水资源保护提供基础数据，为建立生态补偿机制提供科学依据。

7.3.1　子流域水源涵养量及价值分析

丹江口核心水源区(湖北段)2016 年水源涵养总量为 49.17×$10^8 m^3$，涵养价值为 107.67 亿元，2021 年涵养量及价值都有所提升，分别为 60.11×$10^8 m^3$ 和 131.65 亿元。

1. 涵养总量有所增加，分布呈现中间高四周低、北低南高的特征

按照子流域的区划来衡量水源区水源涵养量的分布情况(如图 7.13)可知，水源区整体呈现中间高四周低、北低南高的分布特征。南北走向的堵河、官渡河及东西走向的汉江干流流域形成“丁”字形高水源涵养量区域，水源涵养量分别达到 4.44×$10^8 m^3$、3.83×$10^8 m^3$、3.14×$10^8 m^3$。水源区内汉江以北的河流长度较短，属于小流域，水源涵养量较小，如涧河流域、箭流河流域、居峪河流域的水源涵养量均不超过 0.1×$10^8 m^3$，是水源区内涵养量最小的流域；而南部包括官渡河、堵河、泉河等河流长度较长，水源涵养量较高，均在 3.5×$10^8 m^3$ 以上。

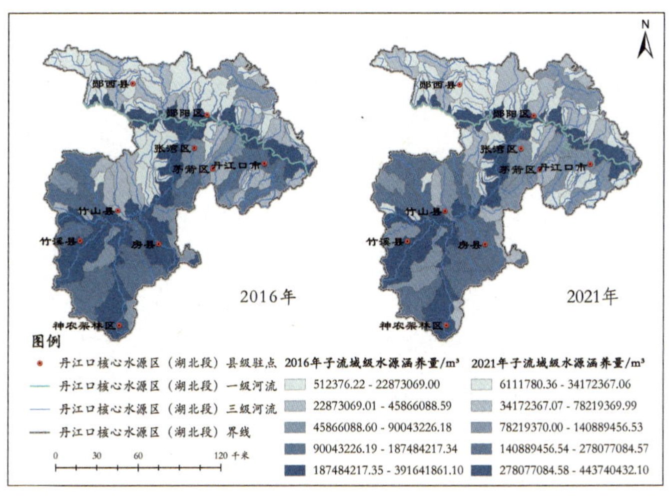

图 7.13　丹江口核心水源区(湖北段)2016—2021 年子流域级水源涵养量空间分布图

对比两年情况来看，水源区整体水源涵养量有所增加。2016 年子流域级的水源涵养量在 0.01×$10^8$$m^3$ 至 3.92×$10^8$$m^3$ 之间，而 2021 年在 0.06×$10^8$$m^3$ 至 4.44×$10^8$$m^3$ 之间。受降水量下降的影响，丹江口市南部的安乐河流域、浪河流域、肖河流域、剑河流域、三岔河流域、殷家河流域水源涵养量都有所下降；相反地，竹溪县西部的泉河流域、竹溪河流域、县河流域、苦桃河流域、钦峪河流域由于降水量的增加，水源涵养量都有所增加，特别是县河流域 2021 年水源涵养量增加了 1.41×$10^8$$m^3$，居所有子流域之首，且钦峪河流域单位面积水源涵养价值也增加了 0.64 万元/hm^2，居所有子流域之首。

2. 涵养价值受面积大小的影响有所差异，但单位面积价值均衡发展

根据设计书可知，水源涵养价值的计算采取市场价值法，按照平均水价 2.19 元/m^3 来计算得到水源涵养价值。在分布情况上与水源涵养量情况一致(图 7.14)。2016 年涵养价值为 0.01 亿~8.58 亿元，2021 年有所增加，为 0.13 亿~9.72 亿元。涵养价值最高的仍然是中部汉江、堵河、官渡河和泉河所在的流域。

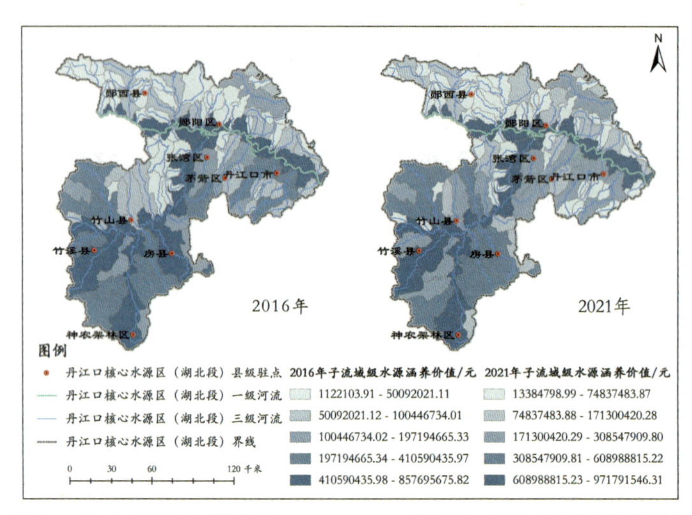

图 7.14　丹江口核心水源区(湖北段)2016—2021 年子流域级水源涵养价值空间分布图

各子流域受自身面积大小影响，总价值量差异较大。具体地，如表 7-13 所示，2021 年水源涵养价值最大的是堵河流域 9.72 亿元，其次泉河流域为 8.95 亿元，官渡河流域和汉江流域位居第三、第四。相反地，水源涵养价值最小的是流域自身面积较小的黑水河流域，价值量仅为 0.13×$10^8$$m^3$。对比两年，县河流域的涵养价值增加了 1.41 亿元，浪河流域的涵养价值减少了 1.70 亿元，占所有子流域之首。

而从单位面积水源涵养价值来看，各子流域发展较为均衡。2021 年珠玉河流域、龙王河流域、龙王沟流域以及竹溪河流域单位价值占所有子流域的前四，分别为 1.19 万元/hm^2、1.02 万元/hm^2、1.01 万元/hm^2、1.00 万元/hm^2，这四个流域均在竹溪县西部地区，究其原因，竹溪县西部降水量在 1000mm 以上，且潜在蒸散发是水源区最低的，特别是西北部的珠玉河、龙王河以及竹溪河坡度还较周围地区低，因此水源涵养能力较强。对比来看，

单位涵养价值增加的流域包括竹山县北部的苦桃河、北星河、砖峪河、钦峪河等，而单位价值减少的同样是主要分布在丹江口市南部的吕家河、三岔河、东河、肖河，分别减少了 0.51 万元/hm²、0.49 万元/hm²、0.47 万元/hm²、0.40 万元/hm²，这些流域水源涵养能力的下降与降水量的减少密切相关。

表 7-13　**丹江口核心水源区(湖北段)2016—2021 年各子流域水源涵养量及价值统计表**

子流域名称	2016 年			2021 年			差值		
	涵养量(亿 m³)	涵养价值(亿元)	单位面积涵养价值(万元/hm²)	涵养量(亿 m³)	涵养价值(亿元)	单位面积涵养价值(万元/hm²)	涵养量(亿 m³)	涵养价值(亿元)	单位面积涵养价值(万元/hm²)
安家河	0. 23	0. 50	0. 12	0. 43	0. 94	0. 22	0. 20	0. 43	0. 10
安乐河	0. 40	0. 88	0. 76	0. 24	0. 53	0. 46	-0. 16	-0. 35	-0. 30
北星河	0. 34	0. 75	0. 15	1. 70	3. 72	0. 76	1. 36	2. 97	0. 61
大坝河	0. 10	0. 23	0. 19	0. 23	0. 50	0. 41	0. 12	0. 27	0. 22
大沟	0. 09	0. 19	0. 35	0. 10	0. 22	0. 41	0. 01	0. 03	0. 06
大兰河	0. 15	0. 33	0. 28	0. 27	0. 60	0. 50	0. 12	0. 27	0. 22
大麦峪河	0. 27	0. 58	0. 31	0. 30	0. 65	0. 35	0. 03	0. 07	0. 04
大泥沟	0. 07	0. 15	0. 18	0. 17	0. 38	0. 46	0. 11	0. 23	0. 28
大泥河	0. 17	0. 38	0. 30	0. 23	0. 51	0. 41	0. 06	0. 13	0. 11
大王沟	0. 10	0. 22	0. 31	0. 14	0. 30	0. 43	0. 04	0. 08	0. 12
大峡河	0. 08	0. 17	0. 12	0. 28	0. 62	0. 44	0. 20	0. 45	0. 32
丹江	0. 37	0. 80	0. 32	0. 44	0. 97	0. 39	0. 08	0. 17	0. 07
东河	0. 28	0. 61	0. 99	0. 15	0. 32	0. 52	-0. 13	-0. 29	-0. 47
堵河	3. 44	7. 53	0. 56	4. 44	9. 72	0. 73	1. 00	2. 20	0. 17
对峙河	0. 07	0. 15	0. 16	0. 30	0. 65	0. 71	0. 23	0. 50	0. 55
高桥沟	0. 04	0. 09	0. 10	0. 17	0. 38	0. 42	0. 13	0. 29	0. 32
公祖河	1. 88	4. 11	0. 76	2. 07	4. 53	0. 83	0. 19	0. 42	0. 08
官渡河	2. 47	5. 40	0. 54	3. 83	8. 38	0. 83	1. 36	2. 98	0. 30
归仙河	0. 26	0. 58	0. 44	0. 18	0. 40	0. 31	-0. 08	-0. 18	-0. 13
汉江	3. 10	6. 78	0. 40	3. 14	6. 89	0. 41	0. 05	0. 11	0. 01
黑东沟	0. 90	1. 98	0. 95	0. 60	1. 32	0. 64	-0. 30	-0. 65	-0. 32
黑洞沟	0. 42	0. 91	0. 49	0. 40	0. 88	0. 47	-0. 01	-0. 03	-0. 02
黑水河	0. 01	0. 01	0. 02	0. 06	0. 13	0. 20	0. 06	0. 12	0. 18
后河	0. 09	0. 19	0. 12	0. 21	0. 47	0. 30	0. 12	0. 27	0. 17

续表

子流域名称	2016年			2021年			差值		
	涵养量(亿 m^3)	涵养价值(亿元)	单位面积涵养价值(万元/hm^2)	涵养量(亿 m^3)	涵养价值(亿元)	单位面积涵养价值(万元/hm^2)	涵养量(亿 m^3)	涵养价值(亿元)	单位面积涵养价值(万元/hm^2)
花瓶沟	0.04	0.09	0.16	0.10	0.22	0.39	0.06	0.13	0.23
化峪河	0.57	1.25	0.74	0.68	1.49	0.88	0.11	0.24	0.15
黄家沟	0.66	1.45	0.37	0.93	2.03	0.52	0.27	0.59	0.15
汇河	0.14	0.31	0.25	0.16	0.35	0.28	0.02	0.04	0.03
霍河	2.85	6.25	0.80	2.78	6.09	0.78	−0.07	−0.16	−0.02
剑河	0.21	0.46	0.85	0.12	0.26	0.48	−0.09	−0.20	−0.37
涧河	0.03	0.07	0.11	0.09	0.20	0.31	0.06	0.13	0.20
箭流河	0.10	0.21	0.33	0.08	0.18	0.29	−0.01	−0.03	−0.04
江峪河	0.09	0.19	0.24	0.13	0.27	0.35	0.04	0.08	0.11
将军河	0.14	0.31	0.10	0.78	1.71	0.55	0.64	1.40	0.45
居峪河	0.07	0.15	0.30	0.09	0.20	0.40	0.02	0.05	0.10
巨家河	0.45	0.98	0.36	0.50	1.11	0.41	0.06	0.12	0.04
苦桃河	0.46	1.01	0.27	1.41	3.09	0.82	0.95	2.08	0.56
浪河	1.69	3.70	0.85	0.92	2.01	0.46	−0.77	−1.70	−0.39
冷水河	0.13	0.29	0.19	0.24	0.53	0.33	0.11	0.23	0.15
龙王沟	0.72	1.58	0.58	1.25	2.74	1.01	0.53	1.17	0.43
龙王河	1.43	3.13	0.70	2.09	4.57	1.02	0.66	1.44	0.32
吕家河	0.57	1.25	1.02	0.28	0.62	0.50	−0.29	−0.63	−0.51
麦峪河	0.22	0.47	0.40	0.16	0.34	0.29	−0.06	−0.13	−0.11
茅塔河	0.35	0.77	0.33	0.53	1.16	0.50	0.18	0.39	0.17
门楼沟	0.01	0.02	0.04	0.16	0.35	0.58	0.15	0.33	0.54
磨沟河	0.15	0.33	0.42	0.17	0.37	0.47	0.02	0.04	0.06
南沟	0.05	0.11	0.09	0.28	0.62	0.53	0.23	0.51	0.44
平渡河	1.62	3.55	0.75	1.85	4.05	0.85	0.23	0.50	0.11
钦峪河	0.13	0.27	0.11	0.84	1.85	0.75	0.72	1.57	0.64
曲远河	0.09	0.20	0.11	0.23	0.50	0.26	0.14	0.30	0.16
泉河	3.92	8.59	0.94	4.09	8.95	0.98	0.16	0.36	0.04
三岔河	0.30	0.66	0.97	0.15	0.33	0.48	−0.15	−0.33	−0.49

续表

子流域名称	2016 年			2021 年			差值		
	涵养量（亿 m^3）	涵养价值（亿元）	单位面积涵养价值（万元/hm^2）	涵养量（亿 m^3）	涵养价值（亿元）	单位面积涵养价值（万元/hm^2）	涵养量（亿 m^3）	涵养价值（亿元）	单位面积涵养价值（万元/hm^2）
沙洲河	0.21	0.47	0.49	0.17	0.37	0.39	-0.05	-0.10	-0.11
深河	1.66	3.65	0.82	1.76	3.85	0.86	0.09	0.21	0.05
神定河	0.38	0.83	0.41	0.41	0.90	0.45	0.03	0.07	0.03
石鼓河	0.31	0.68	0.60	0.23	0.51	0.45	-0.08	-0.17	-0.15
蜀河	0.08	0.19	0.19	0.24	0.53	0.55	0.16	0.34	0.35
水磨河	0.43	0.95	0.77	0.25	0.54	0.44	-0.19	-0.41	-0.33
泗河	0.78	1.72	0.44	0.85	1.86	0.48	0.07	0.15	0.04
泗峪河	0.45	0.99	0.25	0.72	1.58	0.39	0.27	0.58	0.15
炭沟河	0.20	0.43	0.39	0.23	0.51	0.45	0.03	0.08	0.07
唐家河	1.40	3.07	0.85	1.09	2.39	0.66	-0.31	-0.68	-0.19
滔河	0.62	1.37	0.22	0.96	2.10	0.34	0.33	0.73	0.12
天河	0.42	0.91	0.30	0.34	0.75	0.24	-0.07	-0.16	-0.05
万江河	1.30	2.84	0.93	1.38	3.02	0.99	0.08	0.18	0.06
王家河	0.31	0.67	0.98	0.30	0.66	0.95	-0.01	-0.02	-0.03
伍峪河	0.07	0.14	0.14	0.15	0.33	0.32	0.09	0.19	0.18
西河	0.31	0.67	0.37	0.74	1.62	0.90	0.43	0.95	0.52
仙河	0.21	0.45	0.16	0.64	1.40	0.51	0.43	0.95	0.34
仙人河	0.21	0.45	0.15	0.41	0.90	0.31	0.21	0.46	0.15
县河	1.23	2.69	0.39	2.64	5.78	0.85	1.41	3.09	0.45
肖河	0.45	0.99	0.91	0.25	0.55	0.51	-0.20	-0.44	-0.40
小坝河	0.08	0.17	0.22	0.20	0.43	0.56	0.12	0.26	0.34
岩洞沟	0.12	0.25	0.39	0.14	0.31	0.48	0.03	0.06	0.09
杨峪河	0.17	0.37	0.51	0.14	0.30	0.42	-0.03	-0.07	-0.09
阴峪河	0.59	1.28	0.99	0.46	1.01	0.78	-0.13	-0.27	-0.21
殷家河	0.28	0.61	0.81	0.16	0.34	0.46	-0.12	-0.27	-0.36
银宝河	0.12	0.26	0.42	0.25	0.55	0.89	0.13	0.29	0.46
渣渔河	1.27	2.79	0.94	1.16	2.54	0.86	-0.11	-0.25	-0.08
芝河	1.87	4.10	0.76	1.13	2.48	0.46	-0.74	-1.62	-0.30

续表

子流域名称	2016 年			2021 年			差值		
	涵养量（亿 m^3）	涵养价值（亿元）	单位面积涵养价值（万元/hm^2）	涵养量（亿 m^3）	涵养价值（亿元）	单位面积涵养价值（万元/hm^2）	涵养量（亿 m^3）	涵养价值（亿元）	单位面积涵养价值（万元/hm^2）
珠玉河	0.27	0.59	0.96	0.34	0.74	1.19	0.07	0.14	0.23
竹溪河	0.85	1.87	0.85	1.00	2.19	1.00	0.15	0.32	0.15
砖峪河	0.02	0.05	0.09	0.18	0.39	0.70	0.16	0.34	0.61
汇总	**49.17**	**107.67**	**0.50**	**60.11**	**131.65**	**0.61**	**10.95**	**23.98**	**0.11**

注：水源涵养价值=水源涵养量×水价。（水价：2.19 元/m^3）

7.3.2 县区水源涵养量及价值分析

1. 县区级涵养量北低南高，且各县区有所差异

县级区划上水源涵养量的分布呈现北低南高的分布规律。根据县级区划估算的水源涵养量分布情况如图 7.15 所示，南部的竹溪县、竹山县和房县三大县区贡献了水源区内大部分涵养量。呈现北低南高的分布规律与降水量相关。对比两年的估算结果来看，2016 年各县区的水源涵养量范围为 $0.71\times10^8\sim13.66\times10^8 m^3$，而 2021 年各县区的水源涵养量范围为 $1.2\times10^8\sim14.68\times10^8 m^3$，显然比 2016 年涵养量更高。

各县区水源涵养量受面积大小影响，差异较大。根据表 7-14 可知，2021 年竹溪县和竹山县的水源涵养量分别达到了 $14.68\times10^8 m^3$、$13.65\times10^8 m^3$，涵养量最少的是神农架林区、茅箭区以及张湾区，分别为 $1.20\times10^8 m^3$、$1.24\times10^8 m^3$、$1.38\times10^8 m^3$，均未超过 $1.5\times10^8 m^3$。

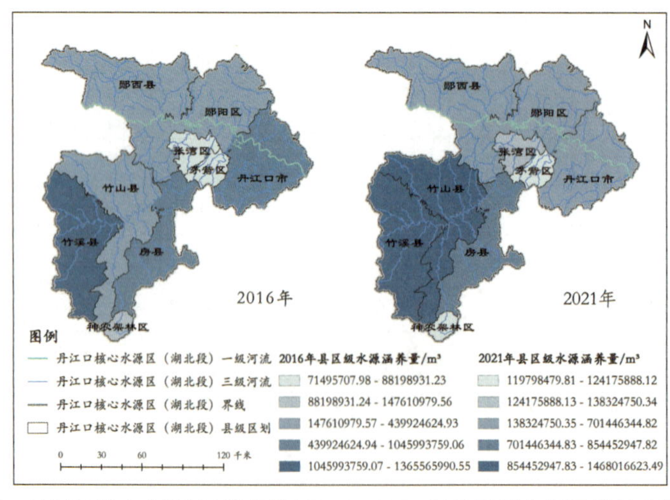

图 7.15　丹江口核心水源区(湖北段)2016—2021 年县区级水源涵养量空间分布图

表 7-14　**丹江口核心水源区(湖北段)2016—2021 年各县区水源涵养量及价值统计表**

县区	2016 年				2021 年				差值			
	涵养深度(mm)	涵养量($\times10^8 m^3$)	涵养价值(亿元)	单位面积涵养价值(万元/hm^2)	涵养深度(mm)	涵养量($\times10^8 m^3$)	涵养价值(亿元)	单位面积涵养价值(万元/hm^2)	涵养深度(mm)	涵养量($\times10^8 m^3$)	涵养价值(亿元)	单位面积涵养价值(万元/hm^2)
丹江口市	308. 82	9. 68	21. 20	0. 68	210. 66	6. 60	14. 46	0. 46	-98. 16	-3. 08	-6. 74	-0. 21
房县	425. 61	10. 46	22. 91	0. 93	347. 68	8. 54	18. 71	0. 76	-77. 94	-1. 92	-4. 19	-0. 17
茅箭区	133. 02	0. 71	1. 57	0. 29	231. 04	1. 24	2. 72	0. 51	98. 02	0. 53	1. 15	0. 21
神农架林区	435. 00	1. 48	3. 23	0. 95	353. 04	1. 20	2. 62	0. 77	-81. 96	-0. 28	-0. 61	-0. 18
郧西县	113. 16	3. 98	8. 72	0. 25	164. 84	5. 80	12. 70	0. 36	51. 69	1. 82	3. 98	0. 11
郧阳区	114. 54	4. 40	9. 63	0. 25	182. 63	7. 01	15. 36	0. 40	68. 09	2. 62	5. 73	0. 15
张湾区	133. 69	0. 88	1. 93	0. 29	209. 67	1. 38	3. 03	0. 46	75. 98	0. 50	1. 10	0. 17
竹山县	108. 56	3. 92	8. 58	0. 24	378. 28	13. 65	29. 89	0. 83	269. 72	9. 73	21. 31	0. 59
竹溪县	411. 65	13. 66	29. 91	0. 90	442. 54	14. 68	32. 15	0. 97	30. 88	1. 02	2. 24	0. 07
汇总	**2184. 07**	**49. 17**	**107. 67**	**0. 50**	**2520. 38**	**60. 11**	**131. 65**	**0. 61**	**336. 32**	**10. 95**	**23. 98**	**0. 11**

备注：水源涵养价值=水源涵养量×水价。(水价：2. 19 元/m^3)

2. 林草覆盖高的县区水源涵养能力强，涵养能力较弱的坡耕地治理成效显著

根据设计书可知，水源涵养价值的计算采取市场价值法，按照平均水价 2.19 元/m^3 来计算得到水源涵养价值。在分布情况上与县区级的水源涵养量结果一致(见图 7.16)。2021 年水源涵养价值也比 2016 年有所增加，总量增加了 23.98 亿元。

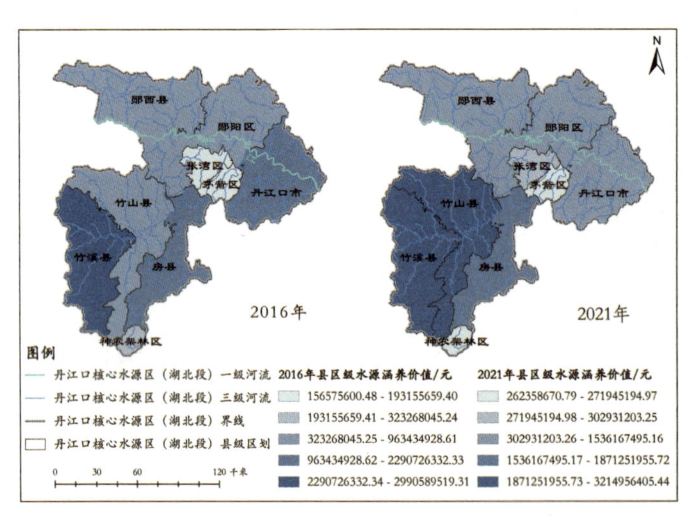

图 7.16 丹江口核心水源区(湖北段)2016—2021 年县区级水源涵养价值空间分布图

各县区虽然总价值量差异较大，但单位面积价值量差异相对较小。具体对比两年的价值量来看(见表 7-14)，2021 年水源涵养价值最大的是竹溪县 32.15 亿元，其次竹山县的水源涵养价值为 29.89 亿元。相反地，水源涵养价值最小的是神农架林区和茅箭区，均未超过 3 亿元。对比来看，竹山县的水源涵养价值出现了大幅提升，2021 年增加了 21.31 亿元，而丹江口市则下降了 6.74 亿元，两个县区出现如此大反差的主要原因在于降水量的变化。

除竹山县和竹溪县外，神农架林区和房县受林草覆盖度高的影响，水源涵养能力也较强。单位面积涵养价值分别为 0.77 万元/hm^2、0.76 万元/hm^2。虽然这两区域的坡度较高、高程较大，可能存在水土流失的风险，但县区林草覆盖度均高达 90%以上，特别是神农架林区达到 96.04%，居所有县区之首，同时南部的蒸散发量较小、降水丰富、产水量较高、植被茂密，形成良好的土壤结构及通风状况，其土壤下渗、持水能力较强，水源涵养功能强。

相反地，郧西县和郧阳区的单位面积价值仅为 0.36 万元/hm^2、0.40 万元/hm^2，但两县区的涵养价值及能力均在提升。这两县区的耕地面积占比较大，均超过县区面积的 10%以上，且水源区整体坡度较高。而坡耕地正是导致水土流失的主要原因，进而地表植被就会遭到破坏，不仅坡耕地的水源涵养能力会大大下降，而且土壤的实际承载能力也会降低。

但从变化角度来看，根据《十堰长江(汉江)大保护九大行动方案》大力推进“绿满十

堰”行动和“精准灭荒”工程，在丹江口市、郧阳区治理坡耕地面积 2.4 万亩，这正是提升县区的水源涵养能力的主要因素。

一般来说，山顶是水分的补给区，地下水的动态变化大，而平缓地带如山脚、洪积扇缘、河流湖泊的岸是地下水的排泄区，水位较浅，有利于植被生长，水源涵养量能力较强，水源涵养量与坡度呈负相关关系，而整个水源区内 25°以上的区域占比超过水源区面积的一半，因此，水源区内整体涵养价值不算高。

7.3.3　水源涵养量及价值变化分析

水源区整体水源涵养价值升高，其中东部价值减少西部价值增加，但变化幅度均不大。如图 7.17 所示，2016—2021 年水源涵养量的变化量在-1.69 亿元至 3.09 亿元之间，变化幅度不大，总体上呈现西高东低的变化分布规律。具体来讲，中部的堵河流域、官渡河流域水源涵养价值上升分别为 2.20 亿元、2.98 亿元，东部的县河流域则达到了 3.09 亿元，居所有流域之首，而北部的汉江流域仅增加 0.11 亿元。

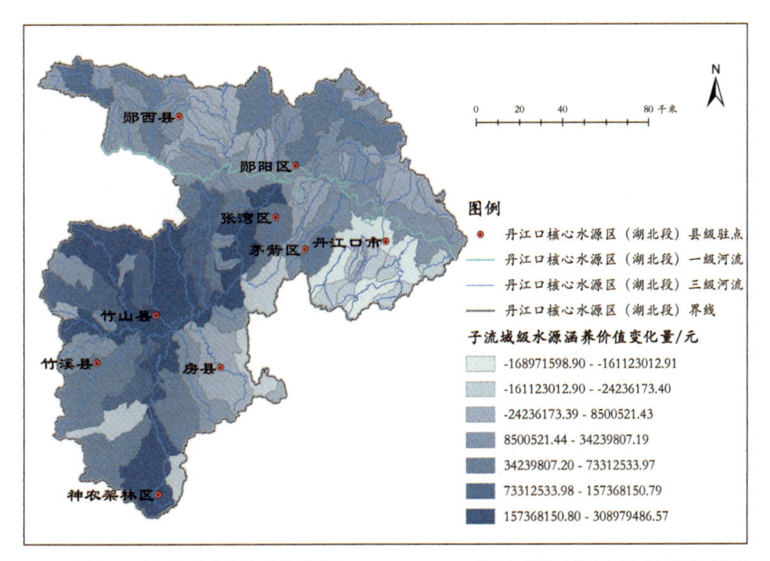

图 7.17　丹江口核心水源区(湖北段)2016—2021 年水源涵养价值变化空间分布图

对于水源区整体来说，水源涵养价值增加的区域占大多数(见图 7.18)，占水源区总面积的 78.37%，主要分布在西部，而东部的大流域包括霍河流域、唐家河流域以及丹江口市南部的小流域(如吕家河流域、殷家河流域、安乐河流域、肖河流域等)等水源涵养价值均减少，占水源区总面积的 21.63%。水源区东部水源涵养价值普遍减少的原因在于降水量的下降，特别是丹江口市南部 2021 年降水量下降显著，且南部相对于中部的丹江口水库来说坡度也更高，水源涵养价值较其他地区低。

总而言之，水源区的单位面积水源涵养价值为 0.61 元/hm^2，2021 年水源区水源涵养量上升了 $10.95\times10^8 m^3$，相应的水源涵养价值上升了 23.98 亿元，涵养能力有所提升。

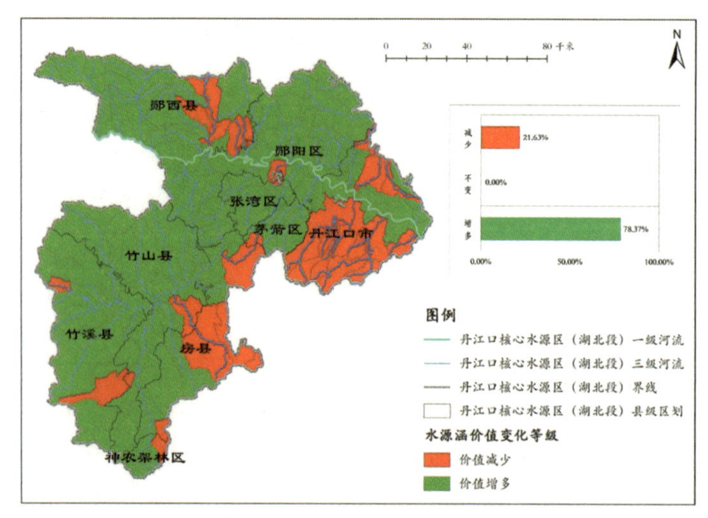

图 7.18　丹江口核心水源区(湖北段)2016—2021 年水源涵养价值变化等级空间分布图

7.3.4　土地利用类型对水源涵养的影响分析

1. 水田、草甸及针阔混交林涵养能力较强，灌木林和针叶林能力较弱

基于丹江口核心水源区(湖北段)水源涵养量及价值估算结果源，在 ArcGIS 中将水源涵养与土地利用叠加进行分析，得到各土地利用二级类的水源涵养情况统计表(见表 7-15)。

表 7-15　**丹江口核心水源区(湖北段)各土地利用二级类的水源涵养情况统计表**

土地利用二级类	面积占比(%)	水源涵养量($\times10^8 m^3$)	水源涵养价值(亿元)	单位面积涵养价值(万元/hm^2)
草甸	6.76	5.50	12.04	0.83
灌木	35.13	18.92	41.44	0.55
旱地	11.36	7.39	16.18	0.67
阔叶林	18.79	12.59	27.58	0.69
水田	0.64	0.56	1.24	0.90
针阔混交林	13.82	11.00	24.10	0.82
针叶林	7.64	4.14	9.06	0.56
裸地	0.21	—	—	—
水系	2.76	—	—	—
建设用地	2.89	—	—	—
总和	**100.00**	**60.11**	**131.65**	**0.62**

受各土地利用类型面积大小影响，各二级类的水源涵养价值差异较大，依次为灌木(41.44 亿元)>阔叶林(27.58 亿元)>针阔混交林(24.10 亿元)>旱地(16.18 亿元)>草甸(12.04 亿元)>针叶林(9.06 亿元)>水田(1.24 亿元)。灌木林作为流域内面积占比最大的类型，水源涵养价值自然也是最高的，值得注意的是，草甸面积虽然小于针叶林的面积，但其水源涵养价值比针叶林反而更高，这是由于森林蒸腾作用强，且针叶林径流系数较大，持水能力不强，导致水源涵养不高。

但从单位面积涵养价值来看，总体涵养能力较为均衡。涵养能力较强的是水田、草甸和针阔混交林，分别达到 0.90 万元/hm^2、0.83 万元/hm^2、0.82 万元/hm^2，灌木林和针叶林则涵养能力相对较小，仅为 0.55 万元/hm^2、0.56 万元/hm^2。草甸和水田虽然面积占比都较小，但涵养水源能力较强。针叶林和阔叶林单独来看涵养能力都不高，但针阔混交林的涵养能力较强，未来应注重森林树种的搭配，以提高整体的水源涵养能力。

2. 茶园和其他藤本经济苗木面积虽小，但涵养能力较强

对土地利用类型更加细分来看水源区的水源涵养情况如表 7-16 所示。同上，受面积大小影响，各三级类贡献的涵养价值差异较大，阔叶灌木林占流域面积 29.98%，提供的水源涵养价值为 34.98 亿元，其次是阔叶林涵养价值为 27.58 亿元；而针叶灌木林、花圃、其他藤本经济苗木、牧草地、其他人工草地、桑园、疏林这几类由于面积过小，提供的水源涵养价值可以忽略不计。

从单位面积涵养价值来看，茶园和其他藤本经济苗木虽然面积占比很小，但涵养能力居所有类型之首，单位涵养价值达到 0.92 万元/hm^2，其次水田以及高覆盖度的草地涵养能力也较强。相反，绿化林地和桑园的水源涵养能力较差，可能是由于当前桑园管理中主要面临耕作种植困难、虫害防治不科学、施肥不合理、维护不到位等问题，进而导致土壤通气性能、蓄水能力下降。

表 7-16　丹江口核心水源区(湖北段)各土地利用三级类的水源涵养情况统计表

土地利用三级类	面积占比(%)	涵养量($\times10^8 m^3$)	涵养价值(亿元)	单位面积涵养价值(万元/hm^2)
茶园	0.37	0.31	0.68	0.92
阔叶灌木林	29.98	15.97	34.98	0.57
针叶灌木林	0.00	0.00	0.00	0.51
乔灌果园	1.65	0.81	1.77	0.53
藤本果园	0.02	0.01	0.02	0.65
旱地	9.70	6.15	13.46	0.68
花圃	0.00	0.00	0.00	0.43
绿化林地	0.06	0.02	0.04	0.30

续表

土地利用三级类	面积占比(%)	涵养量($\times10^8 m^3$)	涵养价值(亿元)	单位面积涵养价值(万元/hm^2)
苗圃	0.14	0.08	0.16	0.59
工地草被	0.10	0.05	0.11	0.57
荒地草被	0.02	0.02	0.04	0.86
其他草本经济苗木	0.05	0.02	0.05	0.54
其他乔灌经济苗木	0.01	0.01	0.02	0.69
其他藤本经济苗木	0.00	0.00	0.00	0.92
乔灌混合林	6.58	2.76	6.05	0.45
阔叶林	19.75	12.59	27.58	0.69
针阔混交林	14.52	11.00	24.10	0.82
针叶林	8.02	4.14	9.06	0.56
护坡灌草	0.10	0.06	0.13	0.69
绿化草地	0.04	0.02	0.04	0.53
牧草地	0.00	0.00	0.00	0.73
其他人工草地	0.00	0.00	0.00	0.73
人工幼林	0.08	0.05	0.10	0.60
桑园	0.00	0.00	0.00	0.22
疏林	0.00	0.00	0.00	0.53
水田	0.67	0.56	1.24	0.90
高覆盖度草地	6.84	5.35	11.72	0.84
竹林	0.20	0.12	0.27	0.66

7.3.5 气候对水源涵养的影响分析

绘制丹江口核心水源区(湖北段)降水量与水源涵养深度相关关系如图7.19所示。降水量与水源涵养深度呈显著的正相关关系，R^2 为0.78，表明水源区内降水量是水源供给的主导因子，降水大量形成径流量，转化率高，产水量大，水源涵养深度深。

蒸散量也是InVEST模型中很重要的影响因素，绘制丹江口核心水源区(湖北段)潜在蒸散量与水源涵养深度相关关系如图7.20所示。潜在蒸散量与水源涵养深度呈负相关关系，R^2 为0.47，植被越茂密越不利于径流的形成，蒸散发越高的区域，产水量越低，水源涵养深度越浅。

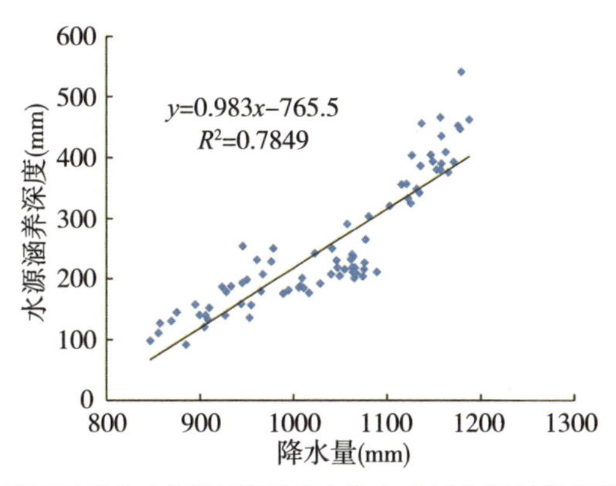

图7.19　丹江口核心水源区(湖北段)降水量与水源涵养深度相关关系

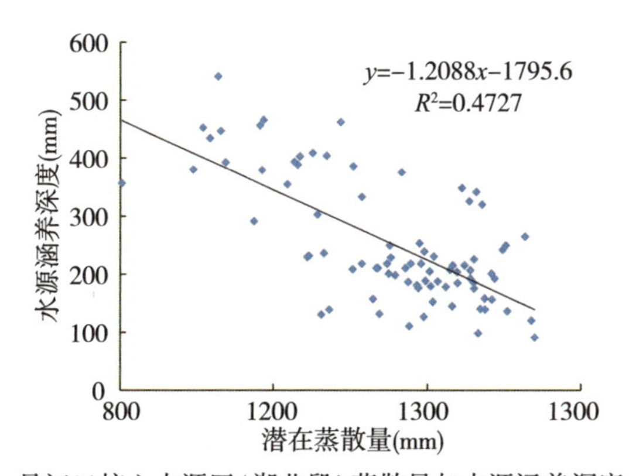

图7.20　丹江口核心水源区(湖北段)蒸散量与水源涵养深度相关关系

7.4　固碳释氧量和固碳释氧价值估算

生态系统的固碳服务是生态系统通过植被、土壤动物和微生物固定碳素的服务，取决于碳输入过程和碳输出过程。碳输入过程通过净光合作用实现，碳输出主要是生态系统中土壤和动物的异养呼吸过程以及凋落物矿质化过程。本节基于NPP数据和碳税法对丹江口核心水源区(湖北段)两年的固碳释氧量及其价值进行估算，探究其变化规律，旨在为落实生态文明建设，提升生态环境质量，促进社会经济持续健康发展等提供科学依据和决策支持。

7.4.1　固碳量现状及变化

由表7-17可知，2016年和2021年丹江口核心水源区(湖北段)生态系统总固碳量分别为571.99万吨和601.97万吨。水源区内除茅箭区、神农架林区以及张湾区三个较小面积的县区外，其他县区固碳量产生较均衡，其中面积最大的郧阳区和竹山县产生的固碳量均超过水源区总固碳量的17%以上。

坡度和海拔相对较高的房县和神农架林区，森林的固碳能力较强。从单位面积固碳量的角度来看，各县区固碳能力不一致。单位面积固碳量最大的是面积最小的神农架林区，单位面积固碳量达到3.07吨/hm^2，其次房县的单位固碳量也达到2.99吨/hm^2。究其原因，神农架林区与房县林草覆盖度高(均达到90%以上)，同时南部存在部分海拔与坡度较高的地区，森林受人为干扰的程度较小，植被生物量大，固碳能力较强。

相反，地势相对平坦的丹江口市和茅箭区则固碳能力较弱，单位面积固碳量分别为2.50吨/hm^2、2.66吨/hm^2，在所有县区中是最低的。丹江口市的林草覆盖度是所有县区最小的，仅为68.95%，而茅箭区虽然林草覆盖达到85%以上，但其建设用地占比也达到了11.24%，在一定程度上影响了县区固碳能力。

对比两年的情况来看，2021年水源区整体固碳量比2016年增加了29.98万吨，单位面积固碳量仅增加0.14吨/hm^2。在所有县区之中，受到林草覆盖度减少的影响，神农架林区和竹溪县的单位面积固碳量有所下降，其他县区单位面积固碳量均呈现增长趋势。其中郧西县和郧阳区的增长量最较大，分别为0.32吨/hm^2、0.29吨/hm^2。

从空间分布上(见图7.21)，2021年水源区的固碳量在6.46吨至122.78吨之间，整体呈现南高北低的分布态势。北部茅箭区、张湾区是房屋建筑密集区，丹江口市、郧阳区、郧西县则是农业生产发达区，导致北部的林草覆盖不够高，固碳量较小；而南部的神农架林区、房县林草覆盖均在90%以上，且受人类活动影响较小，固碳量较高。

表7-17　　丹江口核心水源区(湖北段)2016—2021年各县区固碳量统计表

县区	2016年		2021年		差值	
	固碳量(t)	单位面积固碳量(t/hm^2)	固碳量(t)	单位面积固碳量(t/hm^2)	固碳量(t)	单位面积固碳量(t/hm^2)
丹江口市	718658.43	2.29	782977.49	2.50	64319.05	0.21
房县	732513.29	2.98	733801.07	2.99	1287.79	0.01
茅箭区	138558.58	2.58	143057.01	2.66	4498.43	0.08
神农架林区	111181.75	3.28	104112.65	3.07	-7069.10	-0.21
郧西县	879108.09	2.50	993180.71	2.82	114072.62	0.32
郧阳区	932846.34	2.43	1046147.15	2.72	113300.81	0.29
张湾区	184225.12	2.79	195637.62	2.97	11412.50	0.17
竹山县	1018317.17	2.82	1031657.89	2.86	13340.72	0.04
竹溪县	1004524.87	3.03	989149.90	2.98	-15374.97	-0.05
汇总	**5719933.64**	2.67	**6019721.49**	2.81	299787.84	0.14

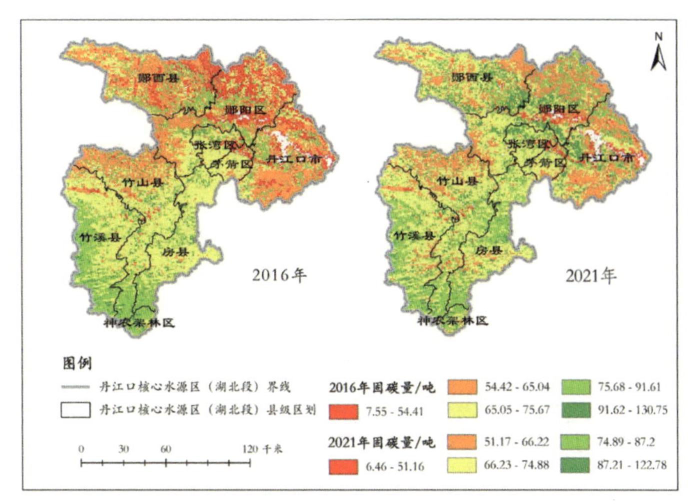

图 7.21　丹江口核心水源区(湖北段)2016—2021 年固碳量空间分布图

7.4.2　释氧量现状及变化

释氧量和固碳量分布状况是相对应的，但在数值上有所不同。由表 7-18 可知，2016 年和 2021 年丹江口核心水源区(湖北段)生态系统总释氧量分别为 1531.32 万吨、1611.58 万吨。

表 7-18　**丹江口核心水源区(湖北段)2016—2021 年各县区释氧量统计表**

县区	2016 年		2021 年		差值	
	释氧量(t)	单位面积释氧量(t/hm^2)	释氧量(t)	单位面积释氧量(t/hm^2)	释氧量(t)	单位面积释氧量(t/hm^2)
丹江口市	1923963.15	6.14	2096155.50	6.69	172192.35	0.55
房县	1961054.79	7.98	1964502.40	7.99	3447.61	0.01
茅箭区	370943.40	6.90	382986.41	7.13	12043.01	0.22
神农架林区	297651.26	8.77	278726.16	8.21	−18925.11	−0.56
郧西县	2353512.44	6.69	2658903.02	7.56	305390.58	0.87
郧阳区	2497378.30	6.50	2800702.62	7.29	303324.32	0.79
张湾区	493200.02	7.48	523753.09	7.94	30553.07	0.46
竹山县	2726197.34	7.56	2761912.57	7.66	35715.23	0.10
竹溪县	2689273.16	8.11	2648111.92	7.98	−41161.24	−0.12
汇总	**15313173.85**	7.15	**16115753.68**	7.53	802579.83	0.37

高林草覆盖对释氧量的促进作用明显。面积最小的神农架林区单位面积释氧量为8.21 吨/hm^2，居所有县区之首，神农架林区的释氧能力很强得益于其高林草覆盖率(达到96.04%)。相反地，丹江口市的单位面积释氧量仅为6.69 吨/hm^2，释氧能力在所有县区中是最弱的，同时其林草覆盖也是所有县区中最低的，仅为68.95%，且耕地占比也达到16.87%。

对比两年的情况来看，2021 年水源区整体释氧量比 2016 年增加了 80.26 万吨，单位面积释氧量增加了 0.37 吨/hm^2。在所有县区中，单位面积释氧量增加最大的是郧西县(0.87 吨/hm^2)，而神农架林区受林草覆盖面积减少的影响，单位释氧量有所下降。

在空间分布上(图 7.22)与固碳量的分布情况相同，整体呈现北低南高的分布形式。固碳释氧量(图 7.23)即固碳量加上释氧量，两年的固碳释氧总量分别是 2103.31 万吨、2213.55 万吨，2021 年增加了 110.24 万吨，整体呈良好的上升趋势。

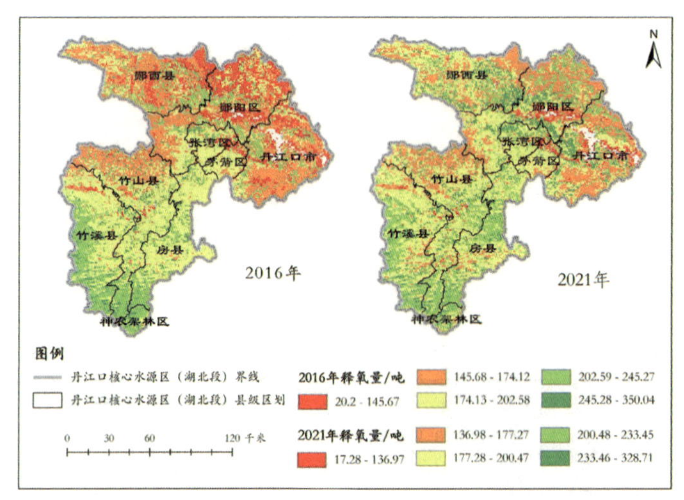

图 7.22　丹江口核心水源区(湖北段)2016—2021 年释氧量空间分布图

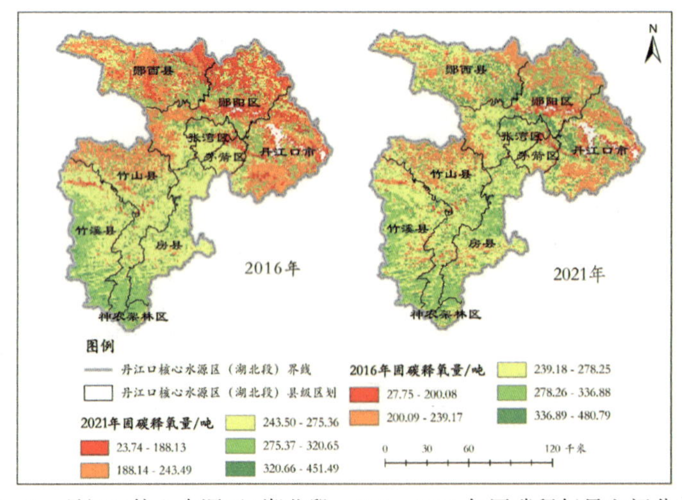

图 7.23　丹江口核心水源区(湖北段)2016—2021 年固碳释氧量空间分布图

7.4.3　固碳释氧价值现状及变化

1. 固碳价值和释氧价值均呈现北低南高的分布形式

固碳价值按照每吨碳 1200 元、释氧价值按照每吨氧 1000 元的价格估算得到，而固碳释氧价值即固碳价值和释氧价值之和。如图 7.24 所示，2016 年和 2021 年的固碳释氧价值分别为 221.77 亿元、233.39 亿元。2021 年固碳价值为 0.77 万～14.73 万元，释氧价值则为 1.73 万～32.87 万元，价值跨度均较大。低价值区主要分布在北部温度较高、降水较少的区域，高价值区则分布在南部林草覆盖度高的区域。

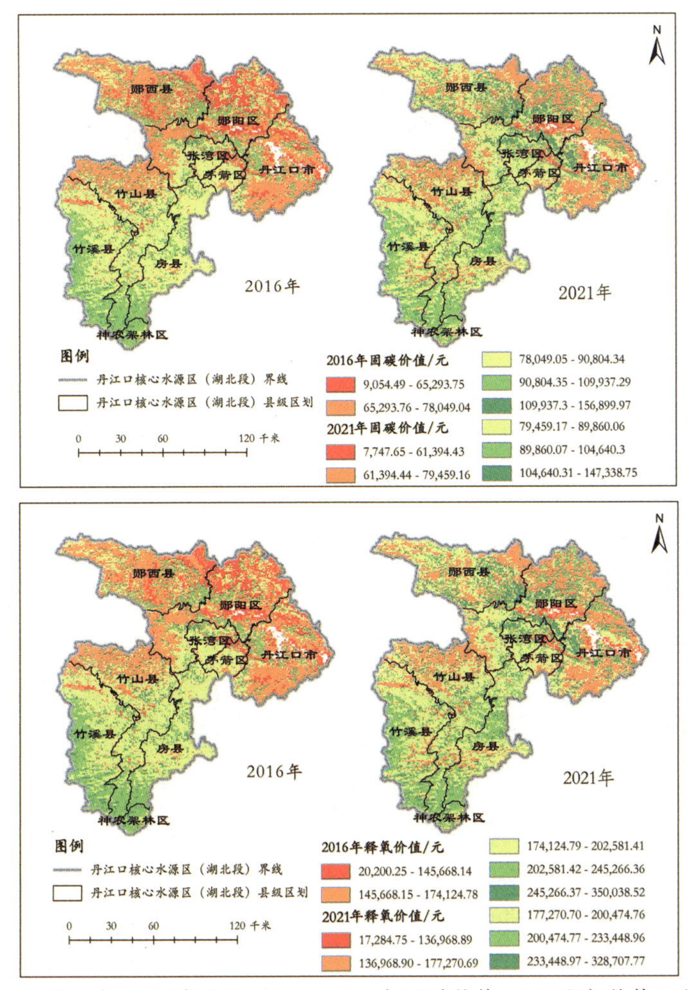

图 7.24　丹江口核心水源区(湖北段)2016—2021 年固碳价值(上)/释氧价值(下)空间分布图

2. 固碳释氧总价值有所增加，各县区单位面积价值较均衡

由表 7-19 可知，2021 年水源区固碳释氧总价值为 233.39 亿元，相比 2016 年的

221.77 亿元增加了 11.62 亿元。其中，竹山县和郧阳区的固碳释氧价值均超过 40 亿元，其次郧西县和竹溪县的总价值也超过 38 亿元，四个县区占流域总价值量将近 70%。神农架林区作为面积最小的县区，贡献价值量最小，仅为 4.04 亿元。

虽然各县区受面积大小影响，固碳释氧总价值差异较大，但是其单位面积固碳释氧价值较为均衡，且排序与总价值排序不一致。固碳释氧能力与县区内的林草覆盖关系较大。固碳释氧能力较强的是神农架林区，单位价值为 1.19 万元/hm^2，其林草覆盖度高达 96.04%；其次房县和竹溪县固碳释氧能力也较强，单位价值均为 1.16 万元/hm^2，它们的林草覆盖度仅次于神农架林区，分别排第二、三位；而能力较弱的丹江口市和茅箭区单位面积价值仅为 0.97 万元/hm^2、1.03 万元/hm^2，其中丹江口市的林草覆盖仅为 68.95%，居水源区最低。

表 7-19　　**丹江口核心水源区(湖北段)2016—2021 年固碳释氧价值统计表**

县区	2016 年		2021 年		差值	
	固碳释氧价值（亿元）	单位面积固碳释氧价值（万元/hm^2）	固碳释氧价值（亿元）	单位面积固碳释氧价值（万元/hm^2）	固碳释氧价值（亿元）	单位面积固碳释氧价值（万元/hm^2）
丹江口市	27.86	0.89	30.36	0.97	2.49	0.08
房县	28.40	1.16	28.45	1.16	0.05	0.00
茅箭区	5.37	1.00	5.55	1.03	0.17	0.03
神农架林区	4.31	1.27	4.04	1.19	−0.27	−0.08
郧西县	34.08	0.97	38.51	1.09	4.42	0.13
郧阳区	36.17	0.94	40.56	1.06	4.39	0.11
张湾区	7.14	1.08	7.59	1.15	0.44	0.07
竹山县	39.48	1.09	40.00	1.11	0.52	0.01
竹溪县	38.95	1.17	38.35	1.16	−0.60	−0.02
汇总	**221.77**	1.04	**233.39**	1.09	11.62	0.05

在空间分布上(见图 7.25)，两年均呈现北低南高的分布态势。空间分布上南北差异明显，主要是由土地利用类型的差异引起的，南部为半湿润区，植被覆盖较高，以落叶阔叶林为主，人口分布远不如北部密集，坡度较高的林区受人类活动影响也较小，因此固定 CO_2 和释放 O_2 的物质量较高；而北部之所以固碳释氧价值较低原因是气温较高、而降水较少，水分蒸发较多，不利于植被生长，光合作用速率较缓，产出的固碳释氧价值较少。

对比来说，水源区整体的固碳释氧价值仍在提升。虽然北部价值远不如南部地区，但郧西县及郧阳区北部降温增湿的气候条件促进了系统固碳释氧。降水是 NPP(植被净初生产力)的主要限制因子，而在郧阳区中部降水的增大有利于植被生长，增加了植物生产力。郧西县中部以东年均气温的下降，减少了植被周围水分的流失，增加空气湿度，促进了植物光合作用，增加了生态系统的固碳释氧。

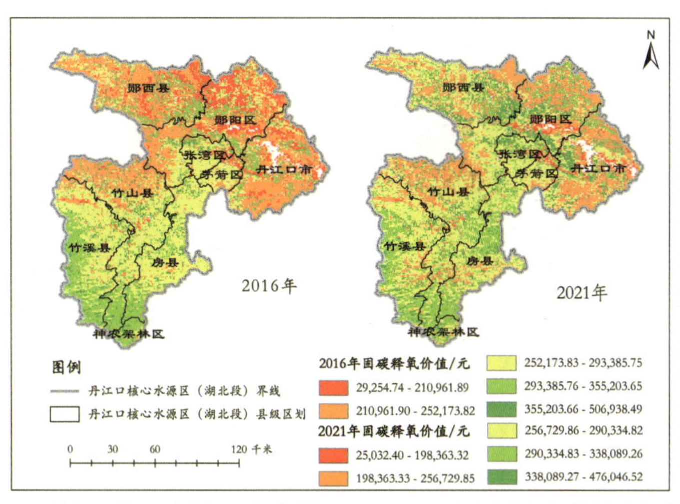

图 7.25　丹江口核心水源区(湖北段)2016—2021 年固碳释氧价值空间分布图

从变化情况来分析(见图 7.26、图 7.27)，固碳释氧价值的变化量在-13.48 万~25.19 万元，其中固碳释氧价值增加的区域面积占比为 73.56%，价值减少的区域面积占比为 26.38%，价值增加的面积远大于价值减少的面积，符合水源区整体固碳释氧能力提升的趋势。

虽然水源区北部地区固碳释氧能力不强，但从变化角度来说，北部呈现价值增加的趋势。这得益于北部降水增多、气温下降的气候变化趋势，特别是茅箭区作为水源区内的经济高速发展集中区，林草覆盖面积还有所上升，植被的固碳释氧能力反而上升，呈现高质量发展的趋势。

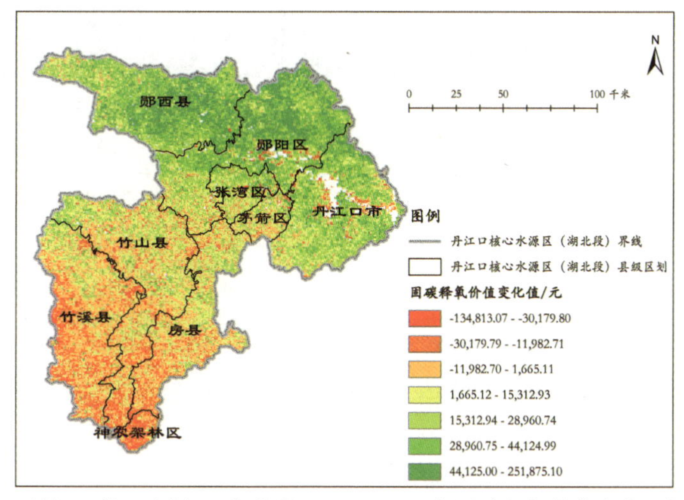

图 7.26　丹江口核心水源区(湖北段)2016—2021 年固碳释氧价值变化空间分布图

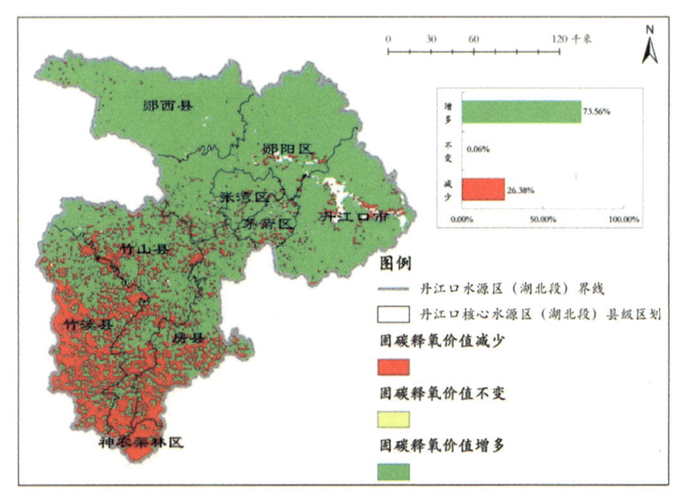

图 7.27　丹江口核心水源区(湖北段)2016—2021 年固碳释氧价值变化等级空间分布图

7.4.4　不同植被覆盖类型的固碳释氧价值

根据表 7-20 可知，流域内共有 17 种植被覆盖类型，按照 2021 年固碳释氧价值量贡献大小排序，依次为乔木林、灌木林、旱地、天然草被、乔灌混合林、果园、水田、茶园、竹林、苗圃、人工草被、其他草被、人工幼林、其他经济苗木、绿化林地、桑园、花圃。

表 7-20　丹江口核心水源区(湖北段)2016—2021 年不同植被覆盖类型固碳释氧价值统计表

植被覆盖类型二级类	2016 年			2021 年			差值	
	固碳释氧价值(亿元)	单位面积固碳释氧价值(万元/hm²)	占比(%)	固碳释氧价值(亿元)	单位面积固碳释氧价值(万元/hm²)	占比(%)	固碳释氧价值(亿元)	单位面积固碳释氧价值(万元/hm²)
茶园	0.79	1.12	0.36%	0.88	1.19	0.38%	0.09	0.06
灌木林	65.99	1.07	29.75%	69.85	1.14	29.93%	3.86	0.07
果园	3.34	1.01	1.51%	3.72	1.10	1.60%	0.38	0.09
旱地	21.01	1.07	9.47%	22.98	1.16	9.85%	1.97	0.09
花圃	—	—	—	0.00	0.42	0.00%	—	—
绿化林地	0.06	0.88	0.03%	0.12	0.94	0.05%	0.06	0.06
苗圃	0.21	0.86	0.09%	0.28	0.99	0.12%	0.07	0.13
其他草被	—	—	—	0.26	1.08	0.11%	—	—
其他经济苗木	0.14	1.03	0.06%	0.13	1.03	0.06%	-0.01	0.00
乔灌混合林	13.52	1.01	6.09%	14.94	1.11	6.40%	1.42	0.11

续表

植被覆盖类型二级类	2016 年			2021 年			差值	
	固碳释氧价值（亿元）	单位面积固碳释氧价值（万元/hm²）	占比（%）	固碳释氧价值（亿元）	单位面积固碳释氧价值（万元/hm²）	占比（%）	固碳释氧价值（亿元）	单位面积固碳释氧价值（万元/hm²）
乔木林	98.68	1.14	44.50%	101.56	1.18	43.51%	2.87	0.04
人工草被	0.17	0.88	0.08%	0.28	1.01	0.12%	0.11	0.13
人工幼林	0.16	1.04	0.07%	0.20	1.19	0.09%	0.04	0.15
桑园	0.01	0.93	0.00%	0.01	2.07	0.00%	0.00	1.14
水田	1.63	1.11	0.74%	1.62	1.18	0.69%	-0.02	0.07
天然草被	15.67	1.08	7.07%	16.15	1.16	6.92%	0.48	0.08
竹林	0.40	0.96	0.18%	0.42	1.02	0.18%	0.01	0.06
合计	**221.77**	**1.04**	**100.00%**	**233.39**	**1.09**	**100.00%**	**11.62**	**0.05**

2021 年乔木林的固碳释氧价值为 101.56 亿元，占水源区总量的 43.51%，其次是灌木林和旱地，固碳释氧价值分别达到 69.85 亿元、22.98 亿元，占水源区总量的 29.93%、9.85%。2021 年新增的植被覆盖类型苗圃所占面积比例小，固碳释氧价值基本可以忽略不计。

1. 整体的植被质量不断提升，其中桑园、人工幼林和茶园固碳氧能力较强

为消除不同植被覆盖类型面积的影响，从单位面积价值来说，桑园的固碳释氧能力较强。虽然桑园贡献的固碳释氧价值仅为 0.01 亿元，对整个水源区来说可以忽略不计，但其单位面积固碳释氧价值达到 2.07 万元/hm²，居所有植被类型之首。其次，人工幼林和茶园的固碳释氧能力也很强。虽然人工幼林和茶园贡献的固碳释氧价值总和才 1.08 亿元，但其单位面积固碳释氧价值也达到了 1.19 万元/hm²。相反的，像绿化林地、苗圃以及人工草被的固碳释氧能力是最低的，分别为 0.94 万元/hm²、0.99 万元/hm²、1.01 万元/hm²。值得注意的是，水田和旱地的单位价值也较高，分别为 1.18 万元/hm²、1.16 万元/hm²，且其能力均向好发展，水源区内可以大力推动耕地系统固碳减排工作。

对比两年的变化值来说，丹江口核心水源区（湖北段）2021 年的固碳释氧总价值量增加了 11.62 亿元。水源区整体的植被质量不断提升。除水田和其他经济苗木受面积减少的影响固碳释氧价值量有轻微下降之外，其他植被覆盖类型固碳释氧总量均呈现上升趋势。灌木林、乔灌混合林、乔木林、桑园、水田、天然草被以及竹林的面积都有所减少，但这些植被覆盖类型的固碳释氧价值反而提升。

2. 桑园经济价值价高，但其面积呈下降趋势

从单位面积的固碳释氧价值来看，水源区整体单位价值增加 0.05 万元/hm²，且区内

所有植被覆盖类型的固碳释氧能力都有所增加，单位价值均呈现增加趋势。其中人工幼林和桑园的固碳释氧能力较好，且其生长状况向好发展。桑园单位价值增加最多，相比2016年增加了1.14万元/hm^2，其次是人工幼林，增加了0.15万元/hm^2。值得注意的是，桑园的经济价值很高，但水源区内面积却存在减少趋势。桑园两年产生的固碳释氧价值分别为66.33万元、100.25万元，呈增加趋势，单位固碳量增长趋势更明显。

第 8 章　生态文明综合评价分析

近年来，湖北省十堰市坚持“绿水青山就是金山银山”的生态建设理念，在习近平新时代中国特色社会主义思想和党的十九届五中全会精神的指引下，全市认真贯彻落实生态环境高水平保护和社会经济高质量发展战略，实施了一大批生态保护建设项目，使丹江口核心水源区(湖北段)生态文明建设水平跃上了一个新台阶。

8.1　分析方法

1. 评价指标体系的建立

在评价指标的选取上，依据《国家生态文明建设示范县、市指标》和《丹江口市创建国家生态文明建设示范市规划(2021—2027)》的通知，依据科学性、主导性、区域性和实用性原则构建生态该文明综合评价指标体系。一级指标是目标层，也即生态文明评价综合指数；二级指标是准则层，主要包括五大方面，分别是生态自然、生态经济、生态社会、生态制度和生态文化；三级是评价因素层，表示每一个评价准则的具体影响因素；四级是指标层，由城镇人均园林绿地面积(m^2/人)、林草覆盖度(%)、水资源总量(m^3)、人均水资源量(m^3/人)、工业废水排放量(万吨)、废气排放量(万标立方米)、工业固体废弃物产生量(万吨)、优良天数比例(%)、PM2.5 浓度下降幅度(%)、城镇生活垃圾无害化率(%)、农村生活垃圾无害化率(%)、水质达到或优于Ⅲ类、人均 GDP(万元/人)、农村居民人均可支配收入(万元/人)、城市居民人均可支配收入(万元/人)、人均财政收入(万元/人)、单位地区生产总值能耗(吨标准煤/万元)、单位地区生产总值用水量(m^3/万元)、农业单位面积产出值(万元/hm^2)、单位国内生产总值建设用地使用面积下降率(%)、服务业增加值占 GDP 比重(%)、农业增加值占 GDP 比重(%)、工业增加值占 GDP 比重(%)、高新技术产业增加值占 GDP 比重(%)、人口密度(人/km^2)、城镇化率(%)、人口自然增长率(%)、城镇居民人均住房面积(m^2/人)、教育经费占财政支出比例(%)、文化体育占财政支出比重(%)、社会保障和就业占财政支出比重(%)、万人医院床位数(床位/万人)、万人医生数(医护数/万人)、道路面积(km^2)、区外投资增长率(%)、R&D 经费支出占 GDP 比重(%)、社会商品零售总额(万元)、污染控制制度执行情况、生态修复制度执行情况、水资源管理制度执行情况、环境投资占财政支出比重(%)、生态投资占财政支出比重(%)、生态保护区数量(个数)、生态旅游景点数量(个数)、人均文化设施数量(个数/人)、互联网普及率(%)43 个单因子指标构成。如表 8-1 所示。

表 8-1　　生态文明综合评价指标体系

目标层	准则层	要素层	指　标　层	指标性质
发展水平	生态自然	生态资源与质量	城镇人均园林绿地面积(m^2/人)	正向指标
			林草覆盖度(%)	正向指标
			水资源总量(m^3)	正向指标
			人均水资源量(m^3/人)	正向指标
		生态环境压力	工业废水排放量(万吨)	负向指标
			废气排放量(万标立方米)	负向指标
			工业固体废弃物产生量(万吨)	负向指标
		资源利用与环境治理	优良天数比例(%)	正向指标
			PM2.5 浓度下降幅度(%)	正向指标
			城镇生活垃圾无害化率(%)	正向指标
			农村生活垃圾无害化率(%)	正向指标
			水质达到或优于Ⅲ类	正向指标
	生态经济	经济发展	人均 GDP(万元/人)	正向指标
			农村居民人均可支配收入(万元/人)	正向指标
			城市居民人均可支配收入(万元/人)	正向指标
			人均财政收入(万元/人)	正向指标
		经济效益	单位地区生产总值能耗(吨标准煤/万元)	负向指标
			单位地区生产总值用水量(m^3/万元)	负向指标
			农业单位面积产出值(万元/hm^2)	正向指标
			单位国内生产总值建设用地使用面积下降率(%)	正向指标
		经济结构	服务业增加值占 GDP 比重(%)	正向指标
			农业增加值占 GDP 比重(%)	正向指标
			工业增加值占 GDP 比重(%)	正向指标
	生态社会	社会发展	人口密度(人/km^2)	正向指标
			城镇化率(%)	正向指标
			人口自然增长率(%)	正向指标
		公共服务	教育经费占财政支出比例(%)	正向指标
			文化体育占财政支出比重(%)	正向指标
			社会保障和就业占财政支出比重(%)	正向指标
			万人医院床位数(床位/万人)	正向指标
			万人医生数(医护数/万人)	正向指标
			道路面积(km^2)	正向指标

续表

目标层	准则层	要素层	指 标 层	指标性质
发展水平	生态制度	社会活力	区外投资增长率(%)	正向指标
			R&D 经费支出占 GDP 比重(%)	正向指标
			社会商品零售总额(万元)	正向指标
		污染防治政策	污染控制制度执行情况	定性指标
		生态保护政策	生态修复制度执行情况	定性指标
		水资源管理政策	水资源管理制度执行情况	定性指标
		环保投资	环境投资占财政支出比重(%)	正向指标
		生态投资	生态投资占财政支出比重(%)	正向指标
	生态文化	生态景观文化	生态保护区数量(个数)	正向指标
			生态旅游景点数量(个数)	正向指标
		社会文化	人均文化设施数量(个数/人)	正向指标
			互联网普及率(%)	正向指标

不同因子对生态文明的影响程度不同，通过确定评价因子权重来反映影响程度大小。确定权重方法比较多，本书对于权重的计算采用的是层次分析法。首先依据评价目标从上到下一层一层建立模型，形成层次递阶结构。对每一层要素指标来讲，均对其下一层的要素指标起到一定的支配作用。层次模型建立完成以后，咨询相关专家，对每一层的指标的重要性两两进行判断，判断完成后得到每一层次对应指标的判断矩阵。接下来要对判断矩阵进行量化，计算判断矩阵每一行各元素之乘积，最后进行一致性检验，一致性检验通过后就可以得到权重。

2. 数据标准化处理

评价指标确定以后，由于各个单评因子具有不同的量纲，真实数据差异较大，不具有可比性。因此在进行单因子叠加分析前，必须首先对各个因子进行标准化处理。采用极差标准化进行数据变换，将所有数据结果统一到0~1。评价因子具有正负两种相关性，对于正相关评价因子来讲，值越高，表明评价结果越好，反之亦然。例如：林地面积比例越高，区域生态环境越好，生态文明质量越高，即具有较大的标准化值；同理，较低的坡度，较低的海拔高度具有较大的标准化值；而土壤侵蚀量越高，表明该区域水土流失越严重，水质相对差，标准化后值越小。

数据标准化计算公式如下：

$$X' = \frac{X_i - X_{\min}}{X_{\max} - X_{\min}} \tag{8-1}$$

$$X' = \frac{X_{\max} - X_i}{X_{\max} - X_{\min}} \tag{8-2}$$

式中，X' 为第 i 个指标的标准化值；X_i 表示第 i 个指标的初始值；X_{max}、X_{min} 分别区域内表示第 i 个指标的最大值和最小值。正向指标用公式(8-1)进行标准化，而负向指标则用5.42进行标准化。

3. 指标解释与计算

(1)城镇人均公园绿地面积：指城镇建成区内城镇公园绿地面积的人均占有量。公园绿地指向公众开放，具有游憩、生态、景观、文教和应急避险等功能，有一定游憩和服务设施的绿地。公园绿地的统计方式应以现行的《城市绿地分类标准》(CJJ/T 85—2016)为主要依据。对经济社会发展水平较低、自然生态空间占比很高，并且建设用地很少的地区可适当放宽。

人均公园绿地面积(CZRJYLLDMJ2016/2021)= 公园绿地面积/城市人口数量

(2)林草覆盖率：指行政区域内森林、草地面积之和占土地总面积的百分比。森林面积包括郁闭度0.2以上的乔木林地面积和竹林地面积、国家特别规定的灌木林地面积、农田林网以及村旁、路旁、水旁、宅旁林木的覆盖面积。草地面积指生长草本植物为主的土地，执行《土地利用现状分类》(GB/T 21010—2016)。

林草覆盖率(LCFGD2016/2021)=(森林面积+草地面积)/行政区域土地面积×100%

(3)水资源量(SZYZL2016/2021)指当地降水形成的地表和地下水总量，即地表径流量与降水入渗补给量之和。

(4)人均水资源量：人均水资源量(RJSZYL2016/2021)= 水资源量/城市人口数量

(5)工业废水排放量(GYFSPFL2016/2021)、废气排放量(FQPFL2016/2021)和固体废弃物产生量(GYGTFQW2016/2021)均来自十堰市的统计年鉴，可直接经过数据标准化处理使用。

(6)优良天数比例：指行政区域内空气质量达到或优于二级标准的天数占全年有效监测天数的比例。执行《环境空气质量标准》(GB 3095—2012)和《环境空气质量指数(AQI)技术规定(试行)》(HJ 633—2012)。

优良天数比例(YLTSBL2016/2021)= 空气质量达到或优于二级标准的天数/全年有效监测天数×100%

(7)PM2.5浓度下降幅度(PM25_2016/2021)：指评估年PM2.5浓度与基准年相比下降的幅度。PM2.5浓度按照《环境空气质量标准》(GB 3095—2012)和《环境空气质量评价技术规定(试行)》(HJ 663—2013)测算。

(8)城镇生活垃圾无害化处理率。

指城镇建成区内生活垃圾无害化处理量占垃圾产生量的比值。在统计上，由于生活垃圾产生量不易取得，可用清运量代替。有关标准参照《生活垃圾焚烧污染控制标准》(GB18485—2014)和《生活垃圾填埋污染控制标准》(GB 16889—2008)执行。依据《关于印发〈"十三五"全国城镇生活垃圾无害化处理设施建设规划〉的通知》(发改环资〔2016〕2851号)要求，特殊困难地区可适当放宽。

城镇生活垃圾无害化处理率(CZSHLJWHHL2016/2021)= 生活垃圾无害化处理(吨)/城镇生活垃圾产生量×100%

农村生活垃圾无害化率(NCSHLJWHHL2016/2021)即农村生活垃圾无害化处理量占垃圾产生量的比值，计算方法同上。

(9)水质达到或优于Ⅲ类比例提高幅度(SZYYIIIBL2016/2021)：指评估年水质达到或优于Ⅲ类比例与基准年相比提高幅度。包括地表水水质达到或优于Ⅲ类比例提高幅度、地下水水质达到或优于Ⅲ类比例提高幅度。地表水水质达到或优于Ⅲ类比例指行政区域内主要监测断面水质达到或优于Ⅲ类的比例。地下水水质达到或优于Ⅲ类比例指行政区域内监测点网水质达到或优于Ⅲ类的比例。执行《地表水环境质量标准》(GB 3838—2002)和《地下水质量标准》(GB/T 14848—2016)。

(10)人均国民生产值(RJGDP2016/2021)、城市(CSRJKZPSR2016/2021)、农村(NCRJKZPSR2016/2021)居民人均可支配收入以及人均财政收入(RJCZSR2016/2021)可通过十堰市统计年鉴直接获取使用。

(11)单位地区生产总值能耗：指行政区域内单位地区生产总值的能源消耗量，是反映能源消费水平和节能降耗状况的主要指标。根据各地考核要求不同，可分别采用单位地区生产总值能耗或单位地区生产总值能耗降低率。要求单位地区生产总值能耗或单位地区生产总值能耗降低率完成上级规定的目标任务，保持稳定或持续改善。

单位地区生产总值能耗(SCZZNH2016/2021)= 能源消耗总量(吨标准煤)/地区生产总值(万元)

(12)单位地区生产总值用水量：指行政区域内单位地区生产总值所使用的水资源量，是反映水资源消费水平和节水降耗状况的主要指标。根据各地考核要求不同，可分别采用单位地区生产总值用水量或单位地区生产总值用水量降低率。要求单位地区生产总值用水量或单位地区生产总值用水量降低率完成上级规定的目标任务，保持稳定或持续改善。

单位地区生产总值用水量(SCZZYSL2016/2021)= 用水总量(m^3)/地区生产总值(万元)

(13)农业单位面积产出值(NYDWMJCCZ2016/2021)：通过十堰市和神农架林区的统计年鉴，可获得主要农产品单位面积产量，然后与当年度粮食价格相乘，可计算出农业单位面积产出值。

(14)单位国内生产总值建设用地使用面积下降率：指本年度单位国内生产总值建设用地使用面积与上年相比下降幅度。单位国内生产总值建设用地使用面积指单位国内生产总值所占用的建设用地面积，是反映经济发展水平和土地节约集约利用水平的重要指标。

单位国内生产总值建设用地使用面积=建设用地使用面积(亩)/地区生产总值(万元)

单位国内生产总值建设用地使用面积下降率(GDPJSYDMJ2016/2021)=(1-本年度单位国内生产总值建设用地使用面积/单上年位国内生产总值建设用地使用面积)×100%

(15)第一、二、三产业及高新技术产业增加值占 GDP 比重：通过十堰市统计年鉴直接获取第一、二、三产业及高新技术产业生产总值的数据。基于以下公式进行计算。

产业增加值占 GDP 比重=(本年度产业生产总值-上年度产业生产总值)/上年度产业生产总值×100%

其中服务业增加值占 GDP 比重、农业增加值占 GDP 比重、工业增加值占 GDP 比重、高新技术产业增加值占 GDP 比重分别表示为 FWYZJGDP2016/2021、NYZJGDP2016/2021、GYZJGDP2016/2021、GXJSCYZJGDP2016/2021。

(16)人口密度：人口密度是单位土地面积上的人口数量。它是衡量一个国家或地区人口分布状况的重要指标。计算人口密度的土地面积是指领土范围内的陆地面积和内陆水域，不包括领海。

人口密度(PEODENSITY2016/2021)=城镇总人口/行政区面积

(17)城镇化率：城市化率(也叫城镇化率)是城市化的度量指标，一般采用人口统计学指标，即城镇人口占总人口(包括农业与非农业)的比重。(均按常住人口计算，不是户籍人口)

城镇化率(CZHL2016/2021)=城镇人口/总人口

(18)人口自然增长率：人口自然增长率简称“自然增长率”。一定时期内(通常为一年)人口自然增加数(出生人数减去死亡人数)与同期平均总人口数之比，用千分数表示。

人口自然增长率(RKZRZZL2016/2021)=(本年度出生人数-本年度死亡人数)/本年度人口总数×100%

(19)城镇居民人均住房面积：由城镇人口和地理国情城镇单元的居住用地来计算，住房总面积由居住建筑投影面积与层数相乘得来。

人均住房面积(CZJMRJZFMJ2016/2021)=住房总面积/城镇总人口

(20)公共服务的相关指标，从十堰市和神农架林区的统计年鉴提取相关数据，进行计算。包括教育经费占财政支出比例(JYJFBL2016/2021)、师生比(SSB2016/2021)、文化体育占财政支出比重(WHTYBZ2016/2021)、社会保障和就业占财政支出比重(SHBZJYBZ2016/2021)、万人医院床位数(WRYYCW2016/2021)、万人医生数(WRYS2016/2021)、道路面积(DLMJ2016/2021)。

(21)区外投资增长率(QWTZZZL2016/2021)：区外投资增长率=(本年度外资投资值-上年度外资投资值)/上年度外资投资值×100%

(22)R&D经费支出占GDP比重：科技经费投入值和国民生产总值数据直接从统计年鉴获取，然后进行计算。

R&D经费支出占GDP比重(RDJFGDP2016/2021)=科技投入经费/国民生产总值

(23)污染控制制度执行情况(WRKZZD2016/2021)：查阅统计相关部门每年对污染情况的行政处罚案件数作为污染控制执行情况的衡量。

(24)生态修复制度执行情况(STXFZD2016/2021)：查阅统计相关部门每年实施的生态修复工程个数作为制度执行情况。

(25)水资源管理制度执行情况(SZYGLZD2016/2021)：查阅统计十堰市和神农架林区相关部门每年实施的水污染防治工程个数作为制度执行情况。

(26)环境投资(HJTZZB2016/2021)和生态投资(STTZZB2016/2021)占财政支出比重：通过十堰市和神农架林区的统计年鉴获取工业企业环境污染治理的投入资金。

(27)生态保护区数量(STBHQSL2016/2021)：通过十堰市和神农架林区的统计年鉴即可查取生态保护区个数。

(28)生态旅游景点数量(STLYJDSL2016/2021)：通过地理国情数据中的地理要素或者统计年鉴提取生态旅游景点的个数。

(29)人均文化设施数量(RJWHSSSL2016/2021)：通过十堰市和神农架林区地理国情数据中的地理要素提取文化设施数量，然后与行政区区域内的城镇人口相除计算人均文化设施数量。

(30)互联网普及率(HLWPJL2016/2021)：通过统计年鉴获取互联网用户数量，然后与行政区区域内的城镇人口的比值，即互联网普及率。

4. 生态文明综合指数计算

生态文明指数由五个二级指数构成，分别是：生态自然、生态经济、生态社会、生态制度和生态文化，通过这些指数来反映被评价区域的生态文明状况。通过对这些指数按照权重进行加权叠加，得到研究区的生态文明综合指数值。同时，运用分区统计，基于行政区划单元统计各个区县的生态文明指数得分及指数排名，结合文明指数分级表得到各个区县的生态文明发展水平状况。

8.2　生态文明建设状况

(1)生态文明建设持续向好，部分地区有较大提升空间。

生态文明建设的结果对自然环境与经济社会的可持续发展至关重要，2016—2021 年丹江口核心水源区(湖北段)生态文明建设情况持续向好的方向发展。生态文明建设情况由高到低依次是：张湾区>茅箭区>丹江口市>郧阳区>神农架林区>竹山县>郧西县>竹溪县(见图 8.1)。虽然生态文明建设整体向好，但区县差距较大，张湾区几乎是郧西县和竹溪县的 5 倍。此结果，主要受资源环境治理、自然资源质量、经济高质量发展、经济结构转型升级、城镇化建设、政府公共服务的投入、生态修复、环境治理以及生态公园、旅游景点的建设影响。

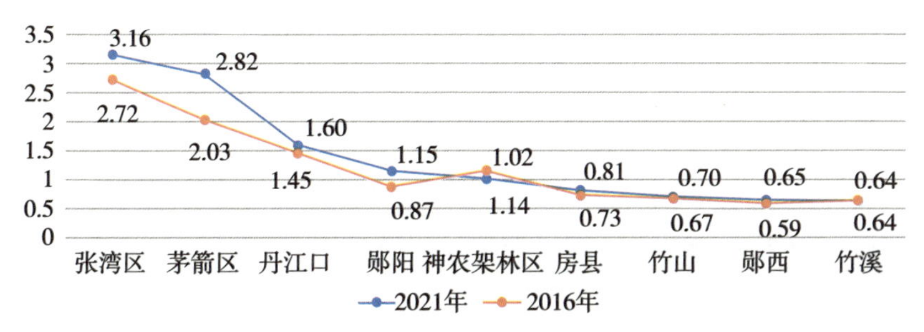

图 8.1　2016—2021 年丹江口核心水源区(湖北段)生态文明评价

(2)经济和社会对生态文明贡献较大，但部分指标有待提升。

生态自然、生态经济、生态社会、生态制度以及生态文化均呈现上升趋势(见表8-2)。说明 2016—2021 年丹江口核心水源区(湖北段)重视生态文明建设，并在自然资源、社会经济、生态保护、环境治理方面都有一定的提高和改善。但通过比较各子系统的评价指数可以看出生态制度和生态文化发展方面得分较低，说明丹江口核心水源区(湖北段)生态文明发展水平受生态制度和生态文化发展的制约较大。因此，水源区未来在生态文明建设过程中应进一步完善生态制度，同时，加强生态文化的建设。

表 8-2　**2016—2021 年丹江口核心水源区(湖北段)生态文明评价统计表**

子系统	年份	茅箭区	张湾区	郧阳区	郧西县	竹山县	竹溪县	房县	丹江口市	神农架林区
自然	2021	0.11	0.12	0.18	0.18	0.20	0.13	0.20	0.18	0.14
	2016	0.18	0.19	0.11	0.10	0.10	0.02	0.11	0.14	0.14
经济	2021	1.38	2.12	0.51	0.21	0.36	0.31	0.41	1.06	0.89
	2016	2.07	2.45	0.88	0.38	0.49	0.50	0.55	1.30	0.77
社会	2021	0.45	0.40	0.13	0.13	0.10	0.13	0.05	0.18	0.07
	2016	0.48	0.44	0.12	0.12	0.09	0.04	0.06	0.11	0.07
制度	2021	0.05	0.06	0.02	0.01	0.00	0.00	0.01	0.02	0.02
	2016	0.05	0.05	0.02	0.01	0.01	0.01	0.02	0.03	0.02
文化	2021	0.04	0.03	0.02	0.05	0.01	0.07	0.07	0.01	0.03
	2016	0.04	0.03	0.02	0.05	0.00	0.07	0.07	0.02	0.03

8.2.1　生态经济

生态经济的发展是实现生态文明建设目标的强大动力，2016—2021 年丹江口核心水源区(湖北段)生态经济发展实现了大幅度跨越，由 0.80 提升到 1.04，提升 30%。如表 8-3所示，经济结构的优化，第二产业占 GDP 比重呈下降趋势，第三产业占 GDP 比重呈明显上升趋势；经济效益的提升，万元 GDP 资源消耗显著下降，如煤能耗、水资源和建设用地资源均大幅下降；两个方面加快了水源区人均 GDP 由 2016 年的 3.92 万元/人增加至 2021 年的 5.03 万元/人。说明丹江口核心水源区(湖北段)经济和产业结构得到了优化升级，逐步向高质量发展迈进。由表 8-3 可以看出，城镇居民家庭人均可支配收入、农民年人均纯收入均以及农业增加值也呈现出明显的上升趋势。

表 8-3　**2016—2021 年丹江口核心水源区(湖北段)生态经济统计表**

		指　标	2021 年	2016 年
生态经济	经济发展	人均 GDP(万元/人)	5.03	3.93
		农村居民人均可支配收入(万元/人)	1.17	0.87
		城市居民人均可支配收入(万元/人)	3.15	2.39
		人均财政收入(万元/人)	0.33	0.46
	经济效益	单位地区生产总值能耗(万吨标准煤/万元)	0.15	0.17
		单位地区生产总值用水量(m^3/万元)	14.01	16.36
		单位国内生产总值建设用地使用面积下降率(%)	-3.43%	-2.62%
	经济结构	服务业增加值占 GDP 比重(%)	-0.29%	10.64%
		农业增加值占 GDP 比重(%)	12.53%	6.38%
		工业增加值占 GDP 比重(%)	-5.85%	6.30%

8. 2. 2　生态社会

生态社会的适度宜居是生态文明建设的重要目标，2016—2021 年丹江口核心水源区(湖北段)社会各项事业发展取得了长足进步，由 0. 17 上升到 0. 18。如表 8-4 所示，社会的发展促进城镇化水平稳步提升，2016 年水源区城镇化率仅为 52. 31%，2021 年达到了 58. 84%。同时，城镇出现紧凑发展的模式，居民人均拥有住房面积、农村居民人均拥有住房面积等指标均呈现出显著增长趋势，表明随着人们收入水平的提高，城镇和农村的居住条件也在不断改善，人们的生活越来越舒适。与此同时，水源区居民社会消费能力和外资投入比重也大幅提升，整体拉升了水源区的社会活力。由此可见，丹江口核心水源区(湖北段)城乡一体化进程不断加快，城市环境宜居水平在不断提高。

表 8-4　**2016—2021 年丹江口核心水源区(湖北段)生态社会统计表**

		指　标	2021 年	2016 年
生态社会	社会发展	人口密度(人/km²)	266. 07	257. 16
		城镇化率(%)	58. 84%	52. 31%
	公共服务	教育经费占财政支出比例(%)	13. 85%	12. 21%
		社会保障和就业占财政支出比重(%)	15. 08%	15. 11%
		道路面积(km²)	347. 03	195. 04
	社会活力	社会商品零售总额(万元)	1078817. 22	801249. 89
		区外投资增长率(%)	38. 34%	12. 49%

8. 2. 3　生态自然

生态自然是城镇可持续发展的重要保障，2016—2021 年丹江口核心水源区(湖北段)生态自然系统由 0. 12 提升到 0. 15，提升 25%，仅次于生态经济系统。如表 8-5 所示，生态自然系统的提升：一方面是生态资源质量的大幅提升，如城镇人均公园绿地面积由 14. 84m^2/人提升到 16. 90m^2/人、水资源量由 16. 32 亿 m^3 提升到 22. 88×$10^8 m^3$ 以及林草覆盖率由 67. 52%提升到 78. 59%，这些均处于增长趋势，表明水源区森林、草地资源越来越丰富，同时重视对水源地的保护，以保障产水、送水的可持续进行；另一方面环境治理力度的不断加大，2016—2021 年水源区的废水、废气和废固的排放压力，虽然也持续增加，但是生态保护和环境建设投资力度，环境污染治理投资占 GDP 比重不断加大，优良天数由 2016 年的 85. 12%上升到 2021 年的 95. 00%。此外，PM2. 5 浓度连续多年呈下降趋势、水质达到或优于二类的比例不断提高。综合分析，生态资源质量的提升与环境治理力度加大，为生态自然系统的建设提供了有力支撑。

表 8-5　　2016—2021 年丹江口核心水源区(湖北段)生态自然统计表

		指　标	2021 年	2016 年
生态自然	生态资源与质量	城镇人均园林绿地面积(m^2/人)	16.69	15.89
		林草覆盖度(%)	79.19%	68.87%
		水资源总量(亿 m^3)	20.61	14.85
	资源利用与环境治理	优良天数比例(%)	94.91%	84.64%
		pm2.5 浓度下降幅度(%)	12.71%	11.67%
		水质达到或优于 III 类比例提高幅度(%)	30.00%	10.00%

8.2.4　生态制度

生态制度是推进生态文明建设的制度依据，2016—2021 年丹江口核心水源区(湖北段)生态制度系统由 0.021 提升到 0.024，提升 14.28%，提升幅度相对较小。如表 8-6 所示，生态投资和环境投资占 GDP 比重不断提升，由 22.22%上升到 26.24%，极大地提升了生态修复的成效与质量。相比生态经济和生态自然子系统，生态制度子系统具有很大提升空间，一方面疏通人民群众的利益表达渠道，为公众参与生态文明建设提供广阔的平台；一方面要强调数据公开的透明度、准确度、对应度。这也是丹江口核心水源区(湖北段)提升生态文明建设绩效水平的重要突破口。

表 8-6　　2016—2021 年丹江口核心水源区(湖北段)生态制度统计表

		指　标	2021 年	2016 年
生态制度	污染防治政策	废水治理	4	3
		污染治理	9	7
	环保投资	环境投资占财政支出比重(%)	2.59%	3.71%
	生态投资	生态投资占财政支出比重(%)	19.63%	22.53%

8.2.5　生态文化

生态文化的提升有助于提升生态文明建设中人民群众的获得感，2016—2021 年丹江口核心水源区(湖北段)生态制度系统由 0.034 提升到 0.036，提升了 5.88%，提升幅度相对较小。如表 8-7 所示，生态文化的提升，主要得益于水源区生态旅游景点、生态保护区和生态公园的发展，2016—2021 年水源区生态保护区增加 2 个、生态旅游景点增加 3 个、生态公园增加 8 个。水源区应加强生态文化服务在生态城市建设、生态保护宣传教育、生态保护科技创新等方面的宣传，运用文化强大的引领力、感染力固化人与自然和谐的生态关系。

表 8-7　**2016—2021 年丹江口核心水源区(湖北段)生态文化统计表**

		指　　标	2021 年	2016 年
生态文化	生态景观文化	生态保护区数量(个数)	21	19
		公园个数	73	70
		生态旅游景点数量(个数)	117	111

8.3　生态文明耦合协调性

8.3.1　生态文明耦合度整体提升，且子系统之间差异减少

2016—2021 年丹江口核心水源区(湖北段)生态文明建设系统耦合度呈现增长发展的趋势，但整体较低(见图 8.2)。其中茅箭区和张湾区的耦合度相对较高在 0.50 以上；其次是丹江口市和神农架林区在 0.30 左右；其他县区相对较低在 0.12 左右。此外，耦合度较高的县区，其耦合度增长趋势也较快，如茅箭区和张湾区，分别增加了 0.159 和 0.088。综上分析，各县区的耦合度虽然较低，但整体呈现出稳定增加的情况，说明生态自然、生态经济、生态社会、生态制度和生态文化之间的相互关联性逐渐加强。

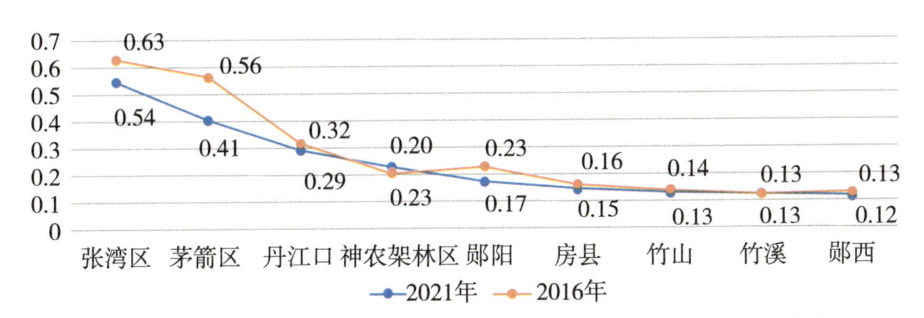

图 8.2　2016—2021 年丹江口核心水源区(湖北段)生态文明耦合度

8.3.2　生态文明耦合协调度整体较低，但部分地区发展较好

2016—2021 年丹江口核心水源区(湖北段)生态文明建设耦合协调度整体较低，变化情况有增有减(见图 8.3)。郧西县和房县的耦合协调水平相对较高 0.60 左右；其次是竹溪县、郧阳区和茅箭区在 0.50 左右，但这几个县区耦合协调度增加较快；神农架林区、张湾区、竹山县和丹江口市的耦合协调度整体较低在 0.30 左右，且伴随着下降的趋势。表明这几个县区生态文明建设中的生态自然、生态经济、生态社会、生态制度和生态文化五个子系统间发展存在差异性。郧西县、房县、竹溪县、郧阳区和茅箭区整体耦合协调性处于逐渐加强趋势，反映了这些区域的生态文明建设向着健康、持续、有序的方向发展。

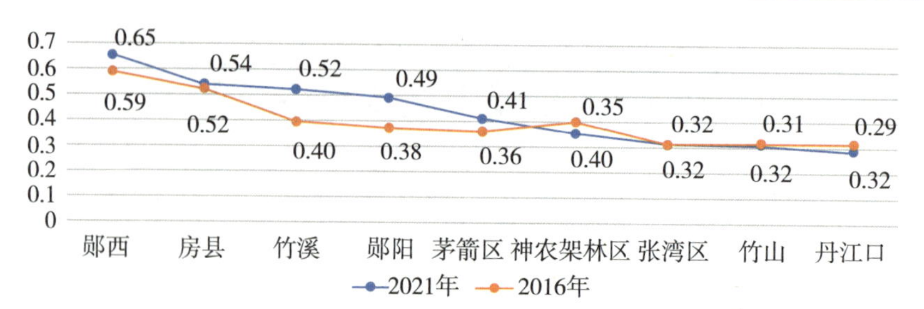

图 8.3　2016—2021 年丹江口核心水源区(湖北段)生态文明耦合协调度

第9章　成效及问题

9.1　生态文明建设主要成效

（1）2016—2021年丹江口核心水源区（湖北段）土地利用结构相对稳定，绿色植被覆盖率保持在94%左右，水域面积多年连续增长约达到3%。用地布局“中心城镇、四周耕地、外围林草”的集聚发展模式，空间上以“圈层+辐射状”用地结构，有利于生态保护、生态修复的推进。

（2）5年期间土地利用变化整体较小仅1.22%，但这变化也是有利于生态保护与社会经济统筹发展的，一方面有利于生态发展的用地增加，如草地11.93km^{2}和水域8.39km^{2}的增加；另一方面社会经济高质量发展，“经济-用地”“经济-人口”“用地-人口”，均出现集约高效发展的态势。

（3）茅箭区、张湾区作为水源区经济发展的核心增长极，18.24%的建设用地，却贡献52.65%的GDP，容纳32.22%的人口，在集聚发展的同时，建成区生态环境不断优化提升（11.72km^{2}的生态空间增加），这种在集聚中走向平衡的发展，与国家推进“生态环境高水平保护与社会经济高质量发展”的精神指示一致，这种模式值得在全国推广、复制。

（4）2016—2021年丹江口核心水源区（湖北段）生态服务价值持续增长，由2016年的879.14亿元增加到2021年的1070.56亿元，年增长率达到了4.35%。各地类中林地对生态服务价值贡献最大，价值量达到了826.83亿元，占价值总量的77.23%。

（5）生态服务价值的增加：一方面是植被长势趋好发展，NDVI值上升，使得生态服务价值增加；另一方面生态保护政策的有的放矢，生态用地如水域、草地的增长，虽然面积较小，但是每公顷所产生的生态服务价值极大。空间上主要分布在水域区西北部的草地与耕地之间。

（6）2016—2021年丹江口核心水源区（湖北段）人类活动强度整体以低影响为主，且呈减弱的趋势。此现象助推了生态服务价值的提升，出现均衡发展的态势：一方面促使了高人类活动强度、低生态系统服务价值的不平衡集聚方式，在建成区外围有所减弱；另一方面在水库附近以及流域的中西部地区，高人类活动强度、高生态系统服务价值和低人类活动强度、低生态系统服务价值的均衡集聚方式有所加强。

（7）2016年丹江口核心水源区（湖北段）水源涵养价值估算为107.67亿元，2021年上升了23.98亿元，为131.65亿元。整体呈现南高北低的分布规律，且水源涵养价值升高，增值区域主要集中在水源区西部，但变化幅度不大。

(8)水源涵养价值量受划分单元面积大小的影响，但子流域级和县区级两个划分单元的单位面积价值量较为均衡。竹山县和竹溪县由于南部降水丰富、气温较低、蒸散发也较低，整体单位面积价值较高，水源涵养能力较强。对比两年，水源区大力推进的“绿满十堰”行动和“精准灭荒”工程，在丹江口市、郧阳区治理坡耕地面积 2.4 万亩，这正提升了县区的水源涵养能力。

(9)对各土地利用类型来说，水田、草甸和针阔混交林的水源涵养能力较强。单位面积涵养价值分别达到 0.90 万元/hm^2、0.83 万元/hm^2、0.82 万元/hm^2。细化到三级类来说，茶园和其他藤本经济苗木虽然面积占比很小，但涵养能力居所有类型之首，单位涵养价值达到 0.92 万元/hm^2。

(10)降水量和潜在蒸散发都是水源涵养的主要影响因素，但降水量与涵养量呈正相关关系，而蒸散发与水源涵养呈负相关。流域南部降水丰沛、气温较低、蒸散发低、林草覆盖高造就了涵养量南高北低的分布态势，2021 年竹山县单位面积价值的大幅上升(上升 0.59 万元/hm^2)的主要驱动因素就是降水量的增多。

(11)2016 年和 2021 年丹江口核心水源区(湖北段)固碳量分别为 571.99 万吨、601.97 万吨，释氧量分别为 1531.32 万吨、1611.58 万吨，固碳释氧价值分别为 221.77 亿元、233.39 亿元。空间上同样呈现南高北低的分布特征，虽然北部价值远不如南部地区，但价值增加区域则主要集中在北部地区，降温增湿的气候条件促进了系统固碳释氧。

(12)固碳释氧能力与林草覆盖度关系密切。神农架林区和房县林草覆盖度均超过 90%，极高的林草覆盖加上降水丰沛的气候环境使其固碳释氧能力较强。其次，神农架林区和房县存在海拔与坡度较高的地区，森林受人为干扰的程度较小，植被生物量大，固碳能力较强。此外，茅箭区作为水源区内的社会发展的集中区，林草覆盖面积有所上升，植被的固碳释氧能力有所提升，诠释了水源区发展与保护共存的生态理念。

(13)在不同的植被覆盖类型中，人工幼林、桑园、茶园虽然面积较小，产出的固碳释氧价值量较低，但单位面积价值分别达到 2.07 万元/hm^2、1.19 万元/hm^2，固碳释氧能力较好，且其生长状况向好发展。

(14)丹江口核心水源区(湖北段)生态文明建设情况持续向好发展，各区县生态文明评价得分均呈现增加的趋势。生态经济、生态自然的高效、高质发展，对生态文明建设的提升较大。但这本质上是生态保护修复政策的实施、环境治理投资的加大以及经济结构的优化转型，使得自然资源质量、社会经济效益、环境质量大幅提升。

(15)生态文明耦合度整体提升，表明子系统发展情况趋好发展。生态自然、生态经济和生态社会三个子系统对耦合度的影响较大。茅箭区、张湾区的耦合度相对较高，主要得益于生态自然、生态经济和生态社会的高质高效发展；而同样是中心城镇的郧阳区和丹江口市耦合度却相对较低，究其原因也是以上三个子系统的差异造成的。

(16)生态文明耦合协调度，有增有减，但此指标更能反映各子系统之间发展的均衡性与协调性。耦合协调度较高的区域是郧西县、房县和竹溪县，究其原因是生态经济、生态社会子系统评价得分与生态制度与生态文化较接近，但整体较低。茅箭区、张湾区、郧阳区的耦合协调度较低，但增长趋势明显，反映出这些区域生态制度和生态文化子系统的建设情况有所好转。

9.2 存在的主要问题

(1)人类活动对地表覆盖改造活动时有发生，对土地利用的监控与保护任务仍然艰巨。约 45%的土地利用变化，是由城镇空间通过侵占耕地和林地的扩张造成的，在空间上分布较分散，监管压力大。

(2)偏远地区的郧西县、竹溪县和竹山县土地利用变化相对较大在 50km^2 左右，进一步分析其原因是这些地区新增工业用地较多，是否与丹江口市 5.39km^2、茅箭区 6.20km^2 和郧阳区 0.68km^2 的核心城区去工业化，和远程异地郧西县 3.72km^2、竹山县 3.78km^2 和房县 1.25km^2 工业用地补充的现象造成的，需进一步调研验证。同时这些地区社会经济发展相对较慢，是否受生态保护的影响也需要进一步考量。

(3)人类活动强度变化出现两极化现象，高人类活动强度区域增加，低人类活动强度区域减少：一方面中心城区城镇化建设较快，人类活动强度加强；另一方面水源区的西北部、中西部及南部地区，由于林地长势逐渐趋好，人类活动强度减弱。

(4)城镇扩张挤占耕地和林地，但国家为保护耕地数量不变，会将一些草地复耕，而草地单位面积的生态服务价值是高于耕地的，这也导致水源区生态服务价值的降低。

(5)竹山县、竹溪县面积较大，同时林地覆盖高达 75%以上，但生态服务价值却较低，进分析发现是由于林地的长势状况整体不好，但 2016—2021 年林地长势逐渐趋好，有较大的提升空间。

(6)坡度越大，涵养水源能力越差，水土流失也越严重。水源区整体坡度较高，超过一半的区域坡度超过 25°以上。其中郧西县和郧阳区的耕地面积占比又比较大，均超过县区面积的 10%以上，造成坡耕地较多的现象。郧西县和郧阳区单位面积价值仅为 0.36 万元/hm^2、0.40 万元/hm^2，而坡耕地正是导致水土流失的主要原因，进而会对地表植被造成破坏，土壤的实际承载能力降低，水源涵养能力也会大大下降。

(7)植物的固碳释氧能力与植物的类型(包括生活型、树龄等)、种类等很多方面有关系，不同的生活环境也会影响植物的固碳释氧能力。水源区内的人工幼林、桑园、茶园进行光合作用速度快，固碳释氧能力极强，但它们面积均较小。其中桑园面积仅为 48.42hm^2，相比 2016 年还下降了 23.09hm^2，桑园面积的大幅减少在一定程度上抑制了水源区固碳释氧价值的提升。

(8)生态制度和生态文化是拉低丹江口核心水源区(湖北段)生态文明建设、生态文明耦合度和生态文明协调度的主要因素。竹溪县、竹山县、房县和神农加林区生态与社会经济协调发展存在差距，虽然生态资源质量较高，但社会经济发展情况较低，未来在加强保护的同时，应加快社会经济的发展。

9.3 主要建议

9.3.1 发挥规模集聚效应，推动生态与经济协调发展

(1)差异化配置城镇、产业、资源要素，推动生态与经济协同发展。丹江口核心水源

区(湖北段)城镇扩张是土地利用变化的主要驱动力：一方面在主城区集聚发展；另一方面沿着道路交通线跳跃式发展，空间分散，同时用地集约化水平也较低。未来应考虑土地资源条件的空间差异，推进土地资源集约高效利用，达到经济与生态的协调发展。

一方面主城区内系统性规划建设居住、工作、交通、游憩等设施，结合河道、生态廊道、城市绿带自然分割，合理分配每个片区的人口规模、产业支撑和生活服务中心，形成各具规模、高效集聚的多组团、网络化的空间格局。

另一方面顺应中心城区的去工业化和外围片区产业结构演进的新模式，推动产业和人口向资源环境承载力较强的片区转移，减缓中心城区对生态环境造成的破坏和影响。但同时更要注意土地资源的集约节约利用，对生态环境的影响降到最低。

(2)培育流域发展增长极，发挥规模集聚效益。借用城市经济学者的研究结论，城镇越集聚发展人均资源利用率越低。未来应发挥人口、经济、土地的集聚效益，降低生态环境的治理成本，发挥生态价值的规模效应。

茅箭区、张湾区人口、经济、土地的发展较为集聚、高效，城镇化建设水平较高，但由于行政面积相对较小，发展受阻，未来应整合周边郧阳区和丹江口市的资源，搞好社会经济发展的同时，加强城镇绿色、生态资源的建设。以各类资源要素的规模发展、集聚发展，从而降低污染治理成本，使人们更好地享受绿色生态空间的服务价值，最终实现丹江口核心水源区(湖北段)生态环境高水平保护与社会经济高质量发展模式。

9.3.2 人工干预与自然修复结合，优化生态服务均衡布局

(1)集聚发展的同时保持均衡协调。丹江口核心水源区(湖北段)城市化建设是持续的过程，对林草、种植土地侵占，难免会使生态服务价值降低。从供需平衡的角度来看，城镇建设应集聚建设、集约发展，将空余的土地进行生态资源的配置，同时加快产业结构调整、经济结构优化，加速绿色产业结构的变迁。

(2)部分县应加大生态修复与保护力度。虽然水源区生态服务价值持续增加，生态环境高质量运行，但针对郧西县、竹溪县、房县存在的保护力度不够大的问题，主要是林地、草地长势相对较差，虽然2016—2021年有所提高，但未来应继续加大县区的生态保护与修复治理力度。努力建设人与自然和谐共生的绿色发展区，推动绿水青山转化为金山银山，把资源优势转化为高质量发展优势。

(3)减弱人类活动强度，保护增强自然演变过程。监测发现中等以上的人类活动强度向高强度人类活动转移的较多，且在空间上比较分散。这些区域主要是城郊的乡村集聚区，未来乡村应整合发展，如迁村并点，减少乡村建设用地范围，迁移后的地区进行复绿复耕建设，增加生态服务价值。

9.3.3 持续治理坡耕地，改善树种结构配置

丹江口核心水源区(湖北段)整体林草覆盖度极高，植物蒸腾作用较强，未来应从实际出发，因地制宜，宜耕则耕、宜林则林、宜草则草。

(1)针对耕地面积较大的郧阳区、郧西县以及丹江口市，应注重由于水源区整体坡度较高可能带来的水土流失问题。对25°以上的荒坡耕地，严格贯彻退耕还林还草还果的原

则，草灌先行，乔灌草结合。在水平沟内或台地之上，种植阔叶乔木与灌木混交林；在坡面上，优先种植灌木带和草带，两者相间混交；对于条件较好的地段宜果栽果，并改修果树梯田。未来应持续推进“绿满十堰”行动和“精准灭荒”工程，做好坡耕地治理工作，大力提升土壤涵蓄降水能力。

(2)面对森林资源丰富的林区，则应注重改善森林的结构层次以及树种配置。针叶林和阔叶林单独种植的蓄水能力不如针阔混交林。同时，按照林冠和林下植被层(灌木和草本植物)、枯枝落叶层、根系土壤层三个层次分别进行调节，能够提高土壤的抗蚀抗冲性能，减缓由于坡度较大带来的水土流失问题。且多层植被种植的方法，可以令阳光不能被轻易透射，减少气候对土壤的影响，优化固水的效果。

9.3.4　加强桑园管理措施，推动耕地固碳减排

(1)加强桑园的种植管理。桑园固碳释氧能力极强，同时还能产生较高的经济价值，但水源区内面积呈减少趋势。在桑园种植管理上，未来应注重及时进行桑树的修剪，促进养分的吸收，增加发芽率；合理施肥，做好春肥的处理，够促进春季桑叶的生长；密切关注天气变化，在霜冻来临之前采取烟雾法进行保温，防止晚霜对桑树的产生的危害；防治病虫害，天气温暖时病虫害会大量出现，根据病虫害发生的特点进行用药杀虫。

(2)水源区内的耕地系统固碳释氧能力较强，耕地系统是土地利用碳排放调控的重要生态系统。而当前的耕地保护政策体系尚未建立耕地系统固碳减排的管制措施、监督制度以及激励机制，对于土壤的碳固持潜力尚未给予足够的重视。未来，水源区应高效配置农业投入要素，合理控制耕地投入要素利用强度，推进化肥农药减量增效、畜禽粪污和废弃物资源化利用。并完善耕地利用生态补偿的激励机制，通过补偿激励的方式调动地方各级政府和农户参与耕地保护的积极性，构建“数量-质量-生态”三位一体的耕地资源评价与保护体系，通过碳中和目标引领实现耕地资源可持续利用。

9.3.5　补短板、促协调，走协同发展之路

丹江口核心水源区(湖北段)在未来生态文明建设过程中应做到补系统发展短板、促系统均衡协调发展。各县区均应进一步加大生态制度和生态文化的建设，并继续保持生态保护与修复力度，着力提升经济发展水平。

耦合度较低的竹山县、竹溪县、郧西县和房县应加大环境治理力度，提升生态资源质量，同时积极承接中心城区的产业转移，壮大社会经济发展水平，提升整体的生态耦合度。

耦合协调度较低的茅箭区、张湾区、郧阳区和丹江口市，应对生态制度与生态文化进行着重补强，在生态城市建设、生态保护教育、生态保护科技创新等方面做好宣传，发挥文化强大的引领力、感染力固化人与自然和谐的生态关系。实现经济、环境、社会、制度、文化共同进步的文明发展之路。

参 考 文 献

[1]Cui D, Chen X, Xue YL, et al. An integrated approach to investigate the relationship of coupling coordination between social economy and water environment on urban scale — A case study of Kunming[J]. Journal of Environmental Management, 2019, 234: 189-199.

[2] Liu Z., Chen J., Chen D. et al. Evaluation system of water ecological civilization of irrigation area in China[C]/IOP Conference Series: Earth and Environmental Science, 2016, 39(1).

[3]Li X, Tian M, Wang H, et al. Development of an ecological security evaluation method based on the ecological footprint and application to a typical steppe region in China[J]. Ecological Indicators, 2014, 39: 153-159.

[4]Siman, Kelly. Social-Ecological Risk and Vulnerability to Erosion and Flooding Along the Ohio Lake Erie Shoreline[D]. ProQuest Dissertations and Theses Global, 2020.

[5]Wang Aoyang, Liao Xiaoyu, Tong Zhijun, et al. Spatial-temporal dynamic evaluation of the ecosystem service value from the perspective of "production-living-ecological" spaces: A case study in Dongliao River Basin, China[J]. Journal of Cleaner Production, 2022, 333, January 20.

[6]Zhang Hongyang, Wang Tongtong, Ding Zelin. Uncertainty analysis of impact factors of eco-environmental vulnerability based on cloud theory[J]. Ecological Indicators, Vol. 110, March 2020.

[7]山东省水利科学研究院，中国水利水电科学研究院，武汉大学，南京水利科学研究院，等. 水生态文明建设关键技术研究与示范，中国科技成果 201401 003[R]. 2018-12-27.

[8]马依拉·热合曼，买买提·沙吾提，尼格拉·塔什甫拉提，等. 基于遥感与 GIS 的渭库绿洲生态系统服务价值时空变化研究[J]. 生态学报，2018，38(16)：5938-5951.

[9]王文渊，徐长坤，孙家文. 人工海岸生态化改造及修复效果评价指标体系研究[J]. 海岸工程，2020，39(1)：70-76.

[10]王志杰，苏嫄. 南水北调中线汉中市水源地生态脆弱性评价与特征分析[J]. 生态学报，2018，38(2)：432-442.

[11]王耕，刘秋波，丁晓静. 基于系统动力学的辽宁省生态安全预警研究[J]. 环境科学与管理，2013，38(2)：144-149.

[12]申怀飞，陈亮，郭重阳. 南水北调中线水源区土地利用变化的生态服务价值研究[J]. 许昌学院学报，2021，40(2)：33-38.

[13]朱九龙，张敏．南水北调中线工程水源区农旅产业耦合发展的影响因素与对策[J]．商业经济，2021(6)：32-34.
[14]朱莲莲，谢永宏，宋冰冰，等. 基于 DPSIR 模型的湖南省生态安全评价及安全格局分析[J]．农业现代化研究，2016，37(6)：1084-1090.
[15]华春莉，王应武．云南省水资源潜力与社会经济发展耦合协调关系分析[J]．人民珠江，2018，39(6)：93-97.
[16]刘金锋．小三江平原湿地生态服务价值变化评估及驱动力分析[D]．哈尔滨：哈尔滨师范大学，2022.
[17]刘海，武靖，陈晓玲. 丹江口水源区生态系统服务时空变化及权衡协同关系[J]．生态学报，2018，38(13)：4609-4624.
[18]闫云平，余卓渊，富佳鑫，等. 西藏景区旅游承载力评估与生态安全预警系统研究[J]．重庆大学学报(自然科学版)，2012，35(S1)：92-98.
[19]李建军，苏志珠，王言荣. 基于 GIS 的万荣县生态敏感性评价与区划[J]．中国农业资源与区划，2014，35(5)：48-54.
[20]李德仁，马军，邵振峰. 论地理国情普查和监测的创新[J]．武汉大学学报(信息科学版)，2018，43(1)：1-9.
[21]肖建华，甄云鹏，罗名海. 城市地理国情普查监测的实践与思考[J]．城市勘测，2017(3)：5-12.
[22]吴金华，李纪伟，朱鸿儒. 基于 ArcGIS 区统计的延安市土地生态敏感性评价[J]．自然资源学报，2011，26(7)：1180-1188.
[23]何东进，游巍斌，洪伟，等. 近 10 年景观生态学模型研究进展[J]．西南林业大学学报(自然科学)，2012，32(1)：96-104.
[24]何丽华，李建松，王熙，等．水源保护区的生态脆弱性及生态修复成效分析[J]．测绘科学，2022，47(8)：59-69.
[25]何丽华，李建松，於新国，等．服务水源保护区生态文明的自然资源工作思路[J]．地理空间信息，2022，20(12)：63-65，88.
[26]余健，房莉，仓定帮，等. 熵权模糊物元模型在土地生态安全评价中的应用[J]．农业工程学报，2012，28(5)：260-266.
[27]宋沛林，陈默，吕金鑫，等．基于 GIS 的南渡江流域生态敏感性评价[J]．水利规划与设计，2023(1)：96-100.
[28]张宪宇，郄晗彤，杨文杰．基于模糊综合评价法的北京永定河水源地生态脆弱性评价[J]．环境保护科学，2021，47(3)：159-163.
[29]张梦婕，官冬杰，苏维词. 基于系统动力学的重庆三峡库区生态安全情景模拟及指标阈值确定[J]．生态学报，2015，35(14)：4880-4890.
[30]陈华君，褚钰，付景保．南水北调中线水源区生态产业与环境耦合发展情景分析[J]．水资源保护，2022，38(6)：194-201.
[31]陈晶．基于 GIS 的丹江口核心水源区生态文明评价研究[D]．武汉：湖北大学，2016.
[32]林芙蓉，车通，罗云建．大运河江苏段沿线城市三生空间冲突的演化特征[J]．河北

省科学院学报，2020，37(4)：80-89.

[33]项颂，庞燕，侯泽英，等. 基于熵值法的云南高原浅水湖泊水生态健康评价[J]. 环境科学研究，2020，33(10)：2272-2282.

[34]胡学东，邹利林. 生态优先导向下长江经济带土地利用景观格局演变及其驱动机制研究——以武汉市为例[J]. 地域研究与开发，2020，39(3)：138-143，149.

[35]洪饶云，钟丽蓉，李学芹，等. 基于地理国情监测的苏州市城市空间扩展变化监测研究[J]. 测绘与空间地理信息，2018，41(12)：115-118.

[36]谈迎新，於忠祥. 基于DSR模型的淮河流域生态安全评价研究[J]. 安徽农业大学学报(社会科学版)，2012，21(5)：35-39.

[37]彭哲，郭宇，郝仕龙，等. 丹江口库区生态安全的时空演变规律及其调控措施[J]. 水土保持通报，2019，39(1)：212-219.

[38]童亚文. 黄土高原已治理小流域生态敏感性评价及水土保持价值评估[D]. 杨凌：西北农林科技大学，2021.

[39]温煜华. 甘南黄河重要水源补给区生态经济耦合协调发展研究[J]. 中国农业资源与区划，2020，41(12)：35-43.

[40]温馨，陈春. 基于"三生空间"的长江流域重庆段生态系统服务价值时空演变研究[J]. 重庆师范大学学报(自然科学版)，2022，39(3)：128-140.

[41]颜磊，许学工，谢正磊，等. 北京市域生态敏感性综合评价[J]. 生态学报，2009，29(6)：3117-3125.